U0197466

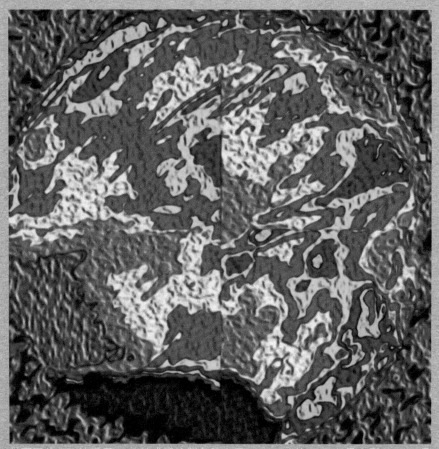

封面图片：一块采用 PVT 技术系统制备的直径 100mm（约 4inch）导电型 4H-SiC 晶圆片的 XRD 衍射峰半高宽（full width at half maximum，FWHM）面扫描（mapping）图

晶体制备研究

On Research of Crystal Synthesis

施尔畏 著

科学出版社

北京

内 容 简 介

晶体是粒子在三维空间中作周期性排列而构成的物体。在工业时代，晶体的人工制备展现了智力劳动创造的知识、技术与物质结合所产生的巨大力量。晶体又是一类具有特定使用性能的基础材料，在现代高技术发展中扮演着举足轻重的角色。本书表述了作者在长期实践中形成的对晶体制备研究若干重要问题的一些认识，其中包括：晶体制备研究在晶体研究体系结构中的地位；晶体制备研究范式的演进与发展；晶体制备研究相关基础知识的来源及其局限性；晶体制备研究的认知链条，以及因观测之外客体的存在所产生的容许性描述问题；晶体制备研究活动的基本规律、产出形式及状态评价的方法；晶体制备过程的能量守恒、质量守恒以及"遗传发育"问题等。在本书的末尾，作者对未来晶体制备研究的活动形态进行了一些展望。

本书可供从事晶体研究的科技人员参考，也可供从事相关领域研究的科技人员及研究生阅读。

图书在版编目（CIP）数据

晶体制备研究 / 施尔畏著 . — 北京 : 科学出版社，2019.1
ISBN 978-7-03-059333-7

Ⅰ . ①晶…　Ⅱ . ①施…　Ⅲ . ①晶体 – 制备 – 研究　Ⅳ . ① O78

中国版本图书馆 CIP 数据核字（2018）第 249321 号

责任编辑：林　鹏　杨　震　顾英利 / 责任校对：张怡君
责任印制：吴兆东 / 封面设计：黄华斌

科学出版社 出版
北京东黄城根北街 16 号
邮政编码：100717
http://www.sciencep.com

北京中科印刷有限公司 印刷
科学出版社发行　各地新华书店经销

*
2019 年 1 月第 一 版　开本：720 × 1000　1/16
2024 年 1 月第二次印刷　印张：15 1/2
字数：260 000

定价：128.00 元
（如有印装质量问题，我社负责调换）

PREFACE

前　言

　　每个周一，无论阴雨绵绵的冬日，还是烈日高照的夏天，都是我和课题组的小伙子们期待和忙碌的日子。这一天，我们将依次在分处两个地方的实验室里，从晶体制备技术系统中取出历时两周之久方才制得的晶体。当看到晶莹剔透的晶体时，我们会为之欢呼；当看到满是缺陷的晶体时，我们会心烦意乱，需要彼此给予安慰和鼓励。在我们的课题组，还有若干制备时间长达一个月的晶体制备技术系统，也许大部分人无法体会我们——晶体制备研究者——的工作节奏和喜怒哀乐。在晶体制备研究者的心中，晶体不再是一种冰冷的无生命物体，它有着自己的生成条件，有着自己的遗传法则，有着自己的形貌特征，还有自己的应用特性。随着与晶体"相伴"时间的增加，晶体将会"嵌入"研究者的心灵，使人暮想朝思，也会使人食不甘味，更让人愿意为它付出毕生的精力。

　　我们在一起的时候，时常会谈及与晶体制备研究相关的问题。例如，我们用怎样的方法与途径来选择晶体制备研究的对象——目标晶体。目标晶体的选择只是个人的喜好，还是从研究论文、专题报告、学术交流中获取信息的分析结果，或者是来自用户、市场的需求？进一步的问题是，谁是用户，市场在哪里？它们是稳定、持续产生与发展的吗？

　　又如，除了试错法之外，晶体制备研究还有什么方法？是否存在这样的可能：无论是否引入数学建模、计算模拟、统计分析、机器学习等手段，试错法将永远是晶体制备研究基本的、甚至唯一的方法？由此引出了晶体制备研究的研究范式问题。晶体制备研究将继续沿用经验主义为主的研究范式，还是跨越到理论主义为主的研究范式，或者会陷入实证主义为主的研究范式。进一步说，未来的晶体制备研究活动将会是什么模样呢？晶体制备研究乃至晶体研究如何迎接科学技术会聚时代的到来？

再如，晶体制备研究的科技哲学是什么？对于晶体制备研究而言，科技哲学的价值并不在于它能够对我们所遇到的具体问题给出确定的答案，况且我们无法知道哪些答案是准确的，而在于它能够拓展我们认识可观测或无法观测的现象的思路，丰富我们的想象力，减少我们随经验的增多而产生的教条式自信，使我们的思想从无形的禁锢中解放出来。今天，我们不缺少关于晶体制备研究的教科书，不缺少国内外名牌大学相关课程的课件，不缺少集市式的大型学术会议，缺少的是关于科技哲学的深入研究、平等讨论、真诚质疑和自由争辩。

还有，支撑晶体制备研究的资金来自哪里？相关资金的配置方案是由政府部门逐级审批确定的，或是由科学共同体中那些并不从事晶体特性研究、晶体制备研究或晶体应用研究的科学家们确定的，或是由那些把晶体与陶瓷或玻璃混淆起来、把块状晶体与结构生物学研究中培养的微米量级结晶体等同起来的学术权威确定的，或是由那些心中没有战略、只是追求近期利益的企业家们确定的？眼见着周边有一些难度很大但潜在应用范围广阔的晶体制备研究课题、一些代表着未来的研究发展方向因资金短缺而倒在了现行考核制度的"刀斧"之下，心中的痛楚与无奈也许少有人能够真切地感受。

我试图通过本书给出自己多年来对晶体制备研究基本问题的思考和不确定回答。请读者千万不要把本书视为一本资料收集完整、专业逻辑清晰、表达叙述严谨、文风格式规矩的晶体专业教科书。晶体制备不是固定的、有穷的、一目了然的，而是充满了矛盾与问题。在本书中，我基于上述的认识，采用非专业性、或者说非典型性的体系结构和形式，表述自己的不确定回答。我真诚地希望对这些问题感兴趣的读者，能够透过这些不确定的回答，思考更广泛、更深刻的问题，从不确定性中去获得知识，认识规律，追求真理，争取心灵的自由。毫无疑问，本书存在许多不足之处，还有些概念或提法与经典教科书相悖。我真诚地希望读者提出批评，予以指正。

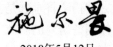

2018年5月12日

CONTENTS

目　录

第 一 章

晶体研究的层次结构
和研究范式

1.1 晶体和晶体研究的基本定义

◆ 晶体的价值

晶体是一类非常奇妙的物体,它是如此精致与完美,可让人爱不释手,更使人感悟到"造就"晶体的自然或人工之力的伟大。

在漫长的农业社会,晶体是稀罕之物,用晶体加工而成的物件只是王公贵族们为体现地位和尊严而佩戴的饰品,或藏匿的传世珍品。而在工业化的时代,晶体是一类具有特定性能的材料,用晶体制作而成的器件更是用途迥异的技术商品。在许多场合,我们可轻而易举地找到晶体存在的踪迹,发现晶体扮演关键角色的证据。面向未来,我们可自信地说,作为一种基础性材料,晶体在高技术发展中的地位是无法撼动的。

图1.1给出了一块硼酸氧钙钇[YCa$_4$O(BO$_3$)$_3$,YCOB]晶体元件照片。该晶块从一个坩埚下降技术系统制备的晶锭中切取,几何尺寸为60mm × 50mm × 50mm,质量为782g。从图可看到,这个晶块晶莹剔透,

用肉眼观察不到内部存在任何结晶缺陷，可谓完美无瑕。这是截至2017年年底公开的文献报道中尺寸最大的人工制备的硼酸氧钙钇晶体材料。

图 1.1 硼酸氧钙钇 $[YCa_4O(BO_3)_3，YCOB]$ 晶体元件的照片。硼酸氧钙钇晶体具有优异的非线性光学特性和高温压电特性。该晶块从一个坩埚下降技术系统制备的晶锭中切取，几何尺寸为 60mm × 50mm × 50mm，质量为 782g，是截至 2017 年年底公开的文献报道中尺寸最大的人工硼酸氧钙钇晶体材料

（照片提供者：涂小牛）

图1.2给出了采用高温熔体提拉技术制备的高纯硅(Si)单晶晶锭照片。2010年，我去日本索尼公司（SONY）九州工厂参观，在门厅中看到了这个直径为300mm、长度为215cm、质量为307kg、纯度达99.99999999%的特大晶锭，拍摄了这张照片。在现代半导体工业中，高纯且近无结晶缺陷的硅单晶晶圆是最重要的基础材料，用来加工制造这类晶圆的硅单晶晶锭则是当今高温熔体提拉技术最高水准的代表。

图 1.2 在日本索尼公司（SONY）九州工厂门厅陈列的高纯硅（Si）单晶晶锭照片。这个晶锭是日本三菱住友材料公司 2004 年 6 月采用特制的超大型高温熔体提拉技术系统制备的。晶锭的直径为 300mm（约 12 in），长度为 215cm，质量为 307kg，纯度为 99.999999999%

（摄影：施尔畏）

关于晶体的研究起步于文艺复兴时期。16世纪至18世纪期间，晶体是地质学家研究的对象，晶体的概念也局限于天然的结晶态矿物。进入19世纪后，随着化学、物理学等基础性学科的快速发展，晶体不但是地质学家、结晶学家的研究对象，也成为化学家和物理学家的研究对象。这个时期，关于晶体的研究与其他科学研究领域之间的界面趋于清晰，自身的研究内涵也逐渐完整。

20世纪中叶是晶体研究真正成为独立科学研究领域的起端。此后，晶体研究进入了发展的"快车道"：人工制备晶体迅速成为这个领域的主体；X射线衍射技术和电子衍射技术提供了检测晶体精细结构的有效手段；经典物理学、化学与结晶学融合在一起，形成了这个领域的知识基

础；现代电力电子技术、自动控制技术、精密制造技术及计算机技术给这个领域的发展带来了巨大的"红利"；特别重要的是，先进制造技术——如半导体技术、通信技术、激光技术、传感技术等——为这个领域的发展提供了强大的驱动力。

　　如今，在晶体制备研究方面，人们不但能够创造与自然界成矿条件相同或相似的环境，制备出可在自然界找到对应结晶态矿物的晶体，而且能够在应用目标的牵引下，按照自己的意愿，创造更加完美的制备技术系统，形成更加极端的工艺技术环境，制备出自然界中不存在的新型晶体。

◆　晶体的结晶学定义

　　根据经典结晶学的观点，晶体是由许许多多个粒子按照确定的化学规则、在三维空间中作周期性排列而成的块状物体。构成晶体的粒子可以是原子或离子，也可以是分子或分子聚集体；这些粒子可通过离子键或共价键连接在一起，也可通过金属键或分子间作用力连接在一起。

　　经典结晶学定义的晶体具有确定的几何形态。在高温熔体提拉技术系统、溶液制备技术系统或水热技术系统中制备的晶体，常常显露生长速度相对较慢的晶面。图1.3是一个采用高温熔体提拉技术制得的硅酸镓镧（$La_3Ga_5SiO_{14}$）晶锭的照片。从图可看到，由于生长速度相对较慢的晶面显露，导致晶锭呈现轴对称的结晶形态；在晶锭显露的+X(110)面上，存在因制备过程中对生长界面温度进行细微调整而成的生长面（即生长条纹）。

图 1.3　采用高温熔体提拉技术制备的硅酸镓镧（$La_3Ga_5SiO_{14}$）晶锭的照片。该晶锭的质量为4.1kg，长度为168mm，直径的最大值为82mm。从图可看到在晶锭显露的 +X(110) 面上，形成了因制备过程中对结晶界面的温度进行细微调整而成的生长面（即生长条纹）

（照片提供者：熊开南）

　　采用坩埚下降技术系统或物理（化学）气相输运法技术系统制备晶体时，晶体的几何形态是由诸如坩埚的制备组件确定的。以坩埚下降技术系统为例，如果使用圆柱形贵金属坩埚，所得晶锭必然呈圆柱状；如果使用矩形柱状贵金属坩埚，所得晶锭必然呈矩形柱状。

在晶体自然显露的晶面上，可能出现因工艺技术条件波动而成的"小面"或生长丘，还可能出现内部结晶缺陷的露头点，它们构成了该晶面的形貌。晶体的几何形态与显露晶面的形貌被统称为晶体的结晶形貌。与经典矿物学和结晶化学的研究方法类似，对晶体结晶形貌的观察与分析，仍然是晶体研究的一个内容。

◆ 晶体概念的延展

在当代科学技术研究体系中，晶体这个概念已经远远跨出了经典结晶学定义的范畴。例如，在现代生物学研究领域里，许多研究者正努力合成微尺度的结晶态物质，剖析它们的精细结构，探寻这些物质与生物体功能之间的关系。图1.4[1]给出了在美国航天飞机或俄罗斯"和平号"空间站上制备的蛋白质结晶体的照片。在纳米研究领域，许多研究者创造更加精巧的技术装备，在更为苛刻的工艺技术条件下，实现不同粒子按照一定规则在一维或二维纳米尺度内有序排列。在这些研究者的视野里，这些结晶态物质都被称为晶体。

图1.4 在美国航天飞机或俄罗斯"和平号"空间站上制备的蛋白质结晶体的照片。遗憾的是，该图没有给出这些结晶体尺度的标尺。与许多其他类型的分子一样，当溶解蛋白质的溶液成为过饱和溶液时，蛋白质结晶体就会从溶液析出。在这样的情况下，单个蛋白质分子能够被"塞"入一个重复阵列之中，并以非共价键的方式结合在一起。蛋白质结晶体可被用于解析其分子结构的结构生物学研究之中，或者用于不同的工业及生物技术领域

（图片来源：文献[1]）

杰出的奥地利物理学家、现代量子理论的奠基人之一E. Schrödinger（见图1.5[2]）把经典结晶学定义的晶体称为**周期性晶体**，而把有机化学家研究的复杂分子、生物学家研究的活细胞染色体纤丝等复杂分子称为**非周期性晶体**。

他说道，"迄今为止，我们在物理学中只处理过周期性晶体。在一位谦卑的物理学家看来，周期性晶体已经非常有趣和复杂了，它们构成了最有吸引力和最复杂的物质结构之一，由于这些结构，无生命的自

然已使物理学家费尽心思了";"然而,与非周期性晶体相比,周期性晶体是相当简单与乏味的。两者在结构上的差别就如同一张是反复出现同一种图案的普通壁纸,而另一幅则是技艺精湛的刺绣,它显示的绝非单调的重复,而是那位大师绘制的一幅精致的、有条理的、富含意义的图案。"[3]

图 1.5　E. Schrödinger(1887～1961),奥地利物理学家,诺贝尔物理学奖获得者。他在量子理论领域取得了大量的基础性研究成果,奠定了波动力学的基础,创立了 Schrödinger 方程

（图片来源：文献[2]）

需要指出的是,本书仅讨论属于经典结晶学范畴的晶体。

◆　"晶体生长"与"晶体制备"的差异

在许多场合,人们把**晶体制备**和**晶体生长**这两个词混淆在一起。然而,晶体制备与晶体生长的涵义是有差别的。

晶体生长这个词,强调的是晶体在适宜的环境与条件下从小变大的过程。这里所说的晶体,既可指天然晶体,也可指人工制备的晶体;这里所说的过程,既可指特定地质成矿条件下结晶态物质逐渐发育和形成的过程,也可指人为创造的工艺技术条件下晶体从小变大的过程。

晶体制备这个词,强调研究者在应用目标的牵引下,按照自身意愿,集成相关技术,构建技术系统,创制工艺环境,制取所需要的晶体。

在晶体制备过程中,研究者是主体,晶体是研究对象,晶体制备技术系统是研究平台,也是劳动工具。在这个过程中,晶体既是在研究平台上人的智慧、劳动通过劳动工具与物质相互作用的结果,也是低有序度物质在外部能量作用下实现向高有序度物质转变的结果。按照人的主观意愿主动地制备晶体,是人改造物质世界的又一项创举。

正因如此,在本书的一些章节中,晶体生长这个词被刻意回避,或者代之以晶体制备。这是本书与其他关于晶体研究的教科书的一个有别之处。

◆ "晶体特性"与"晶体性质"的差异

一般地说,晶体具有两类性质。第一类性质是晶体的本征性质,例如,不同的晶体有不同的密度、硬度、对光的吸收与折射等；第二类性质是晶体对外加物理场做出的响应,当外加物理场被撤除后,这类性质也随之消失。为了这两类性质在以后章节的讨论中被清晰地区别开来,第一类性质被特别地称为**晶体性质**,第二类性质相应地被称为**晶体特性**。

晶体除了按照结构或化学组成的差异进行分类之外,也可按照它们特性的差异进行分类。例如：

——有一些晶体在高能粒子的作用下发出荧光,这种特性通常被称为晶体的闪烁特性,相应地,具有这种特性的晶体被称为闪烁晶体；

——有一些晶体的表面在外加机械力的作用下可产生异号束缚电荷,这种特性通常被称为晶体的压电特性,相应地,具有这种特性的晶体被称为压电晶体；

——有一些晶体在外加电场作用下发生极化,极化的方向随外加电场改变而改变,这种特性通常被称为晶体的铁电特性,相应地,具有这种特性的晶体被称为铁电晶体；

——有一些晶体在外加电场中或特定波长的激光照射下产生载流子(电子与空穴),这种特性通常被称为晶体的半导体特性,相应地,具有这种特性的晶体被称为半导体晶体；

——有一些晶体在光学谐振腔中能够把外部输入的能量转变为高度平行的单色激光,这种特性通常被称为晶体的激光特性,相应地,具有这种特性的晶体被称为激光晶体。

本质上,晶体的特性是其内部处于晶格格位上的粒子及其外层电子的状态在外加物理场作用下发生变化的宏观统计结果。因此,晶体的特性都能用可精确测量的宏观物理量来表达。

◆ 晶体特性与其化学组成及其结构的关系

晶体的特性不是孤立的,它与**晶体的化学组成和结构**有着直接的关系。化学组成相同的晶体,可有不同的结构,这是晶体的同质异构现象；结构相同的晶体,可有不同的化学组成,这是晶体的同构异质现象。晶体的同质异构和同构异质现象像一对孪生兄弟,一方面增加了晶体研究的复杂程度，另一方面又为调控晶体特性提供了技术途径。例如，对于某种具有特定结构的晶体，在深刻认识它的结构、化学组成与特性之间关系的基础上，采用有目的地替换晶体内部部分处于晶格格位上的粒子的途径，能够调节晶体某个特征结构参数，从而调整晶体的某项特性。

图1.6给出了这样一个研究案例：在化学式为$A_3BC_3D_2O_{14}$的四元氧化物晶体中，如果A格位被锶（Sr）离子占据，B格位被钽（Ta）离子占据，C格位被镓（Ga）离子占据，D格位被硅（Si）离子占据，就构成硅酸镓钽锶（$Sr_2TaGa_2Si_2O_{14}$，STGS）晶体。图1.6是这种晶体一个晶胞的结构示意图。通过调节占据A、B、C格位的阳离子种类，可调节晶体的压电性能，进而形成一个数目繁多的新型压电晶体家族。这个压电晶体家族包括硅酸铝钽钙（$Ca_3TaAl_3Si_2O_{14}$，CTAS）晶体、硅酸铝铌钙（$Ca_3NbAl_3Si_2O_{14}$，CNAS）晶体、硅酸铝钽锶（$Sr_3TaAl_3Si_2O_{14}$，STAS）晶体和硅酸铝铌锶（$Sr_3NbAl_3Si_2O_{14}$，SNAS）晶体，图1.3所示的硅酸镓镧（$La_3Ga_5SiO_{14}$，LGS）晶体也是它们的"至亲"。

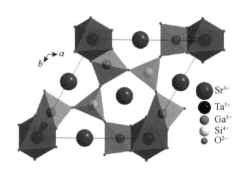

图 1.6　化学式为 $A_3BC_3D_2O_{14}$ 的晶体是一类结构复杂、化学组成多样的四元氧化物压电晶体。在这类晶体中，存在 A、B、C、D 四种不同的阳离子格位，其中 A 位离子位于由八个阴离子构成的十面体的中心位置；B 位离子位于由六个阴离子构成的八面体的中心位置；C 位离子和 D 位离子位于由四个阴离子构成的四面体的中心位置。这四种格位可由不同的阳离子占据。A 位可由钙（Ca）、锶（Sr）与钡（Ba）的离子占据；B 位可由铝（Al）、镓（Ga）、锌（Zn）、钽（Ta）、铌（Nb）等的离子占据；C 位可由镓（Ga）、锗（Ge）、铝（Al）、铁（Fe）的离子占据；D 位可由硅（Si）、锗（Ge）离子占据。图为 A 位由锶离子、B 位由钽离子、C 位由镓离子、D 位由硅离子占据所构成的硅酸镓钽锶（$Sr_3TaGa_3Si_2O_{14}$，STGS）晶体晶胞在 $a\times b$ 平面上投影的示意图。当 D 位离子为硅离子时，$A_3BC_3Si_2O_{14}$ 晶体的压电性能与 A 位、B 位和 C 位离子的种类密切相关。根据压电性能最优与经济性原则，使用第一性原理计算模拟方法，可得出这类晶体的化学组成、结构参数与压电特性之间的关系，预测硅酸铝钽钙（$Ca_3TaAl_3Si_2O_{14}$，CTAS）晶体、硅酸铝铌钙（$Ca_3NbAl_3Si_2O_{14}$，CNAS）晶体、硅酸铝钽锶（$Sr_3TaAl_3Si_2O_{14}$，STAS）晶体和硅酸铝铌锶（$Sr_3NbAl_3Si_2O_{14}$，SNAS）晶体是有重要应用前景的新型压电晶体[4]

（图中图例：Sr³⁺、Ta⁵⁺、Ga³⁺、Si⁴⁺、O²⁻）

◆ 晶体特性与结晶缺陷的关系

在人工制备的晶体中，或多或少都会存在某种形式的**结晶缺陷**，绝对完美无瑕的晶体实际上是不存在的。采用不同类型的技术系统制得的晶体，可形成特有的结晶缺陷。例如，在坩埚下降技术系统制得的晶体中，往往存在被称为包裹体的结晶缺陷；在物理气相输运技术系统制得的晶体中，容易形成与生长界面推移方向平行的、被称为微管道的结晶缺陷。

在同一个晶体中，不同类型的结晶缺陷可能形成关联；一种结晶缺陷的形成将诱发甚至加剧另一种结晶缺陷的形成。例如，在物理气相输运技术系统制得的碳化硅晶体中，微管道结晶缺陷更多地富集在多型共生缺陷的边缘区域。

晶体的特性与其内部的结晶缺陷也有直接的关系。结晶缺陷的存在，必然干扰、弱化甚至破坏晶体对外加物理场作用的响应。例如，对于高温熔体提拉技术系统制备的硅单晶晶锭及由此加工而成的晶圆，位错等结晶缺陷的存在将导致它们的半导体特性的下降；对于物理气相输运技术系统制备的碳化硅（SiC）晶锭及由此加工而成的晶圆，微管道等结晶缺陷的存在也将导致它们的半导体特性的下降。因此，研究晶体结晶缺陷的类型、分布、形成机制及其对晶体特性的影响，是晶体研究的一个重要方面。

1.2 现代晶体研究的层次结构

◆ 近代晶体研究和现代晶体研究的分水岭

关于晶体的研究从成形至今已有一百多年的历史。19世纪末至20世纪初，在欧洲工业化国家里，关于晶体的研究活动是分散的，许多研究工作是化学家和物理学家研究工作的自然延伸，总体上是由个人的兴趣爱好驱动的。在这个时期，不存在与晶体研究相关的建制化安排，更不存在完整的晶体研究体系。

第二次世界大战彻底改变了全球科学技术研究的活动形态与组织方式。战争期间，相关国家的经济活动和科学研究活动都被纳入了战时动员与政府管制的轨道；军事工业机器的超负荷运行，给包括晶体研究在内的科学研究创造了前所未有的巨大需求，给晶体研究注入了强大的发展动力。在美国、苏联及另一些欧洲国家，晶体研究——包括关于晶体的特性、制备与应用研究——取得了超出想象的发展。水晶晶体在军用通信电子器件中的重要应用及其因需求刺激而生的人工制备，是这个时期晶体研究快速发展的典型案例。

20世纪50年代，世界经济进入了全面繁荣的时期。与此同时，冷战铁幕轰然降落下来，带来了东、西方阵营空前激烈的军备竞赛。在产业技术和军用技术快速发展的双重刺激下，在大额公共财政资金的投入下，晶体研究从此彻底走上了以体系化、建制化、多样化和专业分工为主要特征的发展道路。

在晶体研究的发展历程上，第二次世界大战是一个分水岭。如果第二次世界大战爆发之前全球范围内对晶体的研究被称为近代的晶体研究，那么，第二次世界大战结束之后至今关于晶体的研究可被称为现代的晶体研究。

◆　现代晶体研究的层次结构

在许多材料科学与工程专业教科书中，材料科学与工程学科被定义为"研究各种材料的化学组成与结构、性能、制备技术和应用之间关系"的学科[①]。人们常用一个四面体来表示材料科学与工程学科的层次结构（hierarchical architecture）：在这个四面体里，四个端点分别表示"材料化学组成与结构""材料性能""材料制备工艺技术""材料应用"四个亚领域；连接这四个端点的六条连线表示对这四个亚领域之间关系的研究。

长期以来，人们以相同的思路来表示现代晶体研究的层次结构。例如，晶体研究领域也可用一个四面体来表示，四面体的四个端点分别表示"晶体的化学组成与结构研究""晶体性质和特性研究""晶体制备研究""晶体应用研究"四个亚领域；连接四个端点的六根连线也分别表示对这四个亚领域之间关系的研究。

---

① 根据国务院学位委员会学科评议组颁布的《授予博士、硕士学位和培养研究生的学科、专业目录》，材料科学与工程（Materials Science and Engineering，MSE）是属于工学学科门类的一级学科。它下设三个二级学科，分别是材料物理与化学、材料学和材料加工工程，主要专业方向有金属材料、无机非金属材料、高分子材料、耐磨材料、表面强化和材料加工工程。见：www.moe.edu.cn。按照学科分级分类的方法，无机非金属材料专业方向被分为结构陶瓷研究、功能陶瓷研究、人工晶体研究、特种玻璃研究、无机涂层研究五个次级专业方向。

　　毫无疑问，用一个四面体来表示材料科学与工程学科及晶体研究的层次结构是一个非常有想象力的方法。四面体是一些晶体的基本结构单元，因此，用四面体来表示晶体研究的亚领域以及它们之间的关系，既很形象、又很清晰。不过，问题不在于是否采用四面体或者其他形式来表示晶体研究的层次结构，而在于将晶体研究的层次结构划分成四个等价亚领域是否能够涵盖所有的研究活动。

　　我们可以从另外的角度来审视现代晶体研究的层次结构。如果我们能够找到两个不相干的坐标，就可在由这两个独立的坐标构成的二维空间来表示晶体研究的层次结构。纵观目前的晶体研究活动，它大致可被分为**晶体特性研究**、**晶体制备研究**和**晶体应用研究**三个独立的亚领域。每个亚领域又由若干个既有联系、又相对独立的活动板块构成。同时，按照研究对象的特性差异，晶体研究又可分为若干个主题，例如**压电晶体研究**主题、**铁电晶体研究**主题、**闪烁晶体研究**主题、**半导体晶体研究**主题、**激光晶体研究**主题和**其他晶体研究**主题。显然，上述三个亚领域和六个主题是不相干的。因此，"亚领域"可作为一个维度，"主题"可作为另一个维度，由此构成的二维空间就可涵盖当今晶体研究的全部内涵。

　　图1.7给出用上述二维空间表示晶体研究层次结构的示意图。图中水平方向是"亚领域"维度，垂直方向是"主题"维度。"亚领域"和"主题"相互贯通，构成了一个矩阵式网格。如图所示，在"亚领域维度"：

　　——晶体特性研究亚领域含有"数学建模与计算模拟：晶体化学组成、结构与特性关系预测""化合物筛选：确定'晶体'的化学组成与结构参数""新晶体的制备研究和新型制备技术的研发""晶体（电学、磁学、力学、光学、半导体等）特性的检测表征"四个活动板块（如图1.7浅蓝色方框所示）；

　　——晶体制备研究亚领域含有"特定晶体制备技术的研究和特定晶体制备技术系统的研发""特定晶体的精细加工技术研究""数学建模与数学模拟：晶体制备过程微观机理研究""晶体结晶质量的评价和重要参数的检测与表征"四个活动板块（如图1.7浅绿色方框所示）；

　　——晶体应用研究亚领域含有"特定晶体应用的物理模型研究和原型器件的设计""特定晶体的原型器件制备技术研究""原型器件性能的检测表征""原型器件在真实环境中运行的实验验证"四个活动板块（如图1.7绿色方框所示）。

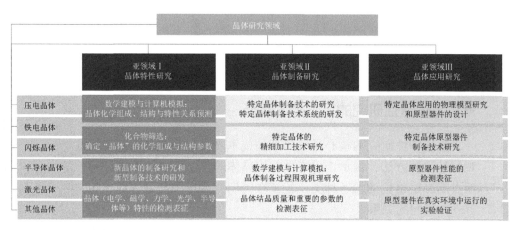

图 1.7 现代晶体研究层次结构的示意图。如图所示，晶体研究可分为晶体特性研究、晶体制备研究和晶体应用研究三个亚领域，每个亚领域又由四个板块的研究活动组成；晶体研究又可分为压电晶体研究、铁电晶体研究、闪烁晶体研究、半导体晶体研究、激光晶体研究及其他晶体研究六个主题，每个主题又连贯晶体特性研究、晶体制备研究和晶体应用研究。因此，晶体研究的层次结构可在以"亚领域"为一个维度、以"主题"为另一个维度的两维空间中展开

（绘图：施尔晨）

　　就任何一个主题的研究活动而言，一方面，它如果要走完从新晶体探索到真实环境中应用的全过程，都要开展晶体特性研究、晶体制备研究和晶体应用研究。这样，同一主题的研究活动可贯通分属不同亚领域的研究活动。另一方面，就任何一个亚领域的研究活动而言，它必然涉及分属不同主题范畴的晶体。因此，同一亚领域的研究活动又可贯通不同主题的研究活动。

　　与四面体表示方式相比，以"亚领域"和"主题"为维度构成的二维空间可更完整地表示现代晶体研究的层次结构，更全面地涵盖这个领域的研究活动。或者说，在20世纪中叶现代晶体研究刚从其他科学研究领域中破壳而出的时候，用一个四面体来表示它的层次结构，既是合适的，也是充分的；然而，到了21世纪第二个十年的末期，再用一个四面体来表示这个已极大膨胀与扩展的科学研究领域，不但力不从心，而且略显迂腐陈旧了。

1.3 关于晶体的特性研究

◆ 晶体特性研究的基本技术路径

晶体特性研究的核心是按照某种技术路径，确定晶体某项特性的宏观统计表征方法，揭示该项特性与该晶体的化学组成和微观结构——包括占据晶格格位的粒子种类、粒子在周期性势场中与紧邻粒子相互作用等——之间的关系。

概括地说，晶体特性研究可沿着两条技术路径展开。第一条技术路径是，研究者从现有的经验、感知的知识和描述的知识[②]出发，辅以某种形式的技术手段，选择某种类型的晶体，主观判断只要适度改变它的化学组成，就可能调整它的特征结构参数，进而改善它的某项特性。通常，晶体特性与其特征结构参数之间的关系被称为"构效关系"，相关研究是晶体特性研究的重要方面之一。然后，研究者根据这个主观判断，定向开展制备实验，制取结构相同但化学组分存在有限度差异的晶体，并对它们的特性进行检测表征。最后，研究者在实验结果的基础上，确定晶体化学组成与特性的关系，遴选出特性相对更好、应用前景更广的晶体。

在晶体研究中，这样的技术路径也被称为掺质研究或改性研究，也被许多人称为"炒菜式"路径。用中式菜肴烹调时加些糖、盐、味精及香油等来调节菜肴色泽和味道比喻在晶体中加些杂质粒子来调节其特性，倒也十分形象与贴切。应当承认，按这条路径进行晶体特性研究，费时耗力，经济性差，但由于它的知识与技术门槛相对较低，仍被分处大学、研究机构和企业的研究者沿用。

第二条技术路径是，研究者以已有描述的知识或理论为基础，运用数学建模与计算模拟方法，构建晶体特性与其化学组成、特征结构参数之间关系的模型。然后，研究者在虚拟实验平台上，通过系统变更晶体的化学组成、调节晶体特征结构参数等途径，筛选出可实现某种特性最优的虚拟晶体组合。在此基础上，研究者在实物实验平台上，开展定向

---

② 有关感知的知识、描述的知识的涵义将在本书的第三章进行讨论。

晶体制备研究，并对它们的特性进行检测表征，验证虚拟实验与实物实验结果的一致性，并根据实物实验的结果优化虚拟实验的数学模型和各种参数，最终遴选出特性相对最好、应用前景更大、经济性更好的晶体。

需要说明的是，受现实条件的限制，虚拟实验平台筛选出的虚拟晶体，不可能通过制备实验全部转变为真实的晶体。在现实生活中，我们可以找到研究者花费很大的时间成本和资源代价也无法把某种特性极好的虚拟晶体转变为真实晶体的案例。

目前，第一条技术路径已很成熟，为许多研究者所熟悉与选用；第二条技术路径尚在发展之中，在某些主题的研究中可能刚刚起步，但它代表着晶体特性研究未来发展的方向。在一些场合，第二条技术路径被一些人冠以"材料设计"、"晶体基因工程"等称谓。第二条技术路径强烈地依赖于研究者的知识积累，依赖于虚拟实验平台和实物实验平台的技术层次和研究水准，依赖于算法语言、计算技术、专用程序、数据处理技术等来自外部的技术基础与供给。

2017年，美国哈弗福德学院（Haverford College）的P. Raccuglia等在所发表的研究论文（见图1.8）中指出：迄今为止，人们已使用水热技术或热溶剂技术制备出上千种结晶态物质，然而，人们并没有完全理解这些物质的形成机制，仍然使用传统的探索性试验方法（即试错法）进

图 1.8　2016 年 5 月出版的《自然》（*nature*）杂志以"从失败中学习：机器学习算法挖掘未被报道的'暗'反应，以预测成功的制备"为该期封面焦点发表了 P. Raccuglia 等的文章。作者认为，人们采用水热技术和热溶剂技术已制备了上千种新型结晶态材料，然而，这些化合物的形成机制没有被完全理解，新化合物的开发仍依赖于原始的探索性试验方法，模拟与数据驱动的研究方法提供了除传统试错实验之外的选择。这个研究方法能够"通过计算模拟，预测材料的物理性质，为实际合成确定潜在的候选者"；能够"通过高通量制备与表征技术，从大量的实验数据中确定结构与性能之间的关系"；能够把研究"聚焦在一类具有相似晶体结构的材料"。作者采用通过反应数据训练的机器学习算法，预测模板法制备钒亚硒晶体的实验产出。他们使用的信息来自所谓的"暗"反应，即收集实验室归档纪录的失败或不够成功的水热合成，采用化学信息技术把产物的物理化学性质加到实验记录本的原始数据之中，然后利用这些数据训练机器学习模型来预测制备实验的成功率 [5]

行新型晶体材料的探索与开发。作者提出了所谓的"模拟与数据驱动"研究方法，认为这种研究方法通过计算模拟，能够预测晶体的物理性质，为实际制备实验确定潜在的候选者；通过高通量制备与表征技术，能够从大量实验数据中确定晶体结构与其特性之间的关系，进而把研究工作聚焦于一类具有相似结构的晶体。显然，模拟与数据驱动研究方法属于晶体特性研究第二条技术路径的范畴。

在有机化合物的筛选与合成研究中，模拟与数据驱动研究方法已有完整的应用；在航天与航空飞行器、舰船、大型动力装置等工程系统的研发与制造领域，这种方法更是基本设计工具和基础研发平台的核心。在晶体研究领域，模拟与数据驱动研究方法的应用似乎刚刚起步，无论在深度上，还是在广度上，都明显落后于上述研究领域。

◆ 各亚领域研究活动的重点

如1.2节所述，晶体特性研究包含四个板块的研究活动。概括地说，第一个板块研究活动的重点是在虚拟实验平台上，对晶体的特性与其化学组成、结构参数之间关系做出理论预测。这是晶体特性研究的基础。在模拟与数据驱动研究方法尚未得到应用、即缺乏虚拟实验平台时，这类研究活动只能以个体与团队所掌握的知识、积累的经验及所具有的科学素养作为基础展开，因此它不过是经验式的，而不是科学的。

第二个板块研究活动的重点是采用虚拟实验与实物实验相结合的方法，对理论预测得出的虚拟晶体（化合物组合）进行筛选，确定目标晶体的结构与化学组成。如果缺乏虚拟实验平台，这类研究活动也只能依赖在实物实验平台，以试错法的方式展开。

第三个板块研究活动的重点是在制备具有使用价值的目标晶体驱动下，通过系列实物实验，确定适合目标晶体制备的技术方法，初步确定相应工艺技术条件的范围，获得基本能够满足特性检测表征要求的实物晶体。

今天，在许多大学的材料科学与工程系科中，一些制备实验室装备着结构相对简易的制备技术系统，教师和学生们使用这些设备，开展探索新型晶体的实物试验。这些新型晶体的概念可能来自独立理论预测研究的结果，也可能来自相关的文献报道，这些研究活动的目标不是向用户提供可加工的晶体材料，而是验证关于晶体特性的理论预测结果，或者重复检验文献报道的内容。因此，这些晶体制备研究活动属于晶体特性第三个板块研究活动的范畴，与1.4节将要讨论的晶体制备研究有着很大的区别。

第四个板块研究活动的重点是构建技术系统，创立检测与表征晶体相关特性的方法学，完成对所得晶体的特性的系统检测表征，验证第一个板块的理论预测结果和第二个板块的虚拟晶体筛选结果的正确性，确定能够制备、特性最优、应用前景更大的新型晶体，形成关于晶体化学组成、结构与特性之间关系的理论模型。

总体上，晶体特性研究向社会输出的是知识乃至理论，主要形式是学术论文及会议报告。重要的是，晶体特性研究为晶体制备研究和晶体应用研究提供研究对象和知识基础，是晶体研究领域不可或缺的成员。

1.4　关于晶体的制备研究

◆　各亚领域研究活动的重点

晶体制备研究的目标是，在晶体特性研究对目标晶体及制备方法做出基本选择的基础上，根据目标晶体的化学组成与结构的特点，按照先进性、合理性与经济性相匹配的原则，研制适用的制备技术系统，实现目标晶体的一致性、重复性与低成本的制备，使之成为被更多用户接受的高品质实用材料。

在1.2节中，我们也把晶体制备研究分为四个板块。第一个板块研究活动的重点是根据目标晶体的化学组成和结构的特点，通过实物实验与虚拟实验相互验证、相互迭代的方法，确定制备技术系统的构造细节和相应的工艺技术参数，研制出既有先进性、又符合经济性原则的制备技术系统，不仅制备出具有使用价值的目标晶体，而且使制备过程达到一致性、重复性和低成本的要求。

一方面，如果缺乏虚拟实验平台，第一个板块的研究活动只能沿着"试错法"的路径展开：实验一次，根据结果调整一次，再实验一次，再根据结果调整一次，……，如此周而复始，艰难地逼近成功制备目标晶体的目标。这个过程主要依赖于个体的经验和感知的知识，有着浓重的经验性色彩。

另一方面,如果虚拟实验产生的结果是不完整、甚至有缺陷的,实物实验也可能被误导,甚至被引入走不通的死胡同。因此,在这个板块中,虚拟实验平台不可能独立于实物实验平台而存在,它的可靠性与完整性必然要通过实物实验平台加以验证。尤为重要的是,虚拟实验平台的研究人员与实物实验平台的研究人员不能相互隔离,研究活动不能相互脱节。理想的状态是,研究人员既能运行和优化虚拟实验平台,也能运行和优化实物实验平台。

第二个板块研究活动的重点是根据用户的使用要求和目标晶体的物理化学性质,编制合理的工艺流程,开发适用的加工技术,确定既可保证加工质量、又符合经济性原则的辅助材料体系,形成完整的加工技术组合,将制得的晶体转变为具有使用价值的材料。

第二个板块研究活动往往不受重视,甚至被完全忽视。但是,晶体转变为包括晶体应用研究者在内的用户可使用的材料,必须经历完整的加工流程。不同的晶体,因化学组成与结构的不同,具有不同的加工特性,必须定制开发加工技术组合。加工技术组合的不合理,有可能导致具有优异特性的晶体无法实现它的使用价值。随着晶体应用研究的发展和高端制造技术的进步,用户不但对晶体的结晶质量、而且对晶体元件的加工质量将提出越来越高的要求。因此,关于晶体加工技术的研究活动应当在第二个板块中占据不可替代的位置。

第三个板块是晶体制备过程的微观机制研究。它的重点是以现有的知识体系作为基础,采用数学建模与计算模拟的方法,构建虚拟实验平台,通过将虚拟实验结果与实物实验结果进行比较分析,给出结构低度有序的物质如何在特定的工艺技术条件下转变为结构高度有序的晶体的图景,认知晶体制备微观过程的基本规律,形成描述的知识,拓展知识体系,并为调整工艺技术参数、优化制备技术系统提供理论依据。

与第一个板块相似,如果缺乏虚拟实验平台,第三个板块的研究活动将沦落到传统的经验式研究的境地。由此产生的风险是,一些宏观观察结果及由此产生的主观臆想变成了推断制备过程微观机制的主要依据,相应的结论或者是似是而非的经验性描述,或者是无法被验证的假说,或者是最终被束之高阁的形而上学模型。

在晶体制备研究中,第三个板块的研究活动无疑占据基础性位置。重要的是,它不能与第一个板块和以下将要谈及的第四个板块的研究活动割裂。从事第三个板块研究的人不了解第一个板块的研究活动，甚至对第一个板块的研究结果无动于衷；从事第一个板块研究的人不了解第三个板块的研究活动，甚至对第三个板块的研究结果不感兴趣，那么晶体制备研究也许无法挣破经验式研究范式的藩篱，真正走上现代科学研究的轨道。

第四个板块是晶体结晶质量的评价和主要特性参数的检测与表征。它的重点是根据目标晶体的特点、关键技术方法体系，构建技术平台，建立测试标准，全面准确地给出目标晶体结晶质量的评价和特性的检测表征结果，灵敏迅捷地向第一个板块和第三个板块的研究活动反馈有效信息，以提高晶体制备研究的整体效率。

分属不同主题的晶体需要不同的特性检测表征方法与技术平台。一方面，在同一主题不同的晶体中，相应的特性检测表征方法与技术平台也可能存在差异。另一方面，晶体的有些特性可用市售仪器设备进行检测表征，有些特性只能用定制研发的专用仪器设备进行检测表征。因此，第四个板块还可能与专用仪器设备的研制联系在一起。拥有自主研发专用仪器设备、并使它们转变为符合标准化要求的市售科学仪器的能力，是第四个板块研究水准的重要标志。

在晶体结晶质量评价方面，核心是建立评价标准。这类评价标准不是研究者的主观臆断，而是他们在系统理解用户使用要求与晶体结晶质量之间关系、把握不同晶体结晶质量的特征表现形式基础上，按照便捷性、经济性与有效性相统一的原则进行定向研究的结果。

◆　晶体制备研究的特点

与晶体特性研究和晶体应用研究相比，晶体制备研究有着自身的特点。

第一个特点是实验周期长。无论采用何种制备技术系统，制备一个晶体，从实验启动前的准备到实验结束后的处理，通常要花费很大的时间成本。例如，如果采用熔体提拉制备技术系统制备晶体，一次完整的实验通常需要百余个小时；如果采用物理气相制备技术系统制备晶体，一次完整的实验将花费约两周的时间；如果采用坩埚下降制备技术系统或水热制备技术系统制备晶体，一次完整的实验将花费约一个月的时间；如果采用水溶液制备技术系统制备晶体，一次完整的实验则需要数月的时间。与一般的物理学、化学及生物学实验相比较，晶体制备过程可谓漫长。这就要求在晶体制备过程中，制备技术系统提供的工艺技术条件始终保持一致与稳定，各类辅助保障设备始终可靠、稳定地运行。

第二个特点是晶体制备过程的不可视。所谓可视，可分为宏观与微观两个层面。宏观层面的可视，指在晶体制备过程中可用肉眼观察晶体由小变大的过程及因工艺技术条件突变带来的晶体结晶形态的重大变化，也包括借助检测仪器"观察"系统内诸如温度、气相压力、气体流量、外部向系统输入的电量等参数宏观统计结果的变化。

如果采用水溶液制备技术系统、高温熔体提拉制备技术系统制备晶体，研究者可通过透明的容器或系统加置的有限尺度观察窗口实现前者的观察；也可利用系统加置的检测仪器实现后者的观察。然而，如果采用坩埚下降制备技术系统、物理（化学）气相输运制备技术系统制备晶体，由于整个系统是封闭的，研究者无法实现前者的观察，只能实现后者的观察。因此，晶体制备过程的宏观可视性是有限度的。

在晶体制备过程中，研究者非常希望借助检测仪器观察原料相如何变化、原料粒子如何运动、生长界面如何从结晶相向原料相推移等状况。对这些状况的观察属于微观可视的范畴。然而，迄今为止，人们还没有找到合理的科学方法、发明可靠的技术装置来实现对晶体制备过程微观层次的观察。其中一个很重要的原因是，除水溶液制备技术系统及水热制备技术系统之外，其他制备技术系统都需要加置一个由多种材料构成的、结构多样的制备组件，晶体制备过程在由这个组件提供的腔体内完成，这给采用技术装置进行微观层次观察带来了巨大的、甚至无法逾越的技术障碍。因此，在微观层次，晶体制备过程是不可视的，晶体制备过程就如同一个黑匣子。

在这个黑匣子里，不但存在能量传递、物料输运等物理过程，而且存在着原料粒子之间、原料粒子与构成制备组件的各种材料之间的相互作用，还存在着原料粒子在生长界面上的结晶反应。仅凭某些物理量的宏观统计检测与分析的结果，没有人能够直接给出这个黑匣子内所发生的各种事件的图景。

面对着这样一个黑匣子，研究者只能根据相关物理量宏观检测与分析的结果，猜测黑匣子内可能发生的事件及其成因，然后根据自己的主观想象，对这个黑匣子做些调整，盼望着通过循环次数有限的实验—猜测—再实验—再猜测……过程，逼近成功制备目标晶体的目标。

此外，研究者还可效仿考古学、地质学常用的研究方法，即通过对化石的检测与分析，反演在几万年、几亿年以及更久以前发生的事件，对制得的晶体进行解剖、检测与分析，寻找晶体内部被固化的、与制备过程相关的"蛛丝马迹"，逆向推断制备过程发生的微观事件。总体上说，晶体制备过程的不可视是晶体制备研究长期以"试错法"为主导的重要原因。

1.5　关于晶体的应用研究

◆　晶体应用研究的目标

晶体具有某种特性，并不意味它可自然地实现应用。具有某种特性的晶体，必须经过再加工制程，转变为某种元件，然后经过技术集成、材料集成与制程集成，转变为某种原型器件，此时，晶体在某个技术领域中的应用价值才可得到接近真实使用环境下的实验验证。

晶体应用研究亚领域的活动与制造业以晶体材料为核心材料的元器件开发与制造活动有着本质的区别。前者的目标只是创制元件或器件的原型（prototype），后者的目标是制造进入市场的商品。但两者之间又有紧密联系，前者为后者提供实验基础和理论依据，后者则为前者产生的器件原型、技术方案、理论模型提供了更高层次的验证平台。

图1.9给出了晶体应用研究的一个案例。碳化硅晶体被公认为一种具有优异半导体特性的晶体。但是，在物理气相输运技术系统中制得的只是碳化硅晶锭。要实现碳化硅晶体的应用，首先要把晶锭加工成符合使用要求的元件，即晶片。这部分研究活动已被列为晶体制备研究的第三个板块。得到了碳化硅晶片，还要将其制成碳化硅基器件，才能够在接近真实运行环境中接受系统的使用验证。

目前，国内企业及其他用户组织通常不愿意开展这类以解决相关科学技术问题为核心的研究活动，而是希望晶体研究团队提供原型器件及相应的物理模型。该案例介绍了为实现碳化硅晶体在微波技术领域中的应用，在碳化硅晶片上制作电极的研究结果。制作电极是制作碳化硅基器件的重要环节。

晶体应用研究的目标是，根据特定技术领域的应用要求，建立晶体

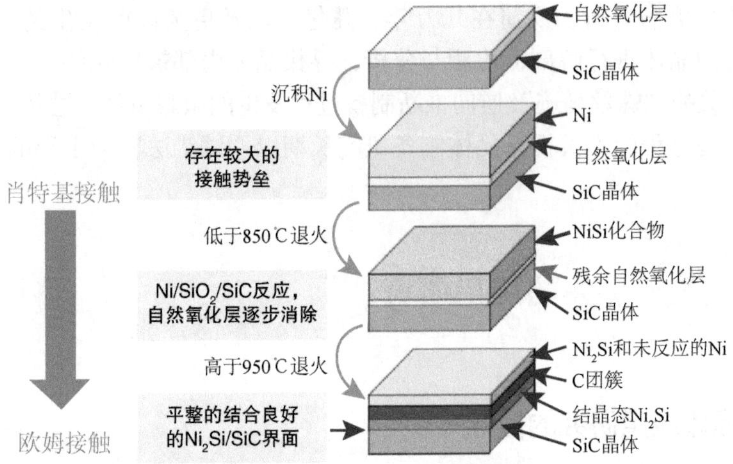

图 1.9　在 6H 型碳化硅（SiC）表面制作接触电极的制程示意图，这个制程是制备碳化硅基光导开关原型器件工艺技术包的一部分。如图所示，碳化硅晶片表面易形成厚度为 1 ~ 2nm 的自然氧化层。将金属镍（Ni）沉积到晶片表面，可形成 Ni/ 自然氧化层 /SiC 这样的接触界面，此时的电极接触性质是肖特基接触。对沉积了金属镍的碳化硅晶片进行退火处理，当退火温度低于 850℃时，自然氧化层未被完全反应消除，电极的接触性质仍为肖特基接触；当退火温度高于 850℃时，自然氧化层基本消除；当退火温度达到 950℃时，自然氧化层被完全消除，此时，形成了较好的 Ni_2Si/SiC 界面，电极的接触性质为良好的欧姆接触；将退火温度进一步提高到 1000℃，紧邻 SiC 界面的 Ni_2Si 结晶质量更好，形成结合更好的平整 Ni_2Si/SiC 界面，从而使欧姆接触性质得到进一步的提高[6]

实现专项应用的物理模型，确定晶体元件再加工技术组合，研制可在接近真实运行环境中验证晶体特性和评价应用价值的器件原型，并理解晶体特性、器件结构、工艺制程和在外场作用下形成有效响应这四者之间的关系，提出相关的微观机制诠释乃至基本的理论模型。

晶体应用研究与晶体特性研究、晶体制备研究同为晶体研究领域不可或缺的成员。一方面，晶体特性研究、晶体制备研究是晶体应用研究的基础。如果没有关于晶体结构与特性关系的知识基础，没有真实和可用的晶体，晶体应用研究将是无本之木。另一方面，晶体应用研究为晶体特性研究、晶体制备研究提供具体和生动的应用图景，使得这两类研究具有明确的应用导向和聚焦点，摆脱完全由个体兴趣与爱好驱动的传统研究思维的束缚。

在一些物理学实验室里，研究者构建实验系统，使用晶体的某种特性，以发现新的物理现象，验证新的科学原理，形成新的基础知识。在一些企业研发实验室里，研究者也在研发以晶体为核心材料的原型器件，验证晶体应用形式，评判它们的应用价值，以开发新的产品，形成新的利润增长点。毫无疑问，在聚焦点和目标上，晶体应用研究活动与物理学实验室及企业研发实验室的相关研发活动是有差异的。

总体上说，在晶体研究领域中，晶体应用研究具有更显著的学科交叉特点，它是晶体研究与产业技术发展实现会聚的桥梁，是面向其他科学研究领域的窗口，也是从外部获取不竭发展动能的渠道。

◆　各亚领域研究活动的重点

如图1.7所示，晶体应用研究也是由四个板块的研究活动组成的。

第一个板块研究活动的重点是根据特定晶体的特性与在某个技术领域中实现应用的具体要求，建立相应的物理模型，设计以晶体为核心材料的器件原型。这是一项学科与技术跨度很大的研究活动，不仅需要晶体应用研究者拥有广博的知识基础与专业特长，而且需要他们在虚拟实验和实物实验的平台上，与其他领域的研究者实现知识、智慧与专长的深度融合。

许多年来，特定晶体在某个技术领域实现应用的思想乃至基本的物理模型来自发达国家科学家的研究结果，第一个板块研究重点常常异化为重演、修正及优化他人的研究结果，或者把他人的科学思想实物化。在科学研究活动整体处于"跟踪、模仿"的历史阶段，这样的研究模式是合理的。如果用科学研究活动跨越到"并跑、领跑"历史阶段的标准来衡量，这样的研究模式又是不合理的。

事实上，关于晶体材料技术应用的科学思想、物理模型乃至器件原型并不能全部转变为商品。然而，只有在相关科学思想、物理模型大量产生，器件原型不断涌现的状态下，更多的晶体应用研究成果才可能转移到制造业领域，更多的晶体材料才可能最终实现应用，转变为商品，体现它们的价值。同时，在该状况下，晶体特性研究和晶体制备研究才会有更多的研究主题，才会有更加明确的导向。

第二个板块研究活动的重点是在第一个板块研究结果的基础上，开展晶体为核心材料的器件原型的制备技术研究，建立加工制程，形成材料体系和工艺技术组合，制造可在接近真实运行环境中进行特性验证的器件原型。

建立了物理模型，完成了器件原型的设计，不等于有了实在的器件原型。因此，第二个板块是将第一个板块研究结果实物化的过程。这也是一项学科与技术跨度很大的研究活动。在此过程中，晶体应用研究者同样需要在虚拟实验和实物实验的平台上，与其他相关领域的研究者实现知识、智慧与专长的深度融合。

在第二个板块研究活动中，虚拟实验平台与实物实验平台同等重要。如果缺乏虚拟实验平台，研究者只能沿用"试错法"的传统路径，为制作器件原型付出很大的时间成本和经济成本，甚至失去重要的发展机遇。在制造业技术快速发展的今天，一项成熟的技术或商品被新技术或新商品取代成为高概率事件，相关案例层出不穷。因此，提高整体效率是第二个板块研究活动的内在要求。

第三个板块研究活动的重点是对以晶体为核心的器件原型的特性进行检测与表征，理解器件原型工作的物理原理和微观机制，向第一个板块和第二个板块反馈改进设计、优化制程的实验基础和理论依据。

器件原型特性的检测与表征不等同于晶体特性的检测与表征，需要专用的实物实验平台，需要更宽泛的知识基础和技术基础，更需要晶体应用研究者与其他相关领域研究者、从事晶体研究的社会组织与包括从事产品研发在内的社会组织在知识、技术、管理等方面实现深度融合。在晶体研究的价值链条上，第三个板块可能成为科研院所与创新型企业相关活动的衔接或转移的节点。

第四个板块研究活动的重点是在接近真实的、或真实的运行环境中对器件原型的特性进行验证，获取系统的试验数据，发现技术缺陷与系统性障碍，为调整与优化器件原型的设计、制程安排提供实验依据。

在整个晶体研究价值链条中，这个板块是不可或缺的环节。在接近真实的、或真实的运行环境中进行特性验证，需要完整的试验平台。对于某些器件原型，试验平台的体系架构和实验条件相对简单一些；对于某些器件原型，试验平台的体系架构和试验条件就很复杂，试验的成本和风险也很大。

从事晶体研究的社会组织一般不具有独立构建与运行试验平台的能力。因此，第四个板块研究活动的实施主体通常将从从事晶体研究的社会组织转移到相关器件的潜在用户，成为这两类社会组织构建创新共同体与利益共同体的基础。

1.6 晶体制备研究的具体问题、共性问题与基本问题

◆ 发现问题与解决问题的重要性

科学研究总是沿着从局部到整体，从具体到抽象，从特殊到一般的轨道发展的。发现问题、解决问题、应对挑战，是科学研究的基本矛盾运动。旧的问题解决了，新的问题又显现了，如此生生不息，使得科学研究活动始终充满了生机和活力。

科学研究活动的多样性，体现在特定的研究领域有着特定的问题。不存在这个领域的问题"高雅"一些，那个领域的问题"低俗"一些。在晶体制备研究中，同样存在着不同层级的问题。根据问题的表现方式和基本属性，这些问题可被分为具体问题、共性问题和基本问题。

晶体制备研究的具体问题、共性问题和基本问题有着不同的特征和内涵，因此，不要把它们混淆起来，不要用这个层级的问题代替另一个层级的问题，也不要把它们完全割裂开来，强调某一层级问题而忽略其他层级问题的作用与影响。

在晶体制备研究中，发现问题，把问题分类，既关注不同层级问题的特殊性，又关注它们的共性，以在寻求问题的解决方案过程中有更清晰的思路，防止"眉毛胡子一把抓"，实现解决问题效率的最大化。

◆ 晶体制备研究的具体问题

在晶体制备研究中，研究者首先面对的是使用特定制备技术系统制备具体晶体的过程中不断产生的问题。例如，如何选用适宜的制备技术系统，如何建立适宜的工艺技术组合；如何遏制晶体中结晶缺陷的形成；如何使晶体的宏观几何尺寸与结晶质量满足使用者的要求，等等。这些问题可被称为具体问题。

在晶体制备研究中，具体问题是共性问题和基本问题产生的基础。当来自不同主题的具体问题会聚起来的时候，才会形成共性问题和基本问题。因此，发现具体问题，解决具体问题，是全部活动的基础。

对于晶体制备研究者来说，制备出有使用价值的晶体是第一位的。

事实上，每一个晶体制备研究者都在苦苦寻求解决自己所面对的具体问题的方法与途径。另外，如果研究者把全部注意力集中在发现与解决具体问题上面，久而久之，也许会失去从具体问题中抽象出共性问题与基本问题的能力，形成单纯实用主义的思维惯性，最终变为纯粹的经验主义者。该种思维方式和与之相应的行为模式无法适应当今晶体制备研究既沿着专业化分工的路径延展、又快速与其他科学与技术领域会聚的发展要求。

◆ **晶体制备研究的共性问题**

在不断发现与解决具体问题的过程中，随着实验事例数的增加，制备对象的扩展，研究者可以制备技术作为一个维度、以主题作为另一个维度，归纳出晶体制备过程中普遍显现的问题。这类问题可被称为共性问题。

具体问题是客观的，无论是否为人们所发现，它们总是存在的。然而，共性问题是主观的，是人们主观归纳、想象及推演的产物。不同的人，可从相同的具体问题中归纳出不同的共性问题。因此，希望用相同的共性问题来统一采用相同技术系统制备不同晶体、或从事同一主题内不同晶体制备的研究者的认识，是不现实的。但这并不能否定从具体问题中归纳出共性问题的价值，因为这是人类对客观世界认知过程的一个重要阶段。

例如，在采用坩埚下降技术系统制备晶体时，如何防止因贵金属坩埚破裂导致物料外泄，如何提高产物的单晶化率，如何降低晶体的内应力，使其在常温常压下保持完整性，是研究者普遍面对的问题。通常，这些问题与目标晶体本征性质之间不存在确定的因果关系，但问题的表现程度因晶体的不同而出现差异。这些问题可被认为是坩埚下降技术系统制备晶体的共性问题。

又如，当采用水热或热液技术系统制备晶体时，如何选择合适的溶剂，使得固态原料在高温高压下得到充分的溶解，如何控制溶质粒子从原料区向结晶区输运，如何遏制溶剂粒子参与结晶反应，如何有效防止高压釜泄漏，是研究者普通面对的问题。这些问题可被认为是水热或热液技术系统制备晶体的共性问题。

再如，在物理气相输运技术系统制备晶体过程中，如何建立合理的轴向温度梯度$\mathrm{grad}\,T_a$和径向温度梯度$\mathrm{grad}\,T_r$，如何保证固态原料在反应腔体内充分、顺畅地转变为气态物质，如何最大限度地减小晶体内应力，使其在常温常压下保持完整性，是研究者普遍面对的问题。这些问题可被认为是物理气相输运技术系统制备晶体的共性问题。

图1.10给出了一个在加工过程中因外力诱导而裂成两半的碳化硅晶锭的照片。开裂是物理气相输运技术系统制备晶体的一个共性问题。导致晶体开裂的原因非常复杂，从经典物理学角度看，晶体开裂是其在制备过程中积累的一部分非均匀分布内能瞬间释放的结果。认识晶体开裂的微观机制，提出降低晶体在外力作用下被动开裂或状态转换过程中自发开裂的概率，是晶体制备研究的一个重要课题。

图 1.10 晶体开裂是物理气相输运技术系统制备晶体时经常出现的问题，因此被归纳为采用这种技术系统制备晶体的一个共性问题。图为一个物理气相输运技术系统制备的碳化硅（SiC）晶锭的照片。该晶体的直径为 100mm，厚度为 21mm，在整形加工中开裂，表明它有很大的热应力，在外力诱导下，这些热应力通过裂纹的形式释放出来，使得晶锭完全丧失使用价值。根据经典物理学理论，晶锭开裂的机制可想象是：在物理气相输运环境下，大量定向运动的气态粒子（也被称为气相组分）在温度更低的生长界面上积存与结晶，如果在结晶过程中生长界面的局部区域形成了非规则的晶格畸变，这些区域将成为热应力的聚集区，一旦受到外力的作用，热应力瞬间释放出来，就会导致整体有序但还处于亚稳态的晶格结构发生连贯或非连贯式崩溃。实证主义研究者也许会认为这是一个未得到实验验证的假设

（照片提供者：张兴良）

概括地说，对共性问题作出科学解释，为解决共性问题提出研究思路和技术路径，又通过实践检验这些思路和路径的正确性，是形成描述的知识的基础。如果不能从具体问题中获取共性问题，不能在解决共性问题中获取描述的知识，晶体制备研究就无法摆脱经验主义主导的研究方式，也无法突破手工作坊思维模式的束缚。

◆ 晶体研究的基本问题

任何一个科学研究领域，都有特有的、涉及研究对象运动与变化本源的基本问题。因此，在问题的体系架构中，基本问题具有最抽象、最本质的属性。

与共性问题相同，基本问题不是客观存在，而是人的主观思维活动的结果。基本问题不可能绝对统一，它因人而异，也会因时而异。例如，有的学者在其所著的著作中列出了晶体制备研究的13个基本问题③，然而，从对基本问题的认识出发，我们觉得还有一些问题在晶体制备研究的基本问题序列中具有更高的优先级。

我们可列举晶体制备研究中更具有本源属性的问题：

——晶体制备是一个将低度有序物质转变为高度有序物质的过程，这个过程是否符合经典热力学的能量守恒定律，又是如何实现能量守恒的？

——晶体制备是一个"负熵"、即热力学熵值变小的过程，因此是一个非自发过程，实现该过程的充分必要条件是什么？

——在晶体制备过程中，为什么一个小物体（籽晶）能够严密控制一个大物体（晶体）的形成过程，而且小物体的本质性能和特性能够被原原本本复制至大物体之中？

——在晶体制备体系中，生长界面是否确切存在？它是否等同于经典热力学定义的相界面，如果不是，两者有什么区别？

——无生命物体由小变大过程和有生命物体由小变大过程是否是两个毫不关联的过程，如果不是，两者之间存在哪些相似性或可比性？

研究基本问题的价值，不在于研究活动能否给出十分严谨的答案、这些答案的确定性能否通过实物实验验证，而在于研究活动能够扩充晶体制备研究者关于可能性解答的概念，扩展他们解决共性问题的路径，丰富他们内心隐藏的、但可能被长期压抑的想象力，降低他们自觉与不自觉的教条式自信，使得他们能够摆脱现有知识体系的禁锢，防止跌入毫无创新可言的手工作坊式劳动的陷阱。

研究晶体制备的基本问题，是这个亚领域成为当代科学研究一分子的必要条件，也是它不断实现新的跨越、创造新的辉煌的前提。在归纳基本问题、解答基本问题的循环往复中，晶体制备研究亚领域才能够从

---

③ 介万奇提出的13个"晶体生长过程的研究需要解决的基本问题"是：（1）晶体生长过程能够发生的热力学条件分析及其生长驱动力；（2）晶体生长过程中的形（成）核；（3）晶体生长界面的结构及其宏观、微观形态；（4）结晶界面的物理化学过程；（5）晶体生长过程的溶质再分配；（6）晶体生长过程中的热平衡及其传热过程控制；（7）晶体结构缺陷的形成与控制；（8）晶体材料原料的提纯；（9）化合物晶体材料合成过程的化学反应热力学及动力学；（10）晶体材料结构、缺陷与组织的分析与表征；（11）晶体材料的力学、物理、化学等性能表征；（12）晶体生长过程温度、气氛、真空等环境条件的控制；（13）晶体生长设备机械传动系统的控制。见文献 [7]。

传统走向现代、从现代走向未来。

美国德裔哲学家**H. Reichenbach**（见图1.11[8]）在《量子力学的哲学基础》[9]一书中，描绘了经典物理学在以基本问题表达的矛盾运动中转变为现代物理学的生动图景。

图 1.11　H. Reichenbach（1891～1953），杰出的科学哲学家、教育家和逻辑经验主义的倡导者，在科学、教育和逻辑经验主义领域具有很大的影响。H. Reichenbach生于德国汉堡，1933年希特勒上台后遭驱逐，流亡国外，1938年起在美国加利福尼亚大学任哲学系教授。1928年，他在德国柏林创立了经验哲学协会（Society for Empirical Philosophy），这个协会也被称为"柏林圈（Berlin Circle）"，许多德国著名学者都是"柏林圈"的成员。1930年，他成为德国《知识》杂志的编辑之一。他对基于概率论的经验主义研究、数理逻辑与数学哲学、相对论、概率推理分析、量子力学的发展都做出了影响深远的贡献

（图片来源：文献[8]）

H. Reichenbach指出，"现代物理学的面貌由两个伟大的理论结构勾画而成，这就是相对论和量子论"。"量子力学的哲学问题是以两个主要争端为中心的。一个是关于因果律向概率律过渡的问题。其次是关于观测以外客体的解释问题"。"人们曾经认为决定论的观点——基本自然现象遵从严格因果律的概念——乃是宏观宇宙具有因果规则性的外推结果。但是当人们一旦弄清楚宏观宇宙的因果规则性完全可以和微观领域里的不规则性相容时，这个外推的可靠性就成了问题"。

与晶体制备研究相同，晶体特性研究和晶体应用研究这两个亚领域有着自己的基本问题。在晶体研究的体系架构中，这三个亚领域的基本问题将汇聚在一起，转变为晶体研究领域的基本问题。

进一步说，每个科学研究领域都有自己的基本问题。这些基本问题汇聚在一起，就将成为当今科学研究的基本问题。目前，人们把物质的构成、宇宙的起源与演化、生命的本质、人的智力作为当今科学研究的四大基本问题。围绕着这四个基本问题，不同国家的研究者，在不同的领域中，按不同的层次开展研究活动，试图揭开由这四个基本问题代表的物质世界和生命的奥秘。这是当今人类社会最高层次的科学追求。

在对科学研究基本问题进行探究的同时，世界科学共同体获得了为自己争取更多生存权利的机遇。正如恩格斯在《自然辩证法》导言[10]中指出的那样，"现代自然科学同古代人天才的自然哲学的直觉相反，同阿拉伯

人的非常重要的、但是零散的并且大部分已经无结果地消失的发现相反，它唯一地达到了科学的、系统的和全面的发展"；"自然科学……在普遍的革命中发展着，而且它本身就是彻底革命的，它还得为争取自己的生存权利而斗争"。

1.7 晶体制备研究的研究范式

◆ 研究范式的涵义

根据美国哲学家T. Kuhn给出的定义[11]，在某个研究领域中，研究范式指被该领域研究群体广泛认同和普遍应用的基本假设、基础理论、概念体系、行为准则的集合，是研究群体共享的世界观和价值观。研究范式为研究群体提供开展研究活动的总纲领，提供可模仿的成功范例，也为该领域形成科学传统和文化提供基本模型。

研究范式不是一成不变的。它将随着研究活动的演进，不断添加新的元素，在不断调节自身与研究活动的不适应性中，逐步积累起发生本质变化的能量。

◆ 研究范式的演进

美国微软公司的技术专家J. Gray认为，人类的科学发展历程可分为由不同研究范式代表的四个阶段[12]：

——第一种研究范式被称为实验科学范式，它的特征是，在科学研究活动中，研究者主要对观察到的自然现象和实验结果进行记录和描述，相应的科学发展阶段被称为**实验科学阶段**；

——第二种研究范式被称为理论科学范式，它的特征是，在科学研究活动中，研究者重点对所记载的实验结果进行归纳和总结，形成相关模型，提出基础理论，并用这些模型或理论指导新的实验，预言新的结果，相应的科学发展阶段被称为**理论科学阶段**；

——第三种研究范式被称为计算科学范式，它的特征是，在科学研究活动中，研究者通过对复杂过程和复杂体系的模拟仿真，预言难以直接观察和记载的自然现象与实验结果，例如模拟仿真核试验等复杂体系和气候变化等复杂过程的变化，相应的科学发展阶段被称为**计算科学阶段**；

　　——第四种研究范式被称为数据密集型科学范式，它的特征是，在科学研究活动中，研究者依赖计算机和网络探索与收集数据，依赖计算机存储与管理数据，依赖计算机处理与应用数据，以超乎想象的逻辑分析与推理能力，发现巨复杂体系的运动规律，形成关于巨复杂过程的理论，相应的科学发展阶段被称为**数据密集型科学阶段**。

　　在科学研究发展中，研究范式经历了两次重大转变，目前正处在第三次重大转变的时期。第一次转变是从实验科学范式向理论科学范式的转变；第二次转变是从理论科学范式向计算科学范式的转变；第三次转变将是从计算科学范式向数据密集型科学范式的转变。

　　而且，科学研究的多样性以非线性方式不断膨胀。因此，不能用绝对的线性思维、甚至"革命"的思维来看待J. Gray的模型，简单地认为一种新研究范式的诞生，意味着原有研究范式将彻底消亡。事实上，研究范式的多样性是科学研究多样性的必然结果，仅当研究范式的多样性得到容忍、维护与发展的时候，科学研究的多样性才可得到保障。

◆　晶体制备研究范式的主要形式

　　2011年，美国国家科学技术委员会发表了题为《材料基因组计划：为了全球影响力》的报告[13]，认为目前的"材料从发现到进入市场的漫长时间框架部分是由于材料研究和开发计划长期依赖于科学的直觉、判别和试错实验"。"大部分材料的设计与测试目前是通过耗时的、重复的实验和表征循环来实现的。潜在地，一些实验能够采用强大的、准确的计算工具实现虚拟运行，但是，相应的模拟还没有达到准确的水平"。

　　报告指出："目前，材料沿着自己的连续发展过程运动，这是一个从新材料概念到市场应用的连续过程。它由七个互不关联的阶段构成。这七个阶段分别是发现、开发、性能优化、系统设计与集成、评价、制造和使役（包括维持与修复）。这些阶段可能由不同的工程或科学团队完成，这些团队又可能处于不同的机构，每个阶段之间没有多少反馈的机会，而这样的反馈能够加快连续发展过程的运动。"

　　那么，与当今晶体制备研究活动相适应的研究范式又是怎样的一幅图景呢？晶体制备的研究范式大致可分为经验主义为主的范式、实证主义为主的范式和理论主义为主的范式，其中经验主义为主的和实证主义为主的范式对应于J. Gray的实验科学范式，理论主义为主的范式总体上可被纳入理论科学范式的范畴。

◆ 经验主义为主的研究范式

在科学研究中，经验主义可被分为两个层次。首先，信奉实践层面经验主义的研究者认为，来源不同的经验是所有实物实验的基础，理论是人的主观劳动结果，只能占据次要位置，甚至是可有可无的东西。其次，在哲学层面，一些研究者认为，所有的理论研究，只能讨论"已被经验确实感知"的实验事实，除此之外都是没有意义的。

实践层面经验主义与农业社会手工业生产方式有着密切的联系。在20世纪之前的千余年间，中国的传统材料制造业——如铁器、铜器、陶器、瓷器的手工制造业——不但有悠久的传统，而且达到了很高水准。在那些业已消亡的手工作坊中，经验是工匠们对制造工艺的感悟和所掌握技能的结晶，它们存储在工匠们的大脑里，通过师徒相授、口耳相传的方式得以扩散与转移，进而在新一代工匠们的实践活动中取得新的发展。

图1.12显示了20世纪30年代北京景泰蓝制品手工作坊的生产场景。如图所示，在这些手工作坊里，每道工序，每个工艺，都是由师傅们凭借经验加以控制的，他们的"一眼""一闻""一瞅""一手"就可神奇地决定制造过程的成败和制造质量的优劣。在千余年的发展中，这种生产方式逐渐形成了一种特有的社会文化，它集中表现在信仰经验、漠视理论，推崇权威、论资排辈。时至今日，在社会活动的许多方面，人们可轻易地找到这种文化存在的证据。

晶体制备研究是基础性学科——如经典物理学、化学、结晶学等——自身实现会聚和与现代制造技术发展实现会聚的产物。但在中国，现代科学研究和制造技术发展仅有百余年的历史，与农业时代的手工制造业有着千丝万缕的联系，实践层面的经验主义无疑会在研究群体中有广泛的市场，中国特有的社会文化也将在他们的思维中留下重重的印记。

在晶体制备研究中，信奉实践层级经验主义的研究者重视对实验结果的比较分析，善于在高概率实验现象与某些可被精确测量的工艺技术参数之间建立简明的因果关系，形成经验法则，并将它们贯彻于以后的实践之中。他们还能娴熟地运用传统的试错法，通过耗时的实验循环，达到优化工艺技术参数的目的。

图 1.12 1933 年至 1946 年期间德国摄影家 H. Morrison 在北京拍摄的景泰蓝工艺品制造作坊中工匠们手工浇铸铜质坯体场景的照片

（图片来源：文献[14]）

而且，信奉实践层面经验主义的研究者，通常不认为理论性研究能够解决晶体制备的实际问题，在一定的程度上排斥理论主义的研究思路、实践活动及其成果。而信奉理论主义的研究者们，内心也深藏着对信奉实践层面经验主义的研究者的藐视，觉得他们学问不多，即便技能满身，也只是些工匠，同时，晶体制备不过是一种技能，至多也只是一门"艺术"。

至于哲学层次的经验主义，在晶体制备研究中，讨论可被经验感知的晶体无疑是第一位的。但在其他研究领域里，许多研究对象却是不可被经验感知的客体，例如，在宇宙学与物理学中，暗物质和暗能量研究是当今时髦的主题。这些研究活动的价值，不能以研究对象可否被经验感知作为绝对标准加以判别，否则，经验主义的局限性就将显现无遗。

◆ 实证主义为主的研究范式

实证主义属于机械唯物主义的范畴。它的基本哲学思想是：世间所有的物质，大到遥远的星体，小到纳米尺度的粒子，甚至有生命物体的组成与结构、人的生命过程及人的思维过程，都是可被观测、感知或触摸的。因此，所有的科学原理、定理和定律，都应建立在实验事实的基础之上；所有的科学理论，都应得到可复制、可重复的实验验证。否则，它们便是无本之木、无源之水，其确定性必然值得怀疑。

在19世纪末和20世纪初发生的物理学革命中，实证主义为那个时代的物理学研究者提供了重要的思想武器，使得他们摆脱了经典物理学的思想束缚，开创了以量子力学为基础、以时间与空间不连续物质体系为主要研究对象的新时代。

在晶体制备研究中，信奉实证主义的研究者是连接理论主义研究者与经验主义研究者的桥梁。他们希望所有理论研究的结果都能在实物实验中得到验证，也希望在实物实验中观察到的现象都可得到理论解释，更希望找到有效的方法，像观察宏观物体的运动和变化过程那样，观察微观粒子在生长界面上的结晶反应。

例如，20世纪后期，一些关注晶体制备过程的物理学家提出了对晶体从小变大过程进行实时观察的设想。他们选用光学成像技术，构建了技术装置，在有限的物理尺度与时间内，实现了对熔体中成核、结晶及晶粒自发生长过程的实时观察，并且期望根据所获取的图像，验证或修正关于生长界面的理论模型。

然而，受技术手段和实验条件的限制，研究者只能实时观察到化学组分简单的熔体内发生的事件，而且观察的范围有限，事件经历的时间极短[4]。同时，晶体制备是一个需要外部持续输入能量的负熵过程，而实时观察到的晶粒成核、结晶与生长是一个自发过程，两者有着本质的区别。因此，这些得到"实证"的现象并不能代表真实制备技术系统中发生的事件。

更重要的是，实时观察到的事件是宏观尺度的事件，晶体制备过程则是微观尺度的事件。因此，与用时空尺度很小的事件代表时空尺度很大的事件相同，用宏观尺度的事件代表微观尺度的事件，违背了基本的科学原理。

又如，20世纪80年代，一些研究者以经典结晶学和结晶化学为基础，通过对晶体结构和大量实物实验的结果进行观察、分析和归纳，提出了生长基元模型。该模型是关于晶体制备微观过程的模型，认为晶体的基本结构单元与邻近生长界面的原料相粒子聚集体在化学组分和结构上存在对应关系，生长界面的结晶反应就可简化成这样的粒子聚集体与晶体结构单元的取向连接问题。如果粒子聚集体表面是带负电荷的粒子，它们被称为负离子配位多面体生长基元；如果表面是带正电荷的粒子，则它们被称为正离子配位多面体生长基元。

一些信奉实证主义的研究者对模型的确切性提出了质疑，要求提供生长基元确切存在的实物实验证据。然而，用实物实验的宏观统计结果

---

④ 在这类实验中，有的研究者采用引入休伦（Schlieren）效应的高温微分干涉显微实时观察记录仪，观察了用直径为 0.2mm 的铂（Pt）丝围成的直径为 2mm 的氯化钾（KCl）熔体膜内的结晶体形成过程。结晶体的厚度通常不超过 200μm。

来验证描述微观粒子运动模型的确切性，并把这个思想具体化、转变成研究目标，本身就是一个错误。

当时，作者曾设计加直流电场的水热晶体制备装置，想象改变通过水热反应腔体的直流电流强度，可使带电荷的生长基元向两个电极定向迁移，从而增大邻近电极空间内生长基元的浓度，促进晶粒的自发成核与结晶，并期望用相应的实验结果间接证明生长基元的实际存在。由于盲目扩大了实证主义思想和方法的使用范围，混淆了时空概念，这个实验只能无果而终。

与经验主义相似，实证主义有一个重要的哲学思想，这就是世间所有的物质都是可被观测、感知或触摸的。图1.13是美国《国家地理》（*National Geographic*）发表的一幅关于人脑研究的照片。研究者们设计了一个可从皮肤表面接受人脑活动所产生的电信号的复杂装置，并把它套在了接受实验的志愿者头上。这个装置集成了最先进的传感、信号转化与成像、信息传输、存储与处理等多项技术，充满了智慧与想象，堪称实证主义研究的精美技术作品。

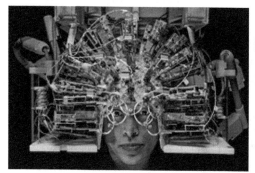

图 1.13　2013 年，美国政府宣布实施"'脑'计划"（BRAIN Initiative）。之后，美国《国家地理》（*National Geographic*）杂志网络版以专辑的方式，刊登了有关人脑研究的实物实验活动照片以及文章。这是一幅可被称为实证主义研究经典之作的照片

（图片来源：文献[5]）

在当今的科学研究中，实证主义研究范式仍有很大的市场。2014年，美国国立卫生研究院（National Institutes of Health）的一个工作组发表了题为《BRAIN2025：一个科学想象》（*BRAIN 2025：A SCIENTIFIC VISION*）的研究报告。该报告确定了"脑计划"的7项主要任务。其中的第一项任务是"发现多样性，确认和提供不同大脑细胞类型的实验途径，以查明它们在健康与疾病中的作用"；第二项任务是创建"多尺度图像"，"产生分辨率从神经突触到整个大脑变化的图像回路"；第三项任务是研究"大脑的活动"，"通过开发与应用大尺度检测神经活动的增强方法，产生活动大脑的动力学图像"。这三项任务无疑是实证主义哲学思想在脑

科学研究中的具体表达⑤。

然而，把实证主义绝对化，将实证主义哲学思想无条件、无界限地推广与应用，必然导致错误。即便在以实证主义哲学思想作为基础的物理学领域，也不能绝对地认为：所有的物理学研究对象只能是实物实验中的可观测量；物理学的所有假设或理论都是物理学家按照某种原则建立起来的可观测量之间的关系。更不能认为除了可观测的物理量之外，一切都是毫无意义的形而上学。

◆ 理论主义为主的研究范式

在晶体制备研究中，理论主义研究者认为，只要从经典物理学和化学的第一性原理以及定理、定律出发，通过演绎推理，就可回答晶体制备过程的全部问题，得出关于这个过程的确定描述和完整的因果关系，给出这个过程的微观图景，即粒子是如何运动的，如何集聚到生长界面的，又是通过何种方式转变为格位粒子的。在理论主义者的视野里，相关结论、推断与预言是否已得到、或者能够得到实物实验的验证，是无关紧要的事情。

理论主义为主的研究范式的思想基础是：19世纪，以牛顿力学为核心的经典物理学和以原子与分子学说为中心的经典化学，已构成完整的科学理论和方法学体系，它如同一座庄严雄伟的大厦，或者一个有着动人心弦美感的殿堂，层次结构如此严谨，内涵又如此丰富，成为一代又一代研究者观察、解析所有宏观物体运动与变化的强大武器。

时至今日，物理学仍被认为是所有科学研究、自然包括晶体制备研究的最高纲领，也是对所有实物实验现象做出完整解释的最高标准。如果说，目前，关于晶体制备过程的描述不那么完整，也不那么精美，原因不在于现有的知识体系还存在缺陷，而在于人们还没有创造出更有效的数学工具，而且，这不应成为对经典物理学在晶体制备研究中具有绝

---

⑤ 这份报告是由美国国立卫生研究院名为"采用不断发展的创新性神经技术的脑研究（Brain Research through Advancing Innovative Neuro-technologies，BRAIN）"的工作组发表的。除了正文列举的三项任务外，第四项任务是："证明因果关系：采用改变神经回路动力学的精确干预工具，将大脑活动与人的行为联系起来"；第五项任务是"确定基本规律：通过开发理论与数据分析的新工具，为理解智力过程的生物学基础形成概念根基"；第六项任务是"推进人的神经科学发展：开发创新性技术，以理解人脑并治疗人脑畸变，创造和支撑人脑集成研究网络"；第七项任务是："从 BRAIN 计划到大脑：发现神经活动的动力学模式如何转变为健康与患病时的认知、感觉和行为"。参见文献 [16]。

对统治力产生怀疑的理由。

在晶体制备研究领域，理论主义研究的里程碑是W. K. Burton、N. Cabrera和F. C. Frank（见图1.14）三人1951年发表的题为"晶体生长和表面的平衡结构⑥"的研究论文。为了纪念这三位物理学家对晶体生长机理研究做出的基础性贡献，人们以这三位科学家姓氏的首字母来命名这项伟大的科学成就，把它称为BCF理论。

图1.14　F. C. Frank 爵士（1911～1998），英国理论物理学家，因晶体位错的工作、包括与 T. Read 合作创立的 Frank-Read 位错起源思想而闻名。20 世纪30 年代中期，他提出了环醇反应，并对固态物理、地球物理和液晶理论做出了许多基础性贡献。也许由于 F. C. Frank 不喜欢照相，现在很难在网络上搜寻到他的照片。在 F. C. Frank 为数不多的照片中，作者选用了这张照片

（图片来源：文献[17]）

BCF理论为晶体制备研究者开启了全新的思维大门，引导他们跨入认识生长界面结构、理解晶体生长微观机制的境界，向他们展示了采用严密的演绎推导，可以得出实物实验观察永远无法得到的精细图景。

BCF理论的核心观点是，当生长界面上存在永不消失的台阶，例如螺型位错提供的台阶，晶体生长的过程就将无穷尽地持续下去。BCF理论，连同此前的生长界面模型、成核模型等理论性研究成果，至今依然是晶体制备研究相关教科书的经典内容。

根据经典政治经济学的概念，如果把科学研究视为社会生产力的一部分，那么，研究范式就应属于生产关系的范畴。研究范式应与科学研究的发展水平相适应，当研究范式不适应科学研究的发展、甚至成为发展的阻力或障碍的时候，它就将发生变革，这是不以研究者的意志为转移的事情。

整体上看，当今晶体制备研究的发展水平决定了经验主义为主的研究范式、实证主义为主的研究范式和理论主义为主的研究范式共存的格局。就具体研究组织而言，有的偏重于这种研究范式，有的偏重于那种研究范式。有着不同研究范式的组织将有不同的行为模式和管理方式，

---

⑥　这篇论文的英文题目是 *The growth of crystals and the equilibrium structure of their surfaces*。

成为彼此排斥乃至碰撞的基础。

研究范式在一定条件下会发生异化。例如，在科学研究中，以学术论文等方式向社会发布阶段性研究成果，通过学术论文的方式开展跨组织、跨国界的交流与合作，是一件十分正常的事情。然而，近年来，在晶体制备研究中，在绩效主义的牵引下，一切为了发表学术论文、一切围绕发表学术论文的认识与做法也呈蔓延之势。当突破一定的边界之后，这种认识和做法不但会动摇科学研究价值观的根本，异化理论主义为主的和实证主义为主的研究范式，而且将形成以学术论文为中心的组织行为和文化。这意味着在现有的三种研究范式之外，又出现了奇怪的"论文主义"研究范式？

参考文献

[1]   Protein crystallization[EB/OL]. [2017-05-06]. https://en.wikipedia.org/wiki/Protein_crystallization.

[2]   Erwin Schrödinger [EB/OL]. [2017-05-23]. https://en.wikipedia.org/wiki/Erwin_Schr%C3%B6dinger.

[3]   薛定谔. 生命是什么?: 活细胞的物理观 [M]. 张卜天，译. 北京：商务印书馆，2016: 7.

[4]   忻隽. 新型四元氧化物压电晶体的构效关系与生长研究 [D]. 上海：中国科学院上海硅酸盐研究所，2009: 75.

[5]   Raccuglia P, Elbert K C, Adler P D F, et al. Machine-learning-assisted materials discovery using failed experiments [J]. Nature, 2016, 533(7601): 73–76.

[6]   黄维. 碳化硅基平面型光导开关的制备与性能研究 [D]. 上海：中国科学院上海硅酸盐研究所，2011: 74.

[7]   介万奇. 晶体生长原理与技术 [M]. 北京：科学出版社，2013: 23-25.

[8]   Hans Reichenbach [EB/OL]. [2017-05-23]. https://en.wikipedia.org/wiki/Hans_Reichenbach.

[9]   赖欣巴哈. 量子力学的哲学基础 [M]. 侯德彭，译. 北京：商务印书馆，2016: 6.

[10]   恩格斯. 自然辩证法 [M]. 于光远，译. 北京：人民出版社，1984.

[11]   Kuhn T S. The Structure of Scientific Revolution: 50th Anniversary Edition [M]. Chicago: University of Chicago Press, 2012.

[12] Hey T, Tansley S, Tolle K. 第四范式：数据密集型科学发现. 潘教峰，张晓林，译. 北京：科学出版社，2014.

[13] Executive Office of the President, National Science and Technology Council. Material Genome Initiative: For Global Competitiveness. (2011-06-24). [2017-05-25].https:// obamawhitehouse.archives.gov/blog/2011/06/24/materials-genome-initiative- renaissance-american-manufacturing.

[14] 莫里逊. 洋镜头里的老北京. 董建中，译. 北京：北京出版社，2001.

[15] Worrall S. Book Talk: E. O. Wilson's Bold Vision for Saving the World[EB/OL]. [2017-06-05]. https://news.nationalgeographic.com/news/2014/11/141102- edward-wilson-meaning-existence-darwin-extraterrestrials-ngbooktalk/?utm_ source=feedburner&utm_medium=feed&utm_campaign=Feed%3A+ng%2FNews%2 FNews_Main+%28National+Geographic+News+-+Main%29.

[16] NIH. Brain 2025: A Scientific Vision. (2014-06-05). [2017-06-05]. https://www. braininitiative.nih.gov/pdf/BRAIN2025_508C.pdf.

[17] Frederick Charles Frank. [2017-06-25]. https://en.wikipedia.org/wiki/Frederick_ Charles_Frank.

第 二 章

晶体制备研究知识基础

2.1 矿物学和结晶学的基础性地位

◆ 矿物学的天然结晶态物质分类体系

在本章中，将对晶体制备研究的知识基础作一个概观，重点讨论在晶体制备研究中得到重要应用的经典矿物学和结晶学、经典物理学、化学的相关原理、定律与理论，以及它们在发展中显现的局限性。由于本章涉及的内容都是大学本科及研究生专业教科书的内容，没有特别标注相关资料的具体来源。

人类对晶体的认识是从对矿物中天然结晶物的发掘、鉴定和分类起步的。在学科分类体系中，矿物学和结晶学同为地质学的分支学科。结晶学与矿物学有着天然的联系：结晶学孕育于矿物学，矿物学又因结晶学的发展更显丰满。两者分别创造了根源不同、但相互依衬的方法学，可系统描述结晶态物质化学组成、结构、空间对称性、宏观几何形态这四者之间关系，成为研究天然或人工结晶态物质的基础知识。整体上说，矿物学和结晶学虽历史悠久，但依然是当今晶体制备研究知识体系的重要基石。

在长达数十亿年的演变中，地球作为太阳系中承载生命体的行星，因冷却释放出来的巨大能量，创造出品种繁多的天然结晶态物质。图2.1给出了一块精美的天然硫酸铜晶体（$CuSO_4 \cdot 5H_2O$）以及连生的岩石照片[1]。对天然结晶态物质进行鉴别、分类、命名和特征描述，是矿物学的主要内容，或者说，矿物学是一部完整的关于天然结晶态物质分类学的大全。

图 2.1 在美国亚利桑那州科齐斯县（Cochise County）发掘的天然硫酸铜（$CuSO_4 \cdot 5H_2O$）晶体照片。该晶体的体积为 6.0cm × 5.5cm × 3.3cm（图片来源：文献［1］）

从17世纪初至20世纪初的数百年期间，对自然界独立存在的、可被观察的物体——如植物、动物、微生物、矿物等——进行分类是科学研究的重要内容。与此同时，近代化学的发展，创造了新的方法学体系、建立了关于化学反应的基本定律、原子与分子学说和元素原子结构/化学性质周期律等，形成了经典化学体系架构的四梁八柱。经典化学为确定天然结晶态物质的化学组成提供了定量分析手段，使得对这类物质的分类研究摆脱了传统的描述性方式，从而形成了以结晶态物质化学组成为主脉络的分类体系。

与植物、动物、微生物的分类体系[①]类似，矿物学按"大类""类与亚类""族与亚族""种""亚种"五个层级，在"分子式"和"化合物类型"两个分类维度上对天然结晶态物质进行了分类。

例如，在"分子式"分类维度上，矿物学把天然结晶态物质分为"单质晶体""AX型晶体""AX_2型晶体""A_2X_3型晶体""ABO_3型晶体""AB_2O_4型晶体"这六个大类，再把属于同一大类的结晶态物质分成若干个类。

———————————
① 植物、动物与微生物的分类学研究采用了"界""门""纲""目""科""属""种"的分级方法。

在"化合物类型"分类维度上，矿物学把天然结晶态物质分为"单质晶体""硫化物及类似化合物晶体""卤素化合物晶体""氧化物和氢氧化物晶体""含氧盐晶体"这五个大类，并将同属同一大类的结晶态物质分成若干个类[②]。

　　矿物学的天然结晶态物质分类体系，是以经典化学的定量分析技术作为基础，能够涵盖到目前为止在自然界发现的数以千计的天然结晶态物质。

◆　**结晶学的空间晶格学说和晶体结构对称学说**

　　结晶学站在矿物学的肩膀上，以近代几何学和群论作为自己的学科基础，给出了晶体内粒子的周期性排列和晶格空间对称性的精致图景。结晶学之所以能够成为一门独立学科，或者说，它未沦落为矿物学的附庸，在于它不但有自己的学科基础，而且创立了自己的理论与方法体系。

　　更为重要的是，20世纪，X射线和电子衍射理论与检测技术的发展，以及精密科学仪器研发与制造产业的发展，为结晶学的理论体系提供了确切的实验验证，也为结晶学的应用创造了广阔的空间。至此，结晶学真正展现了理论主义与实证主义的完美结合。

　　结晶学创造了以近代几何学为基础的空间晶格学说。根据这个学说，晶体的结构可被抽象为一个空间晶格构造。在这个空间晶格构造中，几何环境和化学环境完全相同的点被定义为结点，即等同点。化合物晶体的结构可用多个由对应于不同离子的结点构成的空间晶格的套叠加以描述。同时，任何一个空间晶格构造，都可划分成一系列平行叠置的、具

---

② 在"分子式"维度上，单质晶体（自然元素晶体）被分为两类，它们分别是金刚石型晶体和石墨型晶体；AX 型晶体被分为四类，它们分别是氯化钠（NaCl）型晶体、氯化铯（CsCl）型晶体、闪锌矿（β-ZnS）型晶体和铅锌矿（α-ZnS）型晶体；AX_2 型晶体被分为五类，它们分别是石英（SiO_2）型晶体、萤石（CaF_2）型晶体、反萤石型晶体、金红石（TiO_2）型晶体和碘化镉（CdI_2）型晶体；A_2X_3 型晶体仅包含刚玉（Al_2O_3）型晶体；ABO_3 型晶体被分为两类，它们分别是钙钛矿（$CaTiO_3$）型晶体和方解石（$CaCO_3$）型晶体；AB_2O_4 型晶体被分为两类，它们分别是尖晶石（$MgAl_2O_4$）型晶体和反尖晶石型晶体。在"化合物类型"维度上，硫化物及其类似化合物晶体被分为三类，它们分别是单硫化物及其类似化合物晶体、对硫化物及其类似化合物晶体和含硫盐晶体；卤素化合物晶体被分为两类，它们分别是氟化物晶体和氯化物晶体；氧化物和氢氧化物晶体被分为三类，它们分别是简单氧化物晶体、复杂氧化物晶体和氢氧化物晶体；含氧盐晶体被分为八类，它们分别是硝酸盐晶体、碳酸盐晶体、硫酸盐晶体、铬酸盐晶体、钨酸盐和钼酸盐晶体、磷酸盐、砷酸盐和钒酸盐晶体、硅酸盐晶体和硼酸盐晶体。

有明确几何学意义的单位平行六面体。这些平行六面体就是通常所说的晶胞。

几何学证明，可构成空间晶格构造的单位平行六面体仅有七种形状。如果考虑结点分布位置的可能性，并剔除几何意义上的重复，在三维空间中，有且仅有14种空间晶格构造。这些空间晶格构造通常被称为布拉维（Bravais）晶格。

结晶学创造了以群论为基础的晶体结构对称学说。在晶体的宏观对称性方面，仅有九种独立的对称元素。对于特定的晶体，对称元素的总和被称为该种晶体的对称型，即点群。群论证明，晶体的对称型仅有32种，如果加上结点的对称操作和微观对称元素，这些点群又可构成230个空间群，即每个点群对应着多个空间群。

◆ 结晶学的晶体分类体系

在空间晶格学说和晶体结构对称学说的基础上，结晶学建立了自己的晶体分类体系。

在结晶学的晶体分类体系中，化学组成与结构不相同的晶体被分为三个晶族（即"低级晶族""中级晶族""高级晶族"）、七个晶系（即"三斜晶系""单斜晶系""正交晶系""四方晶系""三方晶系""六方晶系""立方晶系"）和32个晶类。

结晶学分类体系和矿物学分类体系结合起来，就构成了以"对称性""分子式""化合物类型"为独立分类维度的三维空间，任何一种晶体，无论它是天然或人工制备的、还是在虚拟实验平台上"搭建"的，都可在这个三维空间中找到自己的位置。

因此，结晶学和矿物学创造了一部"晶体全书"。它"逐页"给出了典型晶体的主要参数及性状描述，包括晶体的名称、化学组成、点群与空间群、晶轴、晶胞与结点位置、宏观几何形态特征、主要物理化学特性等信息。其他晶体都可找到自己的代表者或参考物。在晶体制备研究中，这部"晶体全书"与化学研究中的元素周期表异曲同工，是所有研究者无法释手的基本工具。

此外，结晶学还创造了用来描述晶体结构的公共语言系统，包括晶轴系的参数体系、晶面符号、晶带符号、点群符号和空间群符号。时至今日，这套语言系统仍然是晶体制备研究者进行表达、沟通和交流时使用的标准语言。

◆　矿物学与结晶学对天然结晶态物质形成过程的论述

　　矿物学与结晶学都涉及了天然结晶态物质的形成问题。矿物学主要从地质成矿环境与条件——如温度、压力、成矿组分的浓度、介质酸碱度等——角度出发，对天然结晶态物质的形成过程进行归纳与总结。天然结晶态物质是漫长且复杂的地壳运动的产物。图2.2给出了位于墨西哥齐瓦瓦奈卡矿区的"巨型晶体洞穴"照片。如此巨大的含水硫酸钙（$CaSO_4 \cdot 2H_2O$）晶体，真令人叹为观止。然而，通过对有限的天然结晶态物质样本进行观察和分析，再反演它们在自然界创造的物理化学环境中的形成过程，得出的结论只能属于主观想象或判断的范畴。

图 2.2　位于墨西哥齐瓦瓦（Chihuahua）的奈卡矿（Naica Mine）是一个开采铅、锌、银等矿产的生产矿区，以发现令人叹为观止的天然结晶态物质而闻名。在离地面 300m 的矿洞里，人们发现了大量体积庞大的二水硫酸钙（$CaSO_4 \cdot 2H_2O$）晶体，其中最大的晶体的长度为 12m，直径为 4m，质量达 55t
（图片来源：文献[2]）

　　相比之下，结晶学拥有空间晶格学说和晶体结构对称学说两件武器，可以从天然结晶态物质的结构与形态之间的关系出发，讨论它们的形成规律。例如，结晶学的Bravais法则指出，天然结晶态物质的最终形态是由那些密度最大的面网决定的。又如，结晶学的Curie-Woolf原理指出，天然结晶态物质的最终形态必须具有最小的表面能，晶面的生长速度与其比表面能是成正比的。再如，被称为面角守恒定律的结晶学Steno定律认为，化学组分与结构相同的天然结晶态物质，无论形状与大小存在多大的差异，它们的晶面夹角是恒等的。

　　上述这些结晶学法则接受了许多天然结晶态物质观察结果的检验，也在关于人工晶体的结构与结晶形态之间关系的研究中得到了应用，被证明是确定的。然而，天然结晶态物质的成矿环境和条件与人工晶体的制备环境和条件有着极大的差异，如果把矿物学和结晶学在研究天然结晶态物质形成规律中得出的概念、结论及法则不加限定地推广到人工晶体的研究之中，无疑是不合适的。

2.2 化学在晶体制备研究中的应用

◆ 化学在晶体制备研究中应用的概述

在晶体制备技术系统中，既存在物理过程，也存在化学反应和结晶反应。所谓物理过程，指制备技术系统内发生的热能传递、物质输运、物质状态变化等过程；所谓化学反应，指技术系统内与晶体的形成不直接相关的化学反应；所谓结晶反应，指结构低度有序物质转变为结构高度有序的晶体的过程。

化学在晶体制备研究中占有极为重要的位置。概括地说，化学在晶体制备研究中的应用大致可分为两个板块：第一个板块是原子与分子学说和价键理论的应用；第二个板块是配位理论和杂化轨道理论的应用。

第一个板块的知识通常亦被称为结晶化学。需要指出的是，结晶化学与结晶学是有差异的，两者之间不存在从属关系，因此，不能被简单地混淆起来。结晶化学更关注晶体中粒子——原子、离子或分子——之间的结合问题；结晶学则更关注晶体中粒子的周期性排列和结构对称性问题。

◆ 原子与分子学说和价键理论的应用

如果把结晶化学和结晶学结合起来使用，晶体制备研究就有了一部指导制备实验的"基本大法"，它主要涵盖以下重要问题：

——晶体是由数量极其巨大的粒子周期性连接而成的、具有确定空间构型的固态单质或化合物，现代高分辨率透射电子显微技术已确切地证明了这个概念的确定性定义，图2.3给出了采用高分辨率透射电子显微技术获得的被测掺氮4H型碳化硅（SiC）晶体样品空间构型在纸平面上投影的图像；

——当不同的原子、离子或分子符合元素周期表给出的化学反应规则时，它们才可能结合成晶体；作为宏观统计结果，任何一种化合物晶体都有确定的化学分子式，这意味着构成晶体的原子、离子或分子的种类与数量必须符合元素周期表给出的物质化学组成法则；

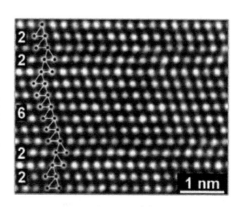

图 2.3　采用高分辨率透射电子显微技术获得的被测掺氮（N）4H 型碳化硅（SiC）晶体样品空间构型在纸平面上投影的图像。如图所示，晶格条纹与各个像点清晰可辨，在检测视野中，存在沿 Y 轴方向延伸的 [22622] 堆垛层错（图片来源：文献 [3]）

——在晶体的空间构型中，构成晶体的粒子不是随意地、而是按照确定的几何规则与化学组成法则分布在各个结点上，晶体稳定存在的本质是构成晶体的原子、离子或分子之间存在强的相互作用，即相互处于最紧邻位置的粒子之间形成了化学键；

——结点上的原子外层电子构型及电负性决定了化学键的类型，化学元素周期表给出了原子电子构型及电负性的变化规律，与其他化合物一样，晶体中的化学键也被分为离子键、共价键、金属键和分子键，相应地，晶体可被分为离子晶体、原子晶体、金属晶体与分子晶体。

以离子晶体为例，处于晶格格位上的原子有很强的电负性，它们的外层电子将发生转移，某些原子因获得电子而成为负离子，某些原子因失去电子而成为正离子，彼此间形成了离子键。

与非结晶态化合物中的离子键不同，在离子晶体中，所有的离子键都处在一个周期性晶格场中。晶格场不仅对以离子键形式连接的正、负离子的电子状态产生作用，而且对与它们最近邻和次近邻的正、负离子的电子状态产生影响。目前，人们仍习惯使用简单的静电引力定律来描述离子晶体的化学键性质，并认为晶体呈电中性是所有离子键性质的宏观统计结果。

在对晶体的一些性质做出解释的过程中，简单应用原子与分子学说和价键理论遇到了很大的困难。研究者不得不对相关的法则做出修正。遗憾的是，每一次修正，均给相关的法则添加了一份形而上学的色彩。

例如，简单套用离子键、共价键、金属键和分子键的概念，难以解释某些结构复杂晶体的化学键类型。为此，结晶化学提出了过渡型化学键和混合型化学键的概念。所谓过渡型化学键，指在某些晶体中，价电子的状态是瞬时变化的，使得化学键同时具有共价键和离子键的性质。在此基础上，根据元素周期表给出的原子电负性大小，再确定共价键和离子键在单一化学键中所占的比例。所谓混合型化学键，指在属于含氧盐大类的晶体中，不同的原子可分别以离子键、共价键和金属键的形式键连起来。这就是说，在含氧盐大类晶体中，同时存在着离子键、共价键和金属键。

过渡型化学键概念和混合型化学键概念，是结晶化学为解释晶体中化学键的多样性对化学键概念做出的"修补"，显得十分随意和牵强。

◆ 配位理论和杂化轨道理论的应用

配位理论和**杂化轨道理论**是化学键理论在19世纪末期和20世纪30年代取得的两项重大进展。瑞士化学家**A. Werner**（见图2.4）对配位理论的形成做出了开创性贡献，美国化学家**L. Pauling**（见图2.5）则是杂化轨道理论的奠基人。

图 2.4　A. Werner（1866～1919），瑞士化学家，毕业于苏黎世联邦理工大学（ETH Zurich），后长期担任苏黎世大学的教授。1913 年，他因提出过渡金属配位化合物的八面体构型（the octahedral configuration of transition metal complexes）而获得诺贝尔化学奖。1893 年，A. Werner 第一次提出了含有络离子的配位化合物的正确结构，即在这类配位化合物中，过渡金属原子被中性的或阴离子配位体所包围，为现代配位化学奠定了基础

（图片来源：文献 [4]）

图 2.5　L. Pauling（1901 ～ 1994），美国著名化学家，1954 年因在化学键理论上的出色工作获得诺贝尔化学奖，图为 L. Pauling 及其家人当年出席在瑞典斯德哥尔摩举行的庆祝获奖聚会的照片，前排左起第一人是 L. Pauling。20 世纪 30 年代，L. Pauling 致力于化学键理论研究，于 1939 年出版了著名的 *The Nature of the Chemical Bond and the Structure of Molecules and Crystals*（《化学键本质和分子与晶体的结构》）一书，使人们对化学键的认识从臆想的概念升华到定量与理性的高度，此后，他还提出了在有机化学研究中得到广泛应用的杂化轨道模型

（图片来源：文献 [5]）

　　配位理论和杂化轨道理论在晶体制备研究中得到了应用。它们首先解决了化学键理论无法解释的一个粒子同时与多个粒子键连的问题。例如，在碳化硅晶体中，一个硅原子与最近邻的四个碳原子连接；一个碳原子又与最近邻的四个硅原子连接。如果简单套用离子键或共价键的概念，碳化硅晶体的化学键无法得到完美的解释。

　　然而，根据配位理论和杂化轨道理论，从硅原子和碳原子的电子结构出发，可推断这两种原子在晶体中都可形成四个等价的杂化轨道，每个原子可向每个杂化轨道提供一个价电子。这样，在碳化硅晶体中，一个硅原子与最近邻的四个碳原子以配位键方式连接起来，一个碳原子与最近邻的四个硅原子以配位键方式连接起来。每个原子与四个不同种原子形成的配位键是等价的，在空间构型上，每个原子与四个不同种原子构成了一个配位四面体。这样，碳化硅晶体的化学组成和结构成为硅、碳两种原子发生杂化并形成配位键的自然结果。

　　配位理论和杂化轨道理论在晶体中的应用，衍生出描绘晶体空间构型的新方法。根据化学元素周期表给出的原子外层电子构型、原子半径、电负性及其成键法则，在离子晶体中，每个离子与一定数目的带异号电荷的离子连接在一起。前者可被称为中心离子，后者被称为配位离子，配位离子的数目被称为中心离子的配位数。如果将配位离子的中心用直线连接起来，就可得到所谓的配位多面体。当中心离子是正离子时，相应的配位多面体被称为负离子配位多面体；当中心离子是负离子时，相应的配位多面体被称为正离子配位多面体。

　　在晶体中，配位多面体或以共角方式、或以共棱方式、也可以共面方式发生联系。这样，晶体的空间构型可被抽象为配位多面体的有序堆积。

　　配位多面体把晶体的空间构型、粒子的化学性质及在晶格格位上的分布、粒子间化学键的特性等要素会聚在一起，是一个极具创造性的概念。使用配位多面体在三维空间中有序堆积来表示晶体结构，显得十分简洁明了。图2.6给出了运用配位多面体概念描述4H型碳化硅晶体空间构型的示意图。

　　配位理论和杂化轨道理论的应用，还给晶体制备研究带来了新的法则。例如：

　　——在离子型晶体中，正离子周围的负离子将形成一个配位多面体，正离子的配位数取决于正离子半径R_k与负离子半径R_a的比值，正、负离子之间的距离取决于R_k与R_a之和；

——每一个负离子的电荷数等于或近似等于相邻正离子分配给这个负离子的静电强度的总和；

——负离子配位多面体之间共用棱，尤其是共用面的存在，将降低结构的稳定性，如果存在高电价、低配位的正离子，这种效应更为明显。

——如果存在两种及其以上的正离子，则高电价、低配位多面体之间，有尽可能彼此互不连接的趋势。

——以同一正离子为中心组成的不同负离子配位多面体的数目趋于最少。

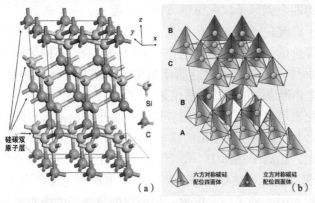

图 2.6 以硅碳双原子层为基本结构单元时（a）和以碳硅配位四面体（C-Si$_4$）为基本结构单元时（b）一个 4H 型碳化硅（SiC）晶体晶胞的结构示意图。根据碳硅配位四面体在空间排列的对称性，它们被分为立方对称配位四面体和六方对称配位四面体两种类型，每个晶胞含有 7 个立方对称配位四面体和 7 个六方对称配位四面体，配位四面体之间以共角方式连接起来 [6]

2.3 热力学在晶体制备研究中的应用

◆ 热力学在晶体制备研究中的地位

物理化学是化学体系架构的核心梁柱之一。物理化学以化学反应体系作为研究对象，采用物理学的理论成就与实验技术，归纳和总结基本规律，形成相关理论。热力学既是物理化学的重要基础，又是经典物理学的重要组成部分。在晶体制备研究中，热力学的理论和方法学发挥着基础性作用。

热力学和统计力学是19世纪人类在认知物质变化规律中取得的最重要科学成就。美国物理学家**J. W. Gibbs**是热力学的主要奠基人之一。图

2.7给出了1875年美国物理学家、电动力学奠基人J. C. Maxwell在以J. W. Gibbs的水表面热力学定义为基础构建一个固体模型的准备中手工绘制的等温等压线草图。在近代物理学的发展中，许多卓越的科学思想、伟大的理论研究成果诞生于物理学家的一幅幅手工绘制的草图、或一个个手写推演的公式之中。

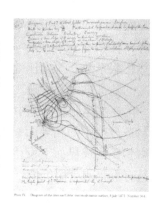

图 2.7　J. W. Gibbs（1839～1903），美国著名科学家，对物理学、化学与数学的发展做出了重要的理论贡献。J. W. Gibbs 在热力学应用方面的工作，对将物理化学转变为严格的归纳科学起了重要作用，他和 J. C. Maxwell、L. Boltzmann 一起，创造了统计力学，把热力学定律解释为一个多粒子物理体系可能状态集合的统计特性。1873 年，34 岁的 J. W. Gibbs 发表了第一篇学术论文。他采用图解法、而不是数学模型来研究流体的热力学，并在而后的论文中提出了三维相图，J. C. Maxwell 对 Gibbs 的三维图型研究思想赞赏不已。图为 1875 年 J. C. Maxwell 在以 J. W. Gibbs 的水表面热力学定义为基础构建一个固体模型的准备中绘制的等温等压线草图

（图片来源：文献 [7]）

　　热力学从能量转化的角度出发，研究物质系统的热性质，给出能量从一种形式转换为另一种形式时遵循的基本规律。热力学并不探究由大量粒子构成的物质系统的微观结构，只关注物质系统的宏观热现象及其变化规律，而且满足于用极少数几个能被直接感知与测量的宏观状态量——如温度、压强、体积、浓度等——来确定物质系统所处的状态。

　　热力学仅适用于各向同性、线性的宏观体系，因此，它不能被无限制地推广应用到任意场合或任意体系。晶体制备体系是由大量粒子构成的非线性体系。在晶体制备研究中，简单套用热力学的原理与方法，无疑也会遇到难以逾越的障碍。机械地运用Gibbs自由能、熵、焓等热力学函数来描述晶体制备技术体系中发生的能量转换，判断体系形成结晶态物质的趋势，更容易得到与实物实验结果相违背的结论。总体上说，对于晶体制备研究，热力学是重要的，但它的应用是有条件的，或者说，是有限制的。

◆ 相变理论在晶体制备研究中的应用

　　根据热力学定义，在物质系统中，具有相同物理性质的均质部分被

称为相。如果在一个物质系统中、存在着两个或两个以上具有不同物理性质的均质部分，它们之间又被确定的界面、即相界面隔离开来，那么这个物质系统被称为多相系统。

一般地，在晶体制备体系中，同时存在着原料和晶体，它们的本身是均质的，但两者的物理性质并不相同。因此，晶体制备体系是一个热力学多相系统。从原料相转变为晶体属于一级相变。所谓一级相变，指存在体积变化和吸收或释放热能过程的相变；所谓二级相变，指那些不存在体积变化和吸收或释放热能过程、但存在某些物理量——如热容、热膨胀系数、等温压缩系数等——变化的相变。晶体的形成应当遵从相变的基本热力学法则。

在晶体制备研究中，热力学相变的概念衍生出许多重要的概念，例如，制备过程中的相界面、即生长界面的类型与特性；生长界面的热力学平衡；在生长界面上发生的物质迁移；晶体生长的驱动力等。这些概念都具有重要的应用价值：

——在气相晶体制备体系中，存在着气态物质和结晶态物质之间的生长界面；在液相晶体制备体系中，存在着液态物质和结晶态物质之间的生长界面；在高温熔体晶体制备体系中，存在着熔融态物质和结晶态物质之间的生长界面；

——处于生长界面一侧的是结构低度有序的物质、即原料，处于生长界面另一侧的是结构高度有序的结晶态物质、即晶体，前者通常被称为母相，后者被称为结晶相；生长界面存在的必要条件是晶体制备体系是一个热力学的封闭系统，而且体系处于可使结晶相由小变大的物理化学环境中，否则，母相与结晶相之间的界面仅属于热力学的相界面、而不是生长界面；

——在生长界面上，粒子的排列方式和成键状况既不同于母相，也不同于结晶相，因此，生长界面具有附加的自由能，它通常被称为界面能；

——达到热力学平衡时，物质从母相向结晶相传递的速率和逆向的物质传递速率是相等的，一旦平衡被破坏，而且物质从母相向结晶相传递的速率高于逆向的物质传递速率，生长界面就将从结晶相向母相推移，晶体逐渐长大；

——晶体生长的驱动力被定义为单位体积晶体生长引起的吉布斯自由能变化，当温度一定时，它是由母相与生长界面上结晶物质的过饱和度决定的；当温度变化时，它则与晶体制备体系的过冷度有关。

◆ **状态方程在晶体制备研究中的应用**

在现有的晶体制备技术系统中，母相物质主要有四种状态，它们分别是气态物质、无机/有机溶液、高温熔体和高温溶液。在讨论气态母相物质或液态母相物质状态的时候，人们通常会直接使用现成的气态方程或液态方程，这些方程主要与荷兰物理学家**J. D. van der Waals**的名字联系在一起（见图2.8）。人们还没有找到更好的方法来描述晶体制备体系中气态母相物质或液态母相物质的状态，但是，直接使用这些状态方程，实质上会把它们与孤立的气态物质系统或液态物质系统混淆起来。

图 2.8　Johannes Diderik van der Waals（1837～1923），荷兰物理学家，1910年诺贝尔物理学奖获得者。他的名字与 van der Waals 状态方程联系在一起，该方程描述了气体与气体压缩而成的液相的行为；与稳定分子间的 van der Waals 力联系在一起；与 van der Waals 分子、即用 van der Waals 力结合的分子团簇联系在一起；也与分子的 van der Waals 半径联系在一起。如 J. C. Maxwell 所说，"毫无疑问，van der Waals 这个名字将很快成为分子科学领域最重要的名字。"

（图片来源：文献 [8]）

就理想气体状态方程或经修正的气体状态方程而言，虽然它们给出了气体的温度、压力、体积与被考察系统内粒子数之间的关系，但存在着几个重要的假设。其中的一个假设是构成气体的粒子被简化为仅有动能的质点；一个假设是粒子间的相互作用可被忽略不计；还有一个假设是粒子相互碰撞都是弹性碰撞，即彼此在碰撞中不发生能量和物质的交换。这些假设的存在，决定了简单套用经典的状态方程来描述晶体制备体系中气态母相物质的状态是不合适的。

与此同时，如果采用气相制备技术系统制备晶体，研究者更希望了解母相粒子在碰撞中是否会发生反应；希望了解如果这样的反应确实存在，化学组成和结构不同的粒子或粒子团簇在母相中是如何分布与运动的；还希望了解这样的反应对生长界面的结晶反应有怎样的影响。这些问题涉及了制备技术系统中发生的化学反应和结晶反应，完全超出了气体状态方程涉及的问题范畴。

另一方面，在热力学中，液体和气体的结构被认为是连续的。此时，液体就是被高度压缩的气体，气体的状态方程经修正后就成了液体的状态方程。在另一些场合，液体又被看作是准晶体，或破碎的结晶态物质。此时，Lennard-Jones势函数可被用来描述液态物质系统中粒子的相互作用。但是，由于Lennard-Jones势函数仅适用于单一粒子构成的物质系统，因此，这样的处理方法有很大的局限性。

此外，热力学理论在溶液化学研究中取得了很大的成功，溶液的化学性质、粒子间相互作用的宏观统计结果被归纳为酸碱平衡、沉淀-溶解平衡、配位物与配位平衡和氧化-还原平衡。在研究晶体制备技术体系中液态母相物质状态的时候，溶液化学的思想与方法也有许多应用。但是，由于结晶反应的存在，液态母相物质的状况远比一般的溶液体系复杂，因此，在晶体制备研究中，简单套用溶液化学的某些结论、推论或定则，也是不合适的。

◆ 晶体制备过程的熵变

根据热力学的原理，晶体生长自发进行的必要条件是形成结晶相的自由能低于母相的自由能，晶体的生长导致体系能量的降低，具体表现在体系的吉布斯自由能变化值小于零。

在《晶体生长原理与技术》一书中，介万奇有这样一段论述："晶体生长过程是一个典型的一级相变过程，热力学条件分析是判断该过程能否进行以及进行的倾向性强弱的重要工具。根据热力学原理，实现晶体生长的条件是满足热力学第二定律，即熵增大原理，或自由能降低原理。"[9]

熵是热力学的核心概念之一，准确理解与掌握熵的涵义，对于认识晶体制备过程无疑是重要的。然而，如果把熵增大原理不加限制地推广到晶体制备技术系统之中，则会导出错误的结论。

E. Schrödinger对熵的涵义做出了更完整的阐释[10]。他说道："熵是一个可测量的物理量。温度处于绝对零度时，任何物质的熵都为零。如果通过缓慢而可逆的微小步骤使物质进入另一种状态（即使物质因此而改变了物理性质或化学性质，或者分裂成两个或两个以上物理或化学性质不同的部分），则熵增的量可以这样计算：用过程的每一小步必须提供的热量除以提供热量时的绝对温度，再把所有这些小的贡献加起来。"

E. Schrödinger指出，"对我们来说，更重要的是熵对于有序和无序这一统计学概念的意义";"一个孤立系统或处于均匀环境中的系统（……最好把环境作为我们考虑的系统的一部分）的熵在增加，并且或快或慢接近于最大熵的惰性状态";"这个基本的物理学定律正是，除非我们事先避免，否则事物会自然倾向于混乱状态"。

他还说道，"每一个过程、事件、偶然发生的事，都意味着它在其中发生的那部分世界的熵的增加";"因此，生命有机体在不断增加自己的熵——或者可以说是在产生正熵——从而趋向于危险的最大熵状态，那就是死亡";"要想摆脱死亡或想活着，只有从环境中不断吸收负熵"。

根据E. Schrödinger的论述，如果把与晶体制备相关的物质定义为一个系统，在晶体制备过程中，系统内发生了物质从结构无序或低度有序状态向高度有序状态的转变，这个过程是一个负熵过程，在此过程中，系统必须从环境吸取能量。这就是人工晶体制备过程和晶体自发生长过程的根本区别。

◆　孤立系统、封闭系统和开放系统概念

在热力学中，孤立系统（isolated system）、封闭系统（closed system）与开放系统（open system）是非常重要的概念。从这三个概念出发，根据系统的物理特征，就可对晶体制备技术系统内是否会发生晶体生长、或者发生晶体生长所必须具备的条件做出概括性判断。

如果我们把固态的、结构低度有序的原料放入一个容器之中，然后将该容器密封起来。在常温常压下，容器包纳的物质既不与环境发生物质交换，也不与环境发生能量交换，这些物质就构成了一个孤立系统。无论容器被放置多久，这些物质也不可能自发地转变为结构高度有序的晶体。

如果这个被密封的容器既从环境吸收热能，也向环境传递热能，容器包纳的物质就构成了一个封闭系统。在一定条件下，这些物质的结构将从低度有序的状态转变为高度有序的状态，而且，这个转变过程是不可逆的。

例如，在容器中放置无机化合物粉体或处理而成的块体，再将该容器密封起来，并为这个系统建立一个适宜的温度工艺制度，即设置一个加热—恒温—降温程序，被容器密封的物质就可转变为化学组成相同、结构有序度更高的陶瓷体。这样的陶瓷体通常由许多小尺度晶粒和非结

晶体结合而成。如果在系统中放置一个被称为籽晶的结晶体，物质就可能在籽晶的作用下转变为块状晶体。在坩埚下降制备技术系统中，晶体就是这样形成的。

如果放置原料的容器没有被密封起来，容器内的物质就构成了一个开放系统，它们既可与环境发生能量交换，也可与环境发生物质交换。开放系统也可发生结晶体的自发生长。例如，蔗糖在水溶液中的溶解度与温度正相关，如果在相对较高温度下配制蔗糖饱和溶液，再将溶液进行冷却，在此过程中，一部分溶剂分子以气态分子形式进入环境，溶质的溶解度也因温度下降而减小，这样，蔗糖晶粒将自发地从溶液中析出。

在某些制备技术系统中，同时存在两个一级相变。例如，在物理气相输运制备技术系统中，作为原料的固态物质发生升华，生成气态粒子或粒子团簇。根据热力学的相变概念，这是从固相到气相的一级相变。气态粒子或粒子团簇将输运到紧邻生长界面的区域，进而在生长界面上沉积与结晶，形成晶体。这是从气相到结晶相的一级相变。这两个一级相变过程在同一个空间内同时发生，彼此间存在强耦合。这是一个更为复杂的热力学封闭系统。

概括地说，在运用相变理论和热力学定理判断某种技术系统是否能够制备晶体的时候，首先要准确地在这个技术系统中"划定"晶体制备系统，然后确定这个制备系统与环境之间的物理界面，判断在制备过程中这个制备系统是否是一个封闭系统，即它既不会变成一个绝热系统，也不会变成一个开放系统。人工制备晶体过程只可能发生在一个封闭系统之中。

◆ 经典成核模型

经典成核模型是热力学在晶体研究中应用的一个重要成果。在现有关于晶体研究的教科书中，经典成核模型大多都是一个独立的章节。

经典成核模型的主要观点是：在任何形态的母相中，晶体由小变大过程都是从成核开始的，即在母相中，首先出现了与拟生长晶体具有相同结构的晶胚；当这些晶胚发育到一定尺度时，它们就成为在给定热力学条件下能够稳定存在的晶核；此后，这些晶核逐渐地自发长大，最终形成结晶体。

成核模型对晶胚进行了描述。例如，在过冷的熔体中，存在着因熔体结构起伏而形成的粒子团簇，这些粒子团簇有着不同的尺度，在结构上与拟生长的结晶体相近，彼此间发生着相互作用，但处于热力学的非稳定状态，这样的原子团簇就是**晶胚**。

成核模型还对晶核做出了定义。所谓**晶核**，指那些如果失去一个粒子就将回到热力学非稳定状态的粒子团簇，如果这些粒子团簇从母相吸纳新的粒子，由母相和结晶相构成的物质系统的吉布斯自由能将随之下降。

成核模型把成核过程分为两种类型。第一种类型是均相成核，表示晶核在各向同性的母相中形成；第二种类型是异质成核，表示母相中存在着与拟生长的结晶体的化学组成和结构相同或相近的固态颗粒，晶核依附在这些固态颗粒表面上形成。

成核模型从热力学的基本概念出发，通过演绎推导，给出了在均相成核或异质成核的条件下晶核临界半径、成核率等物理量的显函数表达式。例如，在过饱和的单质溶体或熔体中，晶核的形成率主要由母相的过饱和度决定。如果母相存在异质固态颗粒，当这些固态颗粒远大于晶核、即固态颗粒提供的成核基底面积足够大的时候，晶核的形成率不但与母相的过冷度有关，而且与母相与成核基底的接触角大小有关。又如，在过饱和溶液（如水溶液）中，晶核的形成率与参与结晶的溶质粒子的过饱和度有关；在单质气体中，晶核的形成率既与温度有关，又与气态物质的饱和蒸气压有关。

从本质上说，在确定的物质系统中，晶胚的形成与晶核的长大是母相粒子以某种形式发生结晶反应的结果，物理环境的变化只是为结晶反应的发生提供了必要条件。因此，成核模型是用热力学原理与方法处理结晶问题的案例。

此外，成核模型摆脱了结晶学和化学用归纳和描述的方法来表示物质变化过程规律的形式，而是从成核导致热力学系统吉布斯自由能降低的基本原理出发，通过简单的数学推演与处理，导出若干物理量的显函数表达式，体现了逻辑严密、形式完美的特点。然而，在推演重要结论中，成核模型对母相粒子的结晶反应做了最大程度的简化，导致它只能适用同种粒子构成的简单物质系统，在真实晶体研究中取得应用的大门因这些简化而被彻底关闭。

在所有的晶体制备技术系统中，初始的结晶相是籽晶，源自籽晶的生长界面是原料相粒子进行结晶反应的场所。通常，籽晶是用与目标晶体的化学组成和结构相同或相近的结晶态物质加工而成，它被放置在系统中特定的位置。如果系统中没有籽晶，母相物质只能在系统中所有过冷的位置上进行异质成核，形成小尺度结晶体，而这样的结晶体是不可能转变为晶体的。

图2.9给出了在物理气相输运制备技术系统中，在没有放置籽晶的条件下，由固态原料升华而成的气相组分在石墨基板上沉积与结晶形成的陶瓷体照片。在任何制备技术系统中，没有籽晶都是不可能制备出晶体的。

图 2.9 采用物理气相输运制备技术系统制备碳化硅（SiC）晶体时，必须在制备技术系统内的特定位置放置经加工而成的碳化硅晶片作为籽晶。如果将籽晶撤去，在相同条件下，气相组分在石墨基板上成核与结晶，生成许多个小尺度结晶体，这些结晶体又通过化学键连接在一起，形成一个陶瓷体。图中显示了在石墨基板上形成的陶瓷体照片，这个陶瓷体的厚度约为15mm，直径约为100mm

（摄影：施尔畏）

在熔体提拉制备技术系统或坩埚下降制备技术系统中，初始时籽晶提供的生长界面的面积可以是有限的，通常采用所谓的"扩径"或"放肩"技术，可使生长界面的面积逐渐扩大，最后将其稳定在所需要的尺寸范围。

总之，在晶体制备过程中，籽晶扮演着十分关键的角色。有了籽晶，才能制得晶体；有了尺度较小的籽晶，可以制得尺度更大的晶体；有了结晶质量好的籽晶，在一个合理和稳定的制备技术系统中，可能制取结晶质量好的晶体；选用结晶取向不同的籽晶，可以制得与籽晶结晶取向相同的晶体。因此，在晶体制备研究中，如果避开籽晶的存在讨论问题，是没有意义的。成核模型在晶体制备研究中所显露的局限性，恰恰在于它回避了任何制备技术系统中都存在籽晶这个重要的事实。

2.4 经典物理学在晶体制备研究中的应用

◆ 经典物理学与现代物理学的区别

在中国，一个选择理工医农学科的学生，自初二年级起至大学本科一年级止，将花费六年的时间、经历三个轮回学习以牛顿力学及电磁学为核心的物理学知识。因此，除了继续沿理科路径攻读硕士或博士学位的人之外，绝大部分人对物理学的认识总体上停留在牛顿力学及电磁学的层次上。

牛顿力学为中心的物理学知识体系，是人类历史上最伟大的科学成就之一，为人们认识宏观世界物质运动规律提供了重要的物质观、世界观和方法论。

牛顿力学为中心的物理学内含两个重要的哲学思想。其中一个哲学思想是，所有的自然现象都遵循严格的**因果律**，具体地说，在空间所有部分和所有时间内发生的事件之间存在着这样一种关系：如果相同的环境再次出现，相同的结果将再次发生，或者，如果相同的环境不再出现，相同的结果不会再发生[11]。另一个哲学思想是：任何运动物体的位置与动量，或者时间与能量，都是可以被同时测量的。在本书各个章节中，以牛顿力学为中心的物理学知识体系及其相应的物质观、世界观和方法论被称为经典物理学。

19世纪下半叶，一方面，在欧美国家全面实现工业化的大潮中，经典物理学取得了空前繁荣，另一方面，在解释微观现象、处理微观事件、探寻微观世界奥秘的过程中，经典物理学遇到了极大的麻烦，它所依赖的哲学思想基础发生了动摇。

H. Reichenbach在《量子力学的哲学基础》一书中，对经典物理学在微观领域中显露的局限性做了精辟的评述。他说道："人们曾经认为决定论的观点——基本自然现象遵从严格因果律的观念——乃是宏观宇宙具有因果规则性的外推结果。但是当人们一旦弄清楚宏观宇宙的因果规律性完全可以和微观领域里的不规则性（irregularity）相容时，这个外推的可靠性就成了问题，因为大数律的运用会使基本现象的概率性转变为统计规律的实际确定性。"[12]6-7

H. Reichenbach还指出："在宏观领域，虽然测量仪器的误差不能忽略，但测量仍能够做出精确的预言；而在微观领域，观测以不可预知的方式发生干扰，任何的微观事件都是不可观测的，微观事件全部是从宏观材料推断出来的，宏观材料成为人的感官所能观测的唯一基础。"[12]19-34

在此期间，奥地利物理学家和哲学家**L. Boltzmann**（见图2.10[13]）创立了**统计力学**，把热力学的定律解释为多粒子物理系统可能状态集合的统计特性。虽然统计力学在那个年代遭到了纯粹热力学派学者的强力抵制，但从历史的角度看，它为人类认识客观世界的哲学思想从因果律向概率律转变奠定了重要基础。遗憾的是，在高中和大学的普通物理课程教学中，有关统计力学的内容没有取得应有的地位。

20世纪上半叶，物理学发展史上最伟大的成就是量子力学的诞生。量子力学构筑起物理学新的哲学基础，实现了从因果律向概率律的转变，对观测之外的客体做出了科学解释，形成了以量子力学为中心的理论体系。在本书各个章节中，以量子力学为中心的物理学知识体系及相应的物质观、世界观和方法论被称为现代物理学。

在晶体研究中，经典物理学凭借其知识体系及方法学的完整性和严密性，渗透到研究活动的各个方面。然而，由于晶体制备过程不但涉及宏观尺度的物质运动，而且涉及微观尺度的物质变化，现代物理学的知识体系与方法学正取得越来越多的应用。随着基于统计力学和量子力学基本原理的研究工具得到普及，部分已成为定制产品，越来越多的研究者采用第一性原理模拟技术，预测特定晶体的结构与其特性之间的关系；一些研究者将分子静力学/动力学模拟技术和蒙特卡罗模拟技术结合起来，对晶体制备过程进行虚拟实验，努力描绘在不同工艺技术条件下晶体制备过程的微观图像。

图 2.10 L. Boltzmann（1844～1906），奥地利物理学家和哲学家，他最伟大的科学成就是创立了解释和预言原子性质（如质量、电荷与结构等）如何决定物质性质（如黏度、热导率与扩散）的统计力学。L. Boltzmann 的气体动力学理论似乎假设了原子和分子是真实存在的，但那个时候几乎所有的德国哲学家和许多物理学家都不相信原子和分子的存在。19 世纪90 年代，L. Boltzmann 试图创立一个妥协的立场，它能够使原子论者和反原子论者在不争论原子是否存在的情况下进行物理研究。他的解决方案是使用 Hertz 关于原子是"bilder"、即是模型或图像的理论。原子论者能够认为这些图像就是真实的原子，而反原子论者能够认为这些图像表示的是有用的但不真实存在的模型。而且，物理化学家 W. Ostwald 和许多"纯粹热力学"反对者试图否定 L. Boltzmann 的气体动力学理论和统计力学，尤其是对热力学第二定律的统计解释，原因是 L. Boltzmann 做出了关于原子与分子的假设

（图片来源：文献[13]）

面向未来，晶体制备研究者必须掌握经典物理学和现代物理学两个武器，既善于从宏观现象去"窥视"微观机制，又善于从对微观机制的理解去"演绎"宏观事件发生的可能性，从而再也不会不自觉地跌进时

空尺度混淆的陷阱之中了。

◆ BCF 理论

在讨论物理学在晶体研究中的应用的时候，必然会谈及BCF理论。

在BCF理论诞生之前，人们习惯用归纳与描述的方法来描述晶体制备的过程。基于统计力学的BCF理论以严密的逻辑和数学工具，给出了气相条件下光滑界面的晶体生长是如何发生的、又是如何持续的图景，并通过光滑界面晶体生长速率与气相过饱和度的关系，把生长界面上粒子运动的微观机制与宏观可检测量联系在一起。

BCF理论虽然应用了统计力学的概念和方法，但并没有把气相晶体生长体系看作是一个符合量子力学法则的多粒子体系，仍然用因果律来看待晶体生长过程，因此，它仍然属于经典物理学的范畴。尽管如此，BCF理论是晶体制备研究发展历程中的一个里程碑，这个历史地位至今还没有被撼动。

BCF理论首先回答了这样一个问题：在气相晶体生长体系中，如果晶体生长是在由螺型位错源不断提供的台阶上进行的，那么，台阶推进速率是否确实与台阶的结晶学取向没有关系。BCF理论从关于光滑界面在0K以上温度下因热波动产生具有一定粗糙度和单分子台阶结构的结论出发，引入了在生长界面上吸附粒子的平均位移、台阶上扭折之间的平均距离等物理量，导出了台阶推进速率的一般表达式，证明了台阶推进速率与其结晶学取向无关的结论。

BCF理论回答的另一个问题是：在气相晶体生长过程中，单个螺型位错或多个螺型位错形成的台阶如何在光滑界面上推进。BCF理论运用拓扑学（只关注物体间的位置关系，不考虑它们的形状和大小）的方法，给出了螺旋生长台阶线轨迹的图景：

——在过饱和条件下，螺旋的维持引起台阶自身卷绕成螺旋状，产生连续台阶线，新的台阶线在螺旋上叠加，螺型位错的方向始终与其生长界面相垂直；

——如果光滑界面上存在一对符号相反的螺型位错，当两者之间的距离小于临界值（两倍的螺旋线曲率半径），它们不会引起界面生长，当两者之间的距离远大于这个临界值，它们将产生连续的闭合环；

——如果光滑界面上存在两对螺型位错，当它们的螺旋圈在相交处叠合，并在给定时间内经过任意一个远点的台阶数目相同，那么，这两对螺型位错就如同只有一对螺旋存在；

——如果光滑界面上存在两对类似的符号相反的螺型位错，当它们的间距大于一对螺型位错内两个螺旋的间距时，就具有与一对螺型位错单独存在时相同的活度，即螺旋每秒种转圈的数目；

——如果光滑生长界面上存在两组螺型位错，当它们的螺旋圈是闭合环状、并以相同速率推进的时候，它们相交的轨迹是一条双曲线，在对称的情况下，这些螺型位错中心的连线可用一条直线进行平分。

BCF理论回答的第三个问题是光滑界面的生长速率与过饱和度有怎样的关系，从而给出了在光滑界面上气相晶体生长机制与宏观可测量之间的关系：

——随着气相过饱和度增加，起源于单个螺型位错的台阶将迅速收缩成一个螺旋，它的中心位于螺型位错处，直至其中心的曲率达到一个临界值，这个螺旋将以固定的形状平稳地旋转；

——在低过饱和度情况下，光滑界面上晶体的生长速率与气相过饱和度之间存在抛物线关系；在高过饱和度情况下，光滑界面上晶体的生长速率与气相过饱和度之间存在线性关系；

——当光滑界面上存在一组平衡位错、其中左螺型位错的数目与右螺型位错的数目相等的时候，存在另一个过饱和度临界值，当气相过饱和度低于这个临界值时，在这个光滑界面上晶体不会发生生长；

——当光滑界面上存在一组非平衡螺型位错的时候，在这个光滑界面上晶体的生长速率与过饱和度之间的关系不可能超出线性的规则。

◆ 生长界面模型

在BCF理论诞生前的数十年间，德国化学家W. Kossel和I. N. Stranski提出了所谓的**台面-边缘-扭折模型**（terrace-ledge-kink model，TLK）。这个模型也被称为**台面-台阶-扭折模型**（terrace-step-kink model，TSK），或者Kossel模型。台面-台阶-扭折模型为BCF理论的形成提供了重要的理论基础。

台面-台阶-扭折模型是晶体制备研究中第一个关于生长界面结构的物理模型。它不但给出了晶体生长过程的和缺陷形成的能量图景。台面-台阶-扭折模型的基本思想是：在生长界面上，一个粒子所处位置的能量是由这个粒子与紧邻粒子的连接状况决定的，相应的变化仅仅涉及这个粒子与紧邻粒子之间的化学键断裂或形成的数量。

图2.11[14]给出了关于台面-台阶-扭折模型的示意图。如图所示，在生长界面上，原子可运动至台阶处，与紧邻原子连接而成为图中所标注的"台阶原子"；可运动至扭折处，与紧邻原子连接而成为"扭折原子"；也可在表面与紧邻原子连接而成为"表面原子"。在台阶上，存在"台阶吸附原子"，也可能形成"台阶空位"；在表面上，存在"表面吸附原子"，也可能形成"表面空位"。"台阶空位"和"表面空位"即是晶体的微缺陷以及其他类型缺陷的起源点。

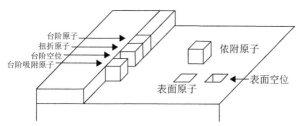

图 2.11　20 世纪 20 年代，德国化学家 W. Kossel 和 I. N. Stranski 提出了关于生长界面的台面 - 边缘 - 扭折模型（即 TLK 模型，也被称为台面 - 台阶 - 扭折模型，简记为 TSK 模型）。这是一幅曾被许多研究者引用过的、堪称经典的生长界面结构示意图（图片来源：文献 [14]）

此后，其他生长界面模型陆续问世。其中最受研究者青睐的模型莫过于K. A. Jackson的单原子层模型。这个模型把生长界面简化为一个单原子层，并假设位于生长界面之下的所有原子都是结晶相的原子，位于生长界面之上的所有原子都是母相原子。母相原子可以是气态原子或熔融态原子，也可以是溶液中的溶质原子。在生长界面内，一部分原子属于结晶相的原子，另一部分原子则属于母相的原子。

Jackson模型定义了三个可变参量，它们分别是生长界面内结晶相原子所占分数、生长界面无量纲自由能和Jackson因子，并从热力学原理出发，建立了三者的显函数表达式。这样，根据生长界面处于稳定结构时其自由能将取得最小值的热力学法则，这三个可变参量就可被用来半定量表示生长界面的结构类型。

例如，当Jackson因子小于2时，如果结晶相原子所占分数趋于50%，无量纲自由能将取得最小值，此时，生长界面应当是稳定的，属于粗糙界面的范畴。当Jackson因子大于3时，在结晶相原子所占分数为零（生长界面内所有原子都属于母相原子）或100%（生长界面内所有原子都属于结晶相原子）的情况下，无量纲自由能将取得最小值，此时，生长界面对应于光滑界面。

此外，Jackson因子被表示为两个因子的乘积，其中一个因子被称为"熔化熵"，这是一个与晶体生长过程相关的热力学参数；另一个因子是生长界面内属于原料相的原子配位数与属于结晶相的原子配位数的比值，这是一个与生长界面结晶取向相关的结晶学参数。

在生长界面的经典物理模型中，除了Jackson模型外，影响较大的还有J. W. Cahn提出的扩散界面模型。在这个模型中，生长界面被假定为是一个由若干个原子层构成的过渡区。在不存在驱动力的条件下，生长界面可达到一个与结晶相晶格周期相对应的周期势场运动，在此过程中，生长界面的势能将按照相同的周期发生变化。同样地，扩散界面模型给出了生长界面的势能随位置变化的显函数表达式。

经历了百余年的发展，关于生长界面的研究建立起两个重要观念。第一个观念是，无论是液-固两相晶体生长体系，还是气-固两相晶体生长体系，母相与结晶相之间存在着一个可发生锐变的界面，这个界面就是生长界面。生长界面的厚度与数个原子层的高度相当。在生长界面上，粒子的排列方式既不同于结晶相，也不同于母相，是一个结构过渡区，它的结构不但与结晶相中粒子的成键特征有关，也与母相中粒子的相互作用相联系。

第二个观念是，在生长界面上，粒子的结晶反应是由几个串接的阶段构成的。具体地说，首先，母相的粒子被吸附到生长界面上；然后，被吸附的粒子在生长界面上扩散与跃迁，部分粒子运动至适宜的位置，并通过结晶反应转变为结晶相的一部分；此后，未参与结晶反应的粒子将从生长界面脱附，重新回到母相。

生长界面模型涉及了晶体制备过程的最本质问题，这就是结构低度有序物质的粒子以何种方式、在何种驱动力下逐渐"堆积"成结构高度有序的晶体。这是晶体制备研究的一个基本问题。

假如在晶体制备过程中，生长界面确实是按人们的想象存在并变化着，人们也许永远无法找到并精确测量与生长界面变化相关的宏观物理量，那么，生长界面将是一个无法用可测量的宏观物理量表达的客体，所有的关于生长界面的模型只能属于人的主观想象和判断的范畴。

需要强调的是，生长界面是一个微观概念。如果将适用于宏观系统的热力学原理不加限制地推广到微观尺度粒子的物理运动与变化过程的研究中，期望建立普遍适用的基本模型，且不论有关的假设、推断和结论是否有价值，整个演绎推导过程的科学性就值得质疑。

2.5　化学工程理论与方法学在晶体制备研究中的应用

◆　解析复杂体系的方法

在一定程度上，晶体制备技术系统与化学工业制造系统有相似之处，但前者的尺度远小于后者，前者的复杂程度也远低于后者，或者说，晶体制备技术系统是一个微型的化学工业制造系统。这是目前晶体制备教科书都引用化学工程理论及方法学的主要原因。

19世纪末至20世纪初，化学工程是人类社会在工业化进程中在创造新的物质、制备新的材料方面取得的伟大成就，并且导致经典物理学、化学、工程科学等学科的会聚，形成了被称为化学工程的知识体系。更为重要的是，化学工程理论为解析复杂制造过程提供了方法学基础，为复杂体系的研究提供了可资借鉴的途径。

所有的化学工程系统都是复杂体系。在这些系统中，既存在质量传递、热量传递、动量传递等物理过程，也存在化学反应。在完全忽略物理过程与化学反应相互耦合的前提下，化学工程理论按照物理过程所遵循的基本原理和化学反应具有的共同属性，把系统解析成若干个独立的**单元操作**和**单元过程**。

通常，根据所遵循的基本物理原理的差异，单元操作被划分为六个大类。它们分别是："以质量传递理论为基础的单元操作""以热量传递理论为基础的单元操作""以动量传递理论为基础的单元操作""由热量传递与质量传递两种规律决定的单元操作""以热力学理论为基础的单元操作""与固体颗粒物理过程相关的单元操作"[3]。同时，根据所包含的

---

③ 以质量传递理论为基础的单元操作包括气体吸收、蒸馏、萃取、吸附、干燥等各种均相混合物的分离过程；以热量传递理论为基础的单元操作包括热传导、对流、辐射、沸腾、蒸发、冷凝等过程；以动量传递理论为基础的单元操作包含流体输送、沉降、过滤、混合等过程；由热量传递和质量传递规律决定的单元操作包括增湿／减湿、干燥／结晶等过程；以热力学理论为基础的单元操作包括温度与压力变化（如液化、冷冻等）过程；与固体颗粒物理过程相关的单元操作包括粉碎、流态化输运、筛分、颗粒分级等过程。

化学反应的差异，单元过程被分成18种类型④。

单元操作研究的理论基础是经典物理学关于质量传递、热量传递与动量传递的原理与定律，研究方法是实物实验研究和数学建模与计算模拟相结合。在相应的虚拟实验中，人们选择从实物实验中获得的数值为基本参数，运用巨量数据运算和存储技术，得出不同单元操作的设计与控制参数。

单元过程的理论基础是贯穿经典物理学和化学始终的质量守恒定律。每个单元过程被假设为一个封闭系统，在反应过程中，不与其他单元过程进行质量交换。在此基础上，根据酸碱平衡、沉淀-溶解平衡、配位物与配位平衡、氧化-还原平衡的基本法则，确定制约化学反应速率、化学平衡和产率的主要参数；再以因次分析法⑤为基础，通过实物实验确定各参数之间的关系，并用无因次数（即无量纲参数）群构成的关系式来表达这种关系。

概括地说，化学过程研究普遍采用实物实验和虚拟实验相结合的方法，这为晶体制备研究提供了可资借鉴的模式和样本。

◆ 热导方程、扩散方程和流体方程

在化学工程理论中，热导方程、扩散方程、流体方程是处理单元操作相关的热量传递、质量传递、动量传递问题的主要工具。

热导方程，也被称为Fourier定律，是法国科学家J. Fourier（见图2.12[15]）于1822年提出的。扩散方程，也被称为Fick定律，是德国科学家A. E. Fick（见图2.13[16]）于1855年提出的。流体方程，也被称为Navier-Stokes方程，是法国科学家L. H. Navier于1822年最初提出、后经英国科学家G. G. Stokes（图2.14[17]）完善与发展的。

---

④ 在化学工业制造系统中，单元过程包括氧化、还原、氢化、脱氢、水解、水合、脱水、卤化、硝化、磺化、胺化、烷基化、酯化、碱溶、脱烷基、聚合、缩聚、催化等化学反应。

⑤ 因次分析法又可被称为量纲分析法，它的基础是量纲一致性的原则和所谓的 π 定理。量纲一致性的原则指出，很多物理量是有因次的；若干物理量总能以适当的幂次组合构成无因次的数群；任何物理方程总是齐因次的，即相加或相减的各项都有相同的因次；原则上，经过适当变换，任何物理方程总可改写为无因次数群间关系的形式。π 定理指出，对于一个特定的物理现象，由因次分析法得出无因次数群的数目，必然等于该现象所涉及的物理量数目与该学科领域中基本因次数之差。

图 2.12　一幅 1820 年由法国艺术家绘制的法国数学家 A. M. Legendre（左）和 J. Fourier（右）的水彩画。J. Fourier（1768 ~ 1830），法国数学家和物理学家。他最负盛名的工作是最早开展了 Fourier 级数以及将其应用于传热与振动问题的研究。用其名字命名的 Fourier 变换和 Fourier 定律表示了科技界对 J. Fourier 重大贡献的尊重。目前，人们普遍认为温室气体效应的发现归功于 J. Fourier

（图片来源：文献 [15]）

在形式上，扩散方程与热导方程非常相似，这表明两者的物理思想和所采用的数学方法是相同的。这两个方程都是由两个定律组成的。扩散方程的第一定律表述为：在单位时间内，通过垂直于扩散方向的单位截面积的扩散物质流量（即扩散通量）与该截面处的浓度梯度成正比；第二定律表述为：在稳态扩散过程中，在距离 x 处，扩散物质浓度随时间的变化率等于该处扩散通量随距离变化率的负值。只要把"扩散通量"改为"热通量"，把"浓度梯度"改为"温度梯度"，扩散方程就可演变成为热导方程。

图 2.13　A. E. Fick（1829 ~ 1901），德国出生的医生与生理学家。1855 年，A. E. Fick 提出了扩散定律，这个定律支配着气体通过一个液态膜的扩散。1870 年，他使用现在以其名字命名的扩散原理，首次对人体心脏的血液输出进行了测量。由于扩散定律同样适用于生理学和物理学，A. E. Fick 致力于在这两个领域分别发表这个定律。A. E. Fick 的研究工作导致了测量人体心脏血液输出的直接 Fick 方法的发展

（图片来源：文献 [16]）

透过扩散方程和热导方程的相似性，我们可以感悟到经典物理学的强大生命力，领略到19世纪那些著名物理学家在发现科学问题、提炼研究主题、建立物理模型、发展数学工具中表现出来的科学精神、聪明睿智和实践能力。热导方程、扩散方程和流体方程可被视为经典物理学的精湛作品。

◆　化学工程理论在晶体制备研究应用的局限性

在晶体制备研究中，化学工程的知识和方法在许多场合得到了应用。

例如，在设计晶体制备技术系统的时候，研究者往往运用单元操作和单元过程的思想，把晶体制备技术系统中发生的热量传递过程、质量传递过程和物质的结晶反应切分开来，求解具体的热导方程、扩散方程及流体方程，得出若干半定量半经验的技术参数。

图 2.14　G. G. Stokes 爵士（1819～1903），英国物理学家与数学家。他毕生在英国剑桥大学工作，从 1849 年起一直担任卢卡斯（Lucasian）数学教授。在物理学领域，G. G. Stokes 对流体力学（包括 Navier-Stokes 方程）和物理光学做出了开创性贡献；在数学领域，他创立了现在以其名字命名的 Stokes 定理，并对渐进展开理论做出了贡献。G. G. Stokes 曾担任英国皇家学会的秘书长与主席

（图片来源：文献 [17]）

在求解扩散方程、热导方程和流体方程的时候，需要设置边界条件。例如，在求解单元操作的扩散方程时，需要加置关于溶质浓度在边界上恒定不变的第一类边界条件、关于边界上存在恒定溶质流的第二类边界条件和关于无穷远处溶质浓度恒定不变的远场条件。然而，在所有的晶体制备技术系统中，这三类边界条件显然都是不成立的。

在求解晶体制备技术系统的热导方程的时候，有的研究者将系统划分为母相物质区域、结晶物质区域和容器区域三个部分，并进行热通量计算。同样地，在计算中需要加置边界条件，其中包括关于容器外侧面温度恒定的恒温边界条件、关于容器外侧面和环境不存在热交换的绝热边界条件、关于结晶相与母相之间、母相与容器内侧之间不存在热阻的连续边界条件等。在所有的晶体制备技术系统中，这些边界条件也是不成立的。

流体方程是由描绘流体质量守恒的连续方程和表示流体流动过程动量守恒的动量方程组成的。在求解单元操作的流体方程时，首先要确定与流体流动相关区域的几何形状与尺寸条件，并加置固-液界面或流体自由表面处的边界条件，进而确定流体的基本物理性质参数。在晶体制备技术系统中，不存在可与动量传递单元操作相比拟的物质输运过程，上述边界条件不符合晶体制备过程的实际情况。

总体上说，就晶体制备技术系统而言，它们的尺度有限，相关的物理过程、化学反应和结晶反应几乎是在同一空间、同一时间内发生的，

彼此间的耦合无法被完全撇清。系统内的物理过程更难以被解析成若干个独立的单元操作。同时，在源自籽晶的生长界面上发生的结晶反应，与一般意义上的化学反应有很大的差异。

举例来说，在高温熔体提拉制备技术系统中，预置在柱型对称容器内的固态原料质量是一定的。在高温下，固态原料转变为熔体。随着晶体逐渐长大，大量原料相的粒子转变为结晶相的粒子，熔体的质量将持续减小。由于在容器的水平方向上存在温度梯度，获得足够动能的熔体粒子从容器内壁的高温区向中心低温区域迁移，这导致在水平方向上存在因熔体粒子在中心区域富集而形成的浓度梯度，驱使一些熔体粒子从中心区域向容器内壁区域扩散。如果中心区域不发生结晶反应，温度梯度驱动下的粒子迁移将与浓度梯度驱动下的粒子迁移建立动态平衡。

然而，发生在容器中心区域的结晶反应是不可逆的。中心区域的熔体粒子被持续消耗，减小了水平方向的浓度梯度，导致更多的熔体粒子向中心区域迁移。如果生成的晶体又按顺时针或逆时针方向旋转，熔体粒子还将做圆周运动。这样，容器内粒子的物理运动过程与结晶反应发生了强耦合。因此，在这个系统中，加置扩散方程的第一边界条件、第二边界条件及远场条件，或者使用遵循流体（即熔体粒子）质量守恒的连续方程，都会导出错误的结论。

图2.15给出了典型的高温熔体提拉晶体制备技术系统的反应腔室照片。该系统采用中频感应加热方式，因此，中频感应线圈、中频发生器和连接部件构成了这个系统的加热模块。任何一种晶体制备技术系统都有加热模块，通过电阻加热的方式将外部输入的电能转变为热能，或者通过感应加热的方式，将外部输入的电能转换为热能。从概念上说，这

图 2.15　高温熔体提拉晶体制备技术系统的反应腔室照片。从图可看到：中频感应加热线圈；放置于感应线圈内部的保温组件；放置于保温组件内部的贵金属坩埚（顶部）；放置籽晶的提拉杆及运动（向上提拉与旋转）部件。在晶体制备过程中，从外部输入的一部分电能将通过中频感应加热模块转换成热能，同时，反应腔室外壁通入的循环冷却水又带走一部分热量，整个系统是一个封闭体系。

（照片提供者：涂小牛）

些热能应当全部定向传递到原料区，使得原料达到熔化、溶解或气化所需要的温度。然而，总有一部分热量以不同的方式传递到系统外部，成为无效热量。此外，为建立适宜的温度梯度，系统的特定位置还需要加置散热、冷却等的技术措施，以提高系统向外传递的热通量。因此，对于这样的系统，如果采用绝热边界条件，显然是荒谬的。

总之，在晶体制备技术系统中，热量传递过程、质量传递过程和动量传递过程的方式、途径及彼此间的耦合十分复杂。在晶体制备研究中，我们既要学习和掌握运用化学工程理论解析物理过程与化学反应并存的复杂体系的方法精髓，又不能简单照搬相关法则，或套用相关结论。

参考文献

[1] Chalcanthite and Gypsum from Bisbee, Warren District, Cochise County, Arizona[DB/OL]. [2017-06-20]. http://www.johnbetts-fineminerals.com/jhbnyc/mineralmuseum/picshow.php?id=20318.

[2] Cave of the Crystals[DB/OL]. [2017-06-26]. https://en.wikipedia.org/wiki/Cave_of_the_Crystals.

[3] Liu J Q, Chung H J, Kuhr T, et al. Structural instability of 4H–SiC polytype induced by n-type doping.Applied Physics Letters,2002, 80:2112.

[4] Alfred Werner [EB/OL]. [2017-06-26]. https://en.wikipedia.org/wiki/Alfred_Werner.

[5] Linus Pauling [EB/OL]. [2017-06-26]. https://en.wikipedia.org/wiki/Linus_Pauling.

[6] 施尔畏 . 碳化硅晶体生长与缺陷 [M]. 北京 : 科学出版社 , 2012:13

[7] Josiah Willard Gibbs [EB/OL]. [2017-06-26]. https://en.wikipedia.org/wiki/Josiah_Willard_Gibbs.

[8] Johannes Diderik van der Waals [EB/OL]. [2017-06-26]. https://en.wikipedia.org/wiki/Johannes_Diderik_van_der_Waals.

[9] 介万奇 . 晶体生长原理与技术 [M]. 北京 : 科学出版社 , 2013: 42

[10] 薛定谔 . 生命是什么 ?: 活细胞的物理观 [M]. 张卜天 , 译 . 北京 : 商务印书馆 , 2016: 75-76.

[11] 马赫 . 能量守恒原理的历史和根源 [M]. 李醒民 , 译 . 北京 : 商务印书馆 , 2015: 48-49.

[12] 赖欣巴哈 . 量子力学的哲学基础 [M]. 侯德彭 , 译 . 北京 : 商务印书馆 , 2015.

[13] Ludwig Boltzmann [EB/OL]. [2017-06-26]. https://en.wikipedia.org/wiki/Ludwig_

Boltzmann.

[14] Terrace ledge kink model [EB/OL]. [2017-06-26]. https://en.wikipedia.org/wiki/Terrace_ledge_kink_modeln.

[15] Joseph Fourier [EB/OL]. [2017-06-26]. https://en.wikipedia.org/wiki/Joseph_Fourier.

[16] Adolf Eugen Fick [EB/OL]. [2017-06-26]. https://en.wikipedia.org/wiki/Adolf_Eugen_Fick.

[17] Sir George Stokes, 1st Baronet [EB/OL]. [2017-06-26]. https://en.wikipedia.org/wiki/Sir_George_Stokes,_1st_Baronet.

第 三 章

晶体制备研究的认知过程

3.1 感觉材料和感知的知识

◆ 知识的分类

在第二章中，我们概观了晶体制备研究的知识体系。这个知识体系是一代又一代地质学家、结晶学家、化学家、物理学家以及晶体领域的专业研究者长期探寻晶体家族奥秘、努力创造新型晶体、认知制备过程规律的结晶。同时，应清醒地认识到，随着晶体制备研究的不断发展，这个知识体系的内涵以及相应的方法论体系越来越难以满足研究实践的需要，内在的历史局限性逐渐显现。在本章中，我们将重点讨论晶体制备研究的认知过程，以期用正确的认识论来指导研究实践。

知识是人认知客观事物的结果。认知客观事物的过程，也就是知识形成的过程，是人的感觉、知觉、记忆、思维、想象等主观意识活动与客观事物相互作用的过程。

就晶体制备研究而言，研究者将遵循从现象到本质、从特殊到一般、从宏观到微观的唯物主义认识论路径，在研究实践中，不断发现新的科学技术问题，不断更新现有的知识体系，不断创造新的思想、理论和方法。这个过程将永无终点。

英国哲学家**B. Russell**（见图3.1[1]）在其著名的《哲学问题》一书中，把人的知识分为关于事物的知识和关于真理的知识两大类，并将前者称为认知的知识，将后者称为描述的知识[2]27-28。

图 3.1　B. Russell（1872 ～ 1970），英国哲学家、逻辑学家、数学家、历史学家、作家、社会评论家和社会活动家，1950 年获得诺贝尔文学奖。在其生命中的不同时点，B. Russell 认为自己是一个自由主义者、社会主义者和和平主义者。他的著作对数学、逻辑学、集合论、语言学、人工智能、认知科学、计算机科学（类型论与类型系统）和哲学，尤其是语言哲学、认识论和形而上学产生重要的影响

（图片来源：文献[1]）

B. Russell对认知的知识的含义做了详细的诠释。他说道，"若是认为人类在认识事物的同时，实际上可以绝不认知有关它们的某些真理，那就未免太轻率了；尽管如此，当有关事物的知识属于我们所称为亲自认知的那一类时，它在本质上便比任何有关真理的知识都要简单，而且逻辑上也与有关真理的知识无关"；"我们对于我们所直接察觉的任何事物都是有所认识的，而不需要任何推论过程或者是任何有关真理的知识作为中介"。

同样地，B. Russell对描述的知识的涵义做了这样的诠释："（如果）我们知道有一种描述，又知道这种描述只可以适用于一个客体，尽管这个客体本身是不能为我们所直接认知的，在这种情况下，我们说我们对于这个客体的知识便是描述的知识。"

按照B. Russell对知识的分类，我们把关于晶体制备这个客体的知识分为两个大类，其中一类知识被称为感知的知识，另一类知识被称为描述的知识。

◆　**感觉材料的来源**

任何一名晶体制备研究者，自其踏入实验室的第一天起，就会接触

到某种或多种制备技术系统以及辅助技术系统，涉足从原料准备、装炉、过程监管、开炉、晶体结晶质量评价等实践活动，并在活动中获得被他感觉、触摸或知觉的材料。这些材料被称为**感觉材料**。

感觉材料不是晶体制备过程中各种现象在研究者大脑中的简单映射，而是他们对这些现象进行有意识的采集、加工与记忆的结果，具体的表达形式是概念和判断。

在晶体制备中，现象无处不在，始终处于产生、变化、湮没的循环之中。如果不能有意识地观察与感觉，现象不会自动地转变为研究者的感觉材料。而人对现象的观察与感觉能力是有差异的。有的研究者对现象更敏感；有些研究者则拥有更强的对现象进行整理、归纳和分析的能力。

在晶体制备研究中，那些能够在对实验现象观察与感觉中感到满足甚至享受的研究者，具有更大的把现象转变为感觉材料的主动性和积极性。善于把现象转变为感觉材料是研究者的基本职业素养；对晶体制备研究充满不带任何功利色彩的热爱更是研究者形成基本职业素养的意识基础。

对晶体制备研究的热爱，对科学研究的热爱，是人的一种心灵感受。从唯物主义的观点出发，这样的心灵感受不是人与生俱来的东西，而是一种精神的传承，或是科学教育的结果，或是大量实践的结晶。在更大的范围里，完善的科学教育和普遍拥有的科学素养是科学研究存在的社会基础。

在晶体制备研究中，有些制备技术系统在宏观尺度上是可视的，也可通过若干物理量——如温度、压力、气体流量等——的测量被感觉；有些制备技术在宏观尺度上是不可视的，仅可通过物理量的测量被感觉。这些物理量是与晶体制备过程微观过程有关的宏观统计结果。因此，在制备实验中，研究者只能获得宏观尺度的感觉材料。

通常，在制备实验开始前，原料及其他辅助材料将被放入制备技术系统之中，这些物质被称为始态物质；实验结束后，制成的晶体及其他经历制备全过程的物质将从系统中取出，它们被称为终态物质。始态物质和终态物质不但可直接观察和感觉，而且可通过分析检测手段"抽提"出关于它的化学组成和空间构型的信息。其中，化学分析检测得到的是物质化学组成的宏观统计结果；物理分析检测得到的是宏观、介观或微观尺度的选区结构信息，如果物质在结构上是均一的，选区检测结果就可近似地表示整个物质的结构状况。这样，始态物质和终态物质也是感觉材料的重要来源。

图3.2给出了采用坩埚下降制备技术系统制备硼酸氧钙钇 [YCa$_4$O(BO$_3$)$_3$，YCOB]晶体的实验结束后、从系统中取出的被贵金属坩埚包裹的结晶体剖面照片。结晶体是终态物质的主体，它的形态和物理状态可被观察与感觉，它的化学组成宏观统计结果及微区结构图景可通过分析检测手段获取。对始态物质、终态物质的观察、分析与检测结果加上过程实测的工艺参数变化情况，是研究者可从坩埚下降制备技术系统获得的全部感觉材料。

图 3.2 在坩埚下降技术系统制备硼酸氧钙钇 [YCa$_4$O(BO$_3$)$_3$，YCOB] 晶体的实验终止后、从系统中取出的贵金属包裹的结晶体剖面照片。晶锭呈圆柱状，直径为 150mm。在全封闭技术系统中，经历了一个月时间，放置在贵金属坩埚内的原料转变为一个结晶体。在制备实验前，籽晶与原料依次被放入贵金属坩埚，然后，密封的坩埚被放入系统内。在制备过程中，若干工艺参数被测量和控制。制备实验后，贵金属坩埚被剥开，结晶体才显露出真正的面貌。从照片可看到，结晶体由若干彼此明确分离的区域构成，结晶体与籽晶间也存在确定的界面。通过对始态物质和终态物质的综合分析，研究者可得到两者化学组成、形态及结构的感觉材料；在制备过程中，若干宏观物理量可被检测与控制。对始态物质、终态物质的观察、分析与检测结果加上过程实测的工艺参数变化情况构成了研究者可从这个制备技术系统获得的全部感觉材料

（照片提供者：涂小牛）

在晶体制备研究中，制备技术系统越复杂，制备条件越苛刻，可获得的感觉材料越少，将导致相关研究的难度越大。这是晶体制备研究的重要特点。

◆ 晶体制备研究的艰巨性

定义晶体的制备速率为在单位面积生长界面上，单位时间内从原料相进入结晶相的物质质量。制备速率是一个可测量的物理量，可被用来衡量晶体制备过程的效率。当目标晶体的质量一定时，晶体制备速率值大一些，制备时间就短一些，制备过程效率就高一些。然而，根据对晶体制备实验结果的统计分析，特定的制备技术系统有着自己的制备速率

"窗口"。如果制备速率超出这个"窗口"，系统就无法制得高结晶质量的晶体，只有在这个"窗口"之内，制备过程的效率才与制备速率成正比例关系。

这样，采用不同的制备技术系统，完成一次完整的制备实验就需花费不同的时间。例如，采用熔体提拉制备技术系统制备一个直径为100mm、长度为100mm的圆柱状晶锭，大致需要两周的时间；采用物理气相输运制备技术系统制备一个直径为100mm、厚度为20mm的圆柱状晶锭，也需要约两周的时间；采用坩埚下降制备技术系统制备一个直径为100mm、长度为150mm的圆柱状晶锭，甚至需要一个月或更长的时间。

与其他类型的材料制备实验相比，晶体制备的单次实验时间相对更长，过程产生的感觉材料更少，人对实验的掌控力更弱，实验结果的不确定性更大。在晶体制备研究中，这批次实验产生的感觉材料是对下批次实验做出调整的依据，然而，调整是否合理与有效，需要根据下批次实验产生的感觉材料加以判断。实现制备出具有优异特性和使用价值晶体的目标，必须经历许多次耗时的实验轮回。这样的"试错法"研究方式，决定了晶体制备研究的长期性和艰巨性。实际上，研究活动的长期性也可被视为其艰巨性的一种表现形式。

一方面，在晶体制备实验室里，我们会看到，研究者常常为制得一个心仪的晶体欣喜若狂，也常常为一次"竹篮打水"的实验而黯然神伤；我们能够体会到，他们承受着旁人难以理解的心灵"煎熬"，好似穿行在一个接着一个的漆黑隧道之中的"苦行者"。只有在晶体制备研究及类似的研究活动中，人们才会有这样的心路历程。

另一方面，晶体制备研究的艰巨性，带来了它的神秘性与吸引力。许多人为它着迷和执着，盼望有朝一日可揭开晶体制备过程的微观奥秘。因此，晶体制备研究不但产生真实的物质价值，而且也像其他科学研究活动一样，产生追求科学、追求真理、追求创新的精神价值。晶体制备研究者的理想与付出值得科学共同体乃至社会的尊重。

◆ 从感觉材料到感知的知识

感觉材料不等同于感知的知识，感觉材料转变为感知的知识需要经历一个过程。在晶体制备实践中，研究者积累的感觉材料越来越多，当感觉材料总量达到"阈值"的时候，他们就可主动地运用归纳法，将感觉材料加工成感知的知识。通常所说的结论、判断、经验或关系都是感知的知识的具体表现形式。

每个人都拥有从环境中获取感觉材料的能力，也拥有运用归纳法对获得的感觉材料进行加工、使其转变为感知的知识的能力，可以说，运用归纳法是每个人与生俱来的本领，只是有些人运用归纳法的主观意识更强一些，把感觉材料转化为感知的知识的能力更大一些。

B. Russell对归纳法的原则做了诠释。他说："①如果发现某一事物甲和另一事物乙是相联系在一起的，而且从未发现它们分开过，那么甲和乙相联系的事例次数越多，则在新事例中（已知其中有一项存在时）它们相联系的或然性也便愈大；②在同样情况下，相联系的事例其数目足够多，便会使一项新联系的或然性几乎接近于必然性，而且会使它无止境地接近于必然性。"[2]52上述第一条法则可被称为B. Russell的归纳法第一法则，第二条法则可被称为B. Russell的归纳法第二法则。

E. Shrödinger从统计力学的角度证明了B. Russell归纳法第二法则的正确性。他说："物理定律和物理化学定律的不正确性在 $\sqrt{n}$ 这一可能的相对误差之内，其中n是合作使该定律生效——在某些重要空间或时间（或两者的）区域内，使该定律对某些想法或某个特殊实验生效——的分子数目"[3]19。

根据B. Russell的归纳法原则，感觉材料转化为感知的知识的必要条件是在相同情况下发生的相同事例数目足够多。举例来说，在物理气相输运技术系统中，研究者需要获取关于中频加热功率、保温组件结构、保温组件与感应线圈中的相对位置、固态原料升华量等要素的相互耦合关系。这个关系属于感知的知识的范畴。仅以一次或数次实验产生的感觉材料作为基础，不可能归纳出确切和有价值的关于上述关系的感知的知识。

在晶体制备研究中，有两个途径可使研究者获取关于相同事件足够多的感觉材料。第一种途径是在单台制备技术系统中重复进行相同条件的制备实验，第二种途径是在一定数量的相同制备技术系统中同时进行相同条件的制备实验。

图3.3给出了一幅碳化硅晶体制备实验室的照片。不要误认为这是某个企业的生产车间。在这个实验室里，安装了18台物理气相输运制备技术系统及其他辅助设备，使用这些设备，研究者可在同一时间内进行相同条件的制备实验，然后通过对同一批次实验结果的比较与分析，就可归纳总结出关于某项工艺技术条件的确切的感知的知识。

图 3.3 这是采用正文所述的第二种途径开展晶体制备研究的案例。在这个制备实验室里，安装了 18 台相同的物理气相输运技术系统。研究者可使用这些技术系统同时进行相同条件的制备实验，在相对短的时间内获得足够多的感觉材料，进而归纳出确切的感知的知识。然而，建立按第二种途径开展实验的制备实验室，需要大额的资金投入。即便在这样的实验室里，完成一种晶体的全周期制备研究，也需要数年的时间

（摄影：施尔长）

与第一种途径相比，第二种途径需要更多的人员投入、资金投入和管理成本，但换来了从感觉材料到感知的知识过程效率的提高。反之，研究者则要为这个过程付出更大的时间成本。

在感觉材料和感知的知识之间，存在着较高的"势垒"，这就使得晶体制备研究不会是一个"重大成果不断涌现"的科学研究领域。在某些研究领域，研究者一年内就可获得丰硕的"成果"，如发表许多学术论文，申请不少的专利。然而，在晶体制备研究领域，研究者即便付出更多的努力，一年下来，仍会发现自己一无所获。由此带来的心理压力，如大石一般压在研究者的心头，甚至如影随形地陪伴他们的职业生涯。在晶体制备研究室里，我们可以发现，许多长期从事晶体制备乃至材料研究的人，都不怎么张扬，也不辩口利辞，这难道是长期承受的巨大心理压力给他们带来的行为变异？

此外，在现代科学研究中，没有哪个领域不充满荆棘与风险，没有荆棘与风险的领域理应退出科学研究的范畴；没有哪项可被称为"重大成果"的研究结果不是若干要素"化学反应"的产物，这些要素包括许多研究者的锲而不舍和革故鼎新，不同组织的合作协同和同舟共济，以及来自社会各方面的并容遍覆和巨大支持，可在短期内不断涌现的"重大成果"不会是真正的重大成果。

◆　从感知的知识到经验

个体在长期研究实践中积累起来的感知的知识，就可汇聚成由他个人"存储"和使用的经验。在晶体制备实验室里，人们常给某位研究者冠以"师傅""前辈"的称谓，意指他拥有比别人更丰富的经验。

一般地，个体的经验与其参与晶体制备研究的时间成正比，"姜是老的辣"就是这个意思。个体的经验可通过传授、交流等方式汇聚成群体共享的经验。正是由于晶体制备过程的艰巨性，许多人信仰经验，崇拜拥有丰富经验的个体，认为经验将始终在晶体制备研究中占据支配地位。当个体唯一地依赖经验对不确定事件做出判断与预测，他就成为一名经验主义者。在晶体制备研究中，经验主义者的存在，是经验主义为主的研究范式仍有广泛基础的主要原因。

晶体制备研究是一类实验性研究活动，人的感觉材料只能来自实践，感知的知识和经验也都源自实践。在晶体制备研究中，人无法超越实践获取知识，经验是相关知识的重要形式，但不是相关知识的唯一形式和最高形式。而且，人对晶体制备过程的认识不能仅限于经验，晶体制备研究要从传统的工匠式研究转变为现代的科学研究，必须突破经验主义的桎梏。

3.2 描述的知识、相对真理与理论

◆ 描述的知识的涵义

在晶体制备研究中，任何一个研究者直接从实践中获取的感知的知识是有限的。随着晶体制备技术系统的复杂程度越来越高，研究活动的专业化分工越来越细，配套技术的来源越来越广泛，研究者需要拥有更多的自己从未经验过的知识。这类知识可被称为**描述的知识**。

描述的知识是一类可记载的、可通过某种媒介传播的、也可被系统传授的知识。就个体来说，接受描述的知识，能够使他超越个人经验的局限。同时，个体和群体也可将自己的感知的知识转变为描述的知识，使这些知识被更多的个体和群体共享共用。在市场经济环境中，个体和群体的描述的知识还可转变成为他们的专有权利。

创造能够被更多人共享共用的描述的知识，是科学研究活动的重要结果；将描述的知识转变成为创造者的专有权利，是市场经济环境中把知识转变为财富的基础。就晶体制备研究而言，不断产生描述的知识，是这个领域彻底告别师徒相授、口耳相传的经验主义研究范式、真正走上现代科学研究轨道的重要标志。

描述的知识是研究者对大量感知的知识进行集聚、分析和推演并给出论断、规则和结论的结果。因此，比起感知的知识来，描述的知识拥有更多的形而上学成分。

感知的知识在多大范围内具有确定性与适用性，需要接受实践的再检验；经过实践再检验的感知的知识，才可能成为相对真理。涉及同类问题的相对真理经过系统化加工，形成完整的逻辑，就可转变为一个理论。因此，在晶体制备研究中，理论是知识的最高形式。

◆ 晶体制备研究的认知链条

在讨论了从感觉材料到感知的知识、从感知的知识到描述的知识、从描述的知识到理论的过程之后，我们可以给出晶体制备研究的认知过程的整体图景。

如图3.4所示，在晶体制备研究中，人的认知过程可被划分为五个阶段。其中：第一阶段是个体和群体通过观察与感觉活动，从实践中获取感觉材料；第二阶段是个体和群体使用归纳法，将分散的感觉材料转变为感知的知识；第三阶段是个体和群体对感知的知识进行主观意识的再加工，将它们转变为描述的知识；第四阶段是个体和群体在实践中完成对自我的和其他来源的描述的知识的再检验；第五阶段是个体和群体以某种方式把许多得到实践再检验的描述的知识集聚起来，进行条理化和系统化加工，将它们转变成为相对真理乃至理论。

第一阶段 感觉材料	第二阶段 感知的知识	第三阶段 描述的知识	第四阶段 描述的知识再检验	第五阶段 相对真理和理论
个体和群体通过观察与感觉获取感觉材料	个体和群体使用归纳法将分散的感觉材料转变为感知的知识	个体和群体通过主观层面的再加工，将感知的知识转变为描述的知识	个体和群体在实践活动中完成对描述的知识、包括自我的和其他来源描述的知识的再检验	个体和群体以某种方式把许多得到实践再检验的描述的知识集聚起来，对它们进行条理化与系统化加工，使它们转变为相对真理乃至理论

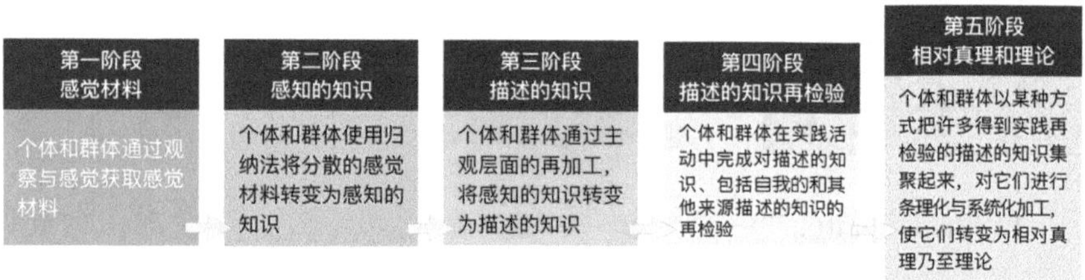

图 3.4　晶体制备研究的认知链条示意图。这个认知链条是由五个阶段构成的，其中第一阶段被称为感觉材料阶段，在此阶段，个体和群体通过观察与感觉活动，从实践中获取感觉材料；第二阶段被称为感知的知识阶段，在此阶段，个体和群体使用归纳法，将分散的感觉材料转变为感知的知识；第三阶段被称为描述的知识阶段，在此阶段，个体和群体对感知的知识进行主观意识的再加工，将它们转变为描述的知识；第四阶段被称为描述的知识再检验阶段，在此阶段，个体和群体在实践中完成对自我的和其他来源的描述的知识的再检验；第五阶段被称为相对真理和理论阶段，在此阶段，个体和群体以某种方式把许多得到实践再检验的描述的知识集聚起来，进行条理化和系统化加工，将它们转变成为相对真理乃至理论

（绘图：施尔畏）

　　上述五个阶段构成了晶体制备研究的认知链条。在这个链条上，从实践中获取感觉材料是起点。如果没有大量来自实践的感觉材料，就不会有感知的知识和描述的知识。形成相对真理与理论则是这个链条的终点。与其他科学研究领域一样，晶体制备研究具有物质层面的价值和精神层面的价值，创制具有应用价值的晶体是这项研究活动物质层面价值的最终体现，形成相对真理和理论则是其精神层面价值的最高形式。

　　实现上述的认知链条，需要许多个体的协同，也需要许多群体的联合。与20世纪中叶之前的"天才独领风骚"时代不同，今天的晶体制备研究，研究内涵更加多样、活动形式更趋多元，是一个"大众创造历史"的时代，单个的个体或群体独立走完整个认知链条是不现实的。

　　奥地利物理学家和哲学家**E. Mach**（见图3.5[4]）曾对静力学的发展史做了评述。他认为[5]，"（静力学）这一发展偏巧在力学的最早时期，即在希腊古代开始的、在伽利略和他的年轻的同代人开创近代力学时达到它的终结的时期；一般地讲，它以卓越的方式阐明科学形成的过程"。

图 3.5　E. Mach（1838～1916），奥地利物理学家与哲学家，因其对诸如冲击波研究等物理学发展的贡献而闻名。物体运动速度与声波速度的比值以他的名字命名。作为一名科学哲学家，E. Mach 对逻辑实证主义（logical positivism）和美国的实用主义（pragmatism）产生了重要的影响，也通过对牛顿的时空理论的批判，对爱因斯坦相对论的形成有着重要的影响

（图片来源：文献[4]）

　　E. Mach[5]说道，"一切概念、一切方法都是在它们（静力学）的最简单的形式中找到的，可以说在它们的幼年找到的。这些开端毫无误解地指明它们起源于手工技能的经验"；"科学把它自己的起源归功于这样的必要性，使这些经验变成可交流的形式，并把它们传播得超越阶层和行业的界限。这种类型的经验的收集者在他面前发现许多不同的经验，或者至少是大概不同的经验，力图以书写的形式把它们保留下来。他的处境是，使他自己能够比个体的工人更频繁、更多样、更公正地重温这些经验，而个体工人总是局限于狭隘的范围"。

　　E. Mach还说道，研究者"使事实及其相依的法则在他的心智和书写

中更接近的时空近似状态，从而获得揭示它们的关系、它们的关联和它们彼此之间逐渐转化的机会"；"在这样的先决条件中，大量事实和从事实涌现的法则浓缩在一个体系之中，并用单一的表达理解"[5]105-106。这就是相对真理和理论。

因此，图3.4表达的晶体制备研究的认知链条，在更广泛的科学研究范畴里也是适用的。

◆　知识的更新与发展

人对客观事物的认知是没有终极的。在晶体制备研究中，驱动研究者不断深化对晶体制备过程认识的动力主要来自两个方面。一方面，随着目标晶体的变换或制备技术的发展，新的实验现象不断产生，原有的感知的知识或描述的知识在解释这些实验现象中遇到了困难，这就形成了驱使研究者获取新的感觉材料、形成新的感知的知识和描述的知识的动力。

另一方面，研究者在实践中，发现现有描述的知识提供的论断、结论和规则与客观实际存在着矛盾，这就迫使研究者重新审视这些描述的知识的确定性与适用性，或者对它们做出修正，或者放弃对它们的使用，创造新的描述的知识。

总体上说，旧的感知的知识和描述的知识失效了、消亡了，新的感知的知识和描述的知识诞生了、扩展了，这是晶体制备研究认知过程的矛盾运动。如果处于不同研究环境的人都认识到某些描述的知识或理论存在无法克服的缺陷，对它产生怀疑，甚至提出批评，这也许是新的描述的知识或理论孕育而生的前夜。如果不存在对现有描述的知识或理论的质疑与批判，晶体制备研究就窒息了，就失去了生命。

晶体制备研究的认知过程不但存在"旧"与"新"的矛盾运动，而且存在着"统一性（unitarity）"和"多样性（diversity）"的矛盾运动。在理论研究中，人们总是企图用某个统一的理论，完美解释发生在不同晶体制备过程中的所有事件，指出它们的运动规律和变化趋势。但是，晶体制备过程又大踏步地朝着多样性方向发展，不断对理论统一的企图提出重大挑战。在目前的认识水平上，我们无法看到会有一种理论来统领晶体制备研究的"美好"图景。

如果把晶体制备研究亚领域看作一个生态系统，多样性是这个生态系统存在与发展的基础。因此，在晶体制备研究的认知过程中，包容多样性，保护多样性，培育多样性，让背景不同、研究主题不同、学术思想不同的人能够互相尊重和互相欣赏，而不是互相诋毁和互相排斥，铲除滋生学术专制主义的土壤，无疑是至关重要的。

◆ 学术论文的地位与价值

学术论文是描述的知识的一种表现形式。在科学共同体里，人人有权在学术刊物上发表自己的描述的知识，也可通过学术论文学习与应用他人的描述的知识，同时有权质疑甚至批判他人的描述的知识。这是科学研究活动中学术民主传统的表现。

学术刊物为描述的知识的传播提供了载体。学术刊物容纳不同来源的学术论文，仅要求论文所依据的感觉材料是真实的，做出判断、结论或预测的逻辑是合理的，不对它们的确定性与适用性做出评判。

与其他研究领域一样，在晶体制备研究中，以学术论文形式发表自己的描述的知识，在浩瀚的学术论文"海洋"中收集和学习他人的描述的知识，是研究者必须掌握的技能。从这个角度说，仅能从实践中获取感觉材料的人是"科研工匠"；能够从实践中获取感觉材料并把感觉材料转变为感知的知识的人是"科研技术员"；能够把感知的知识转变为描述的知识、并同时具有"科研工匠"和"科研技术员"能力的人才是研究人员。

另外，获取描述的知识的艰巨性，决定了晶体制备研究不会是一个学术论文的高产之地。与那些集聚更多人力资源和财力资源的研究领域相比，晶体制备研究只是一个"小众"的研究领域。这又使得接纳晶体制备研究学术论文的刊物不会在世界数以万计的学术刊物中取得显赫的排名。

在现实生活中，我们看到，有些人把发表学术论文的数量及接纳这些论文的学术刊物的分档作为考核晶体制备研究者业绩的核心指标，这无疑是件荒唐的事情。这样做的结果，只会导致晶体制备研究领域的价值观被扭曲，发展的方向被误导。

此外，学术论文的产出量也从另一个角度反映了晶体研究领域的整体多样性，显现出三个亚领域研究活动的很大差异性。

例如，相对于另外两个亚领域，晶体特性研究有更高的学术论文产出量。相关的学术论文通常都会涉及晶体制备，但它们不可能给出晶体制备研究活动的真实或全面的面貌。

又如，对于晶体制备研究和晶体应用研究，学术论文的产出量与研究结果实现真实应用的可能性成反比，即随着这种可能性的增大，学术论文的产出量近似地呈指数式下降，当研究结果站到了实现真实应用的"大门"前，学术论文乃至所有相关信息都会销声匿迹，研究活动将进入"潜伏"时期。

3.3　晶体制备研究的正向认知和逆向认知相互作用

◆　正向认知路径和逆向认知路径

在上节中，我们论述了晶体制备研究的从感觉材料到感知的知识、从感知的知识到描述的知识、再从描述的知识到相对真理和理论的认知过程。我们把沿着五个阶段顺序的认知过程称为正向认知过程。

然而，几乎所有研究者对晶体制备过程的认知，并不是通过纯粹的正向认知路径完成的。具体地说，在接触真实的晶体制备活动之前，他们都已完成大学相关课程的学习，通过课堂灌输与强迫记忆的相互作用，接受了相关的描述的知识和理论。这些描述的知识和理论是科研前辈的创造，被系统地记载于教科书之中。个体对这些描述的知识和理论理解的广度与深度，与他对晶体制备研究的兴趣、对自己未来从业的设计密切相关。很难想象，一个对晶体制备研究毫无兴趣的人，会花费气力学习这些枯燥的内容。

一些完成大学学业的人将进入晶体制备实验室，其中有的在实验室里开始研究生的专业学习，有的则以研究人员的身份开始承担具体的实验任务。此时，他们才站在了正向认知的起点。

我们把从先有理论、再有实践的认知过程称为逆向认知。因此，研究者对晶体制备过程的认知，都是首先经历逆向认知，然后再经历正向认知。从逆向认知起步、再到正向认知，使得一代又一代研究者都能站在前辈的肩膀上开始他们的研究生涯。

◆　逆向认知的玻璃天花板效应

让我们再读一读E. Mach以静力学理论体系的形成过程为例揭示的科学认知规律。他说道，"无论谁做这种类型的新观察并确立这样的新法则，当然都知道，不管是借助具体的想象还是抽象的概念，我们尝试用智力描述事实时都有可能犯错误；为了拥有智力模型，我们必须做的是，当事实部分地或整体地难以理解时，我们总是在手头建构这种模型作为事实的替代物。实际上，我们不得不注意的境况被如此之多其他并行的境况伴随着，以致频频难以选出和考虑那些对所关注的意图来说是基本的境况。"

E. Mach还说道，"在事实的所有无限丰富性方面，在它的不可穷竭的多样性方面，通过事实的观察达到的法则不可能包括整个事实；相反地，它只能提供事实的粗糙的轮廓，以致片面地强调对于所考虑的特定技术（科学）目的来说具有重要性的特性。"[5]106-107

虽然这段论述的译文显得有些佶屈聱牙，不过E.Mach在这里精辟和尖锐地论述了所有科学理论都有不确定性和局限性的问题。这个结论同样适用于关于晶体制备研究的描述的知识和理论。

在晶体制备实验室中，我们发现，一些完成大学课程学习的人，似乎没有新的动力沿正向认知路径前行，还有人从实践中获取感性材料，只是为了佐证他们过去学到的描述的知识和理论，作为加深对这些知识信仰的理由。

另外，随着实践的积累，还有人会更偏执地认为，从逆向认知过程中获取的知识不容怀疑，在晶体制备研究中拥有至高无上的支配力，偏离现有论断、结论和推测的实验结果都是没有意义的。与其他实验类科学研究领域类似，晶体制备研究活动也可能"造就"纯粹理论主义者，他们在课堂上获得的知识，如同一块"玻璃天花板"，压缩了他们的思维空间，遏制了他们的学术创造，减缓了他们在实践中沿着正向认知的路径前行的步伐。

突破已有描述的知识和理论的局限性，消除研究者在思维空间的玻璃天花板效应，是晶体制备研究面临的一个挑战。这个亚领域的发展，无疑依赖于更多的人能够自觉地拿起科学的批判主义武器，敢于质疑现有描述的知识和理论，始终保持科学思想是开放和自由的，研究活动是多元的。唯有这样，这个亚领域才能充满生机和活力。

◆ 消除玻璃天花板效应的思想武器

在第二章里，我们谈到，晶体制备研究的知识体系是以经典的结晶学、化学与物理学作为基础的。在一些场合，晶体制备研究甚至可被看作是经典物理学与化学研究的延伸。

从学科发展的历史看，经典物理学与化学的形成与发展在先，晶体制备研究在后。物理学与化学学科的发展，必然会带动晶体制备研究的知识体系的更新与发展。了解过去两个多世纪来物理学、化学等基础学科发展的轨迹，对于我们思考如何消除晶体制备研究认知过程的玻璃天花板效应，无疑是重要的。

一些学者[6]把19世纪物理学的发展归纳为**观察(obersevation)的时代**。在这个时期，连续科学——包括力学、电动力学、热力学等——得到了充分发展，宏观世界物质的运动和变化规律得到了完美阐释。物理学的原理、定律及其科学思想得到了极为广泛的应用，不但催生出新的研究领域，而且改造了古典的学科，使得它们有了体系化的知识基础。在这个时代，物理学与化学的研究范式是实验科学范式，人们崇尚的是实证主义。

E. Schrödinger对19世纪连续科学的基本思想做出了这样的描述，"从我们的宏观经验中，从我们的几何学观念和力学——尤其是天体力学——观念中，物理学家们提炼出了对任何物理现象进行真正清晰和完备的描述时所必须满足的一个明确要求：它应当精确地告诉你，任一时刻在空间任一点发生了什么——当然是在你想要描述的物理事件覆盖的空间区域和时间段内。我们可以把这一要求称为描述的连续性假设"。

E. Schrödinger还说道，"这种思维习惯必须放弃。我们绝不承认连续观察的可能性。各个观察应被当作离散的无关联事件。它们之间存在着我们无法充填的间隙。在一些情况下，倘若我们承认连续观察的可能性，就会把所有事情打乱。因此我才会说，最好不要把粒子看成一个永恒的东西，而要看成瞬间的事件。有时这些事件会形成链条，造成永恒之物的错觉——不过对于每一种情况而言仅仅是在特殊情形中和极短时间内"；"显然，如果无间隙的连续描述理想破灭的话，这种精确表述的因果性原理就垮掉了。"[7]

从E. Schrödinger这些论述中，我们可以体会到，物理学在20世纪取得重大发展，正是一批伟大的科学家与哲学家拿起科学的批判主义武器、依据典型性实验事实挑战经典物理学近乎不可撼动的权威、打碎思维空间"玻璃天花板"的结果。

20世纪物质科学的发展被归纳为**理解（ understanding ）的时代**。在这个时期，离散体系——即一切在时间与空间上不连续的体系——成为基础性科学研究的重点；量子力学的诞生向人们提供了开启微观世界大门的金钥匙。

与此同时，连续科学继续取得外延和拓展，从而构筑起渗透至社会活动各个角落的思想体系；计算科学的强劲崛起，使得信息成为新的资源，也使得科学研究的范式、社会生产与生活的方式在不经意间发生了彻底的变革。

在这个时期，科学研究范式呈现多样性特征：有的领域顽强地坚持实验科学范式；有的领域彻底消除了古典学科的痕迹，进入了实验科学范式主导的时代；有的领域则普遍实行了理论科学范式与计算科学范式，实验科学范式退居从属的位置。在科学思想方面，理论主义、实证主义和经验主义在更高层次上实现了会聚，排斥它者而求自身存在的思想已成明日黄花，逐渐退出科学研究的大舞台。

在此基础上，一些学者认为21世纪物质科学的发展将进入**调控（control）的时代**。在这个世纪，人类将实现物质和能源的量子调控。

2015年，美国能源部基础能源科学顾问委员会发表了题为《物质与能源科学前沿的挑战：发现科学①变革的机会》的报告②。报告认为，"人类将进入一个新的调控时代，在这个时代，决定物质性能与化学过程结果的原子与分子相互作用能够在一个分子接着一个分子、或者一个原子接着一个原子的基础上、甚至在电子的量子层次上得到控制"；"在分子、原子与量子层次上对物质与能源的控制可能引发技术的革命性变化，将有助于我们认识人类最急迫的需求，包括对可再生的、清洁的和有秩序能源的需求"。

该报告列出了21世纪物质科学的五个重大挑战，其中第一个挑战"掌握层次结构和超越平衡态的物质"；第二个挑战是"超越理想材料与体系，认识各向异性、界面与无序的关键作用"；第三个挑战是"利用光与物质中的相干性"；第四个挑战是"在模型、数学、算法、数据与计算方面的革命性进步"；第五个挑战是"运用在多尺度成像能力上的变革性进步"。

---

① 发现科学对应的英文词是 discovery science，它可被认为是基础性科学（fundamental science）的等价表述。

② 该报告的英文题目是 "Challenges at the Frontiers of Matter and Energy: Transformation Opportunities for Discovery Science"，引自：文献 [8]。

　　从总体上看，晶体制备研究比物理学、化学等基础学科的发展滞后了约一个世纪。例如，第二次世界大战期间和结束后，晶体制备研究迎来了一个高速发展的时期。这个时期是以晶体制备研究建立自身完整的知识体系、全面实行实验科学研究范式作为标志的。与此同时，物理学、化学等基础学科也进入了新的高速发展时期。这个时期则是以设计与建造特大型科学装置、探索微观粒子的运动规律作为标志的。

　　20世纪末和21世纪初，晶体制备研究遭遇了发展迷惘的时期，虽然在此期间研究对象上有很大拓展，但原有知识体系带来的玻璃天花板效应逐渐显现。与此同时，物理学与化学进入了"纳米科学时代"，发现材料的纳米尺度效应、创制纳米结构、实现纳米材料应用成为新的研究热点。统计学理论、大规模计算技术和巨量数据存储与处理技术、软件技术和智能技术也得到了快速发展，并使得植物学、动物学、病毒学、地质学、气象学等许多长期徘徊在古典描述式研究范式的领域脱胎换骨，实现了向理论科学研究范式和计算科学研究范式紧密结合的大跨越。生物学更是从一门以描述为主的传统学科转型成为以微观尺度检测表征、计算模拟和大数据处理作为研究基础的现代学科。

　　面向未来，基础学科产生的科学思想、创造的理论与方法仍将长期引领晶体制备研究的发展。从这个角度来审视晶体制备研究的现状，我们可以认为，压制研究者思维空间的那块"玻璃天花板"是经典的物理学、化学及结晶学会聚而成的混合物，在基础学科发展浪潮的冲击下，它已是满身疮孔。因此，在晶体制备研究中，更广泛地吸收和应用基础学科的最新成果，是研究者突破思维空间玻璃天花板的思想武器。

　　人类将不断探寻物质世界、生命世界与宇宙空间的奥秘，不断深化对客观世界的认知水平，不断发展自己的物质观、生命观与宇宙观，不断更新科学研究活动的内涵和范式。在此过程中，任何一个科学研究领域——既包含物理学、化学等基础学科、也包含晶体制备研究乃至晶体研究领域——都将长期处于思维空间"玻璃天花板"被打破、再构成、再被打破的循环运动之中。因此，从科学研究的认知规律看，任何迷信于现有的描述的知识和理论、在研究中墨守成规、故步自封的思想和行为，都是没有前途的。

3.4 观测之外的客体

◆ 我们究竟能够看到什么

在以上章节里，我们已经谈到，在晶体制备研究中，无论采用何种制备技术系统，我们都可观察、触摸和感知始态物质和终态物质，并可借助现代仪器设备检测表征它们的结构和性质。

下面以采用物理气相输运技术系统制备碳化硅晶体为例，说明在晶体制备研究中我们究竟能够看到什么的问题。在制备实验启动之前，放入系统的始态物质是固态碳化硅颗粒、感应加热部件和保温组件。这些物质都可以被观察、触摸和感知，也可被检测与表征。

制备实验结束后，从系统中取出的终态物质包含碳化硅晶体、经历了高温过程的感应加热部件和保温组件，以及剩余的固态原料。同样地，这些物质可以被观察、触摸和感知，也可被检测与表征。

图3.6给出了一个在物理气相输运技术系统中制备的碳化硅结晶体和采用白光干涉仪在结晶体生长面上观察到的形貌照片。从图可看到，在介观尺度上，生长面出现了排列有序的层状台阶结构，其中间有岛状坑型缺陷。从结晶体生长面观察到的结构图像，是已被固化的制备过程结果，不是制备过程发生的事件，或者说，制备过程发生的事件是无法直接被观察、触摸和感知的。

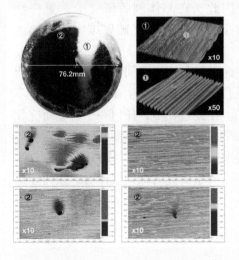

图 3.6 采用白光干涉仪在一块碳化硅（SiC）结晶样品上拍摄的局部区域宏观尺度形貌照片。样品在物理气相输运技术系统中制备，直径为 76.2mm（见左上图），制备温度为 2090℃，气相压力为 700Torr，制备时间为 2h。在标注为①的区域，存在着间距为数十微米的层状台阶结构，间有一些台阶微小交叠变形缺陷及岛状坑形缺陷；在标注为②的区域，除了层状台阶结构之外，还存在尺度为数十至数百微米的岛状坑形缺陷

（资料提供者：黄维、高攀）

我们可以把碳化硅晶锭加工成样品,使用现代仪器设备观察样品表面的介观或微观尺度形貌,了解上观察视野中结晶缺陷的类型及其分布。图3.7给出了采用原子力显微镜获取的一块碳化硅晶体样品表面的微观结构形貌。然而,由此得到的微观结构图像也是已被固化的制备过程结果,能够证明样品具有较高的结晶质量和表面加工质量,不能说明制备过程中粒子在生长界面上如何沉积、排列和结晶的情况。

又如,熔体提拉法制备技术系统通常加置观察窗口,我们可以通过观察窗口,观察到结晶体从高温熔体中被提拉出来的场景。借助成像设备,我们可以把这些场景连续记录下来,并将其还原成晶体由小变大的全过程。然而,无论用肉眼观察,还是借助成像设备记录,我们所看到的只是宏观尺度上晶体从小变大的过程。

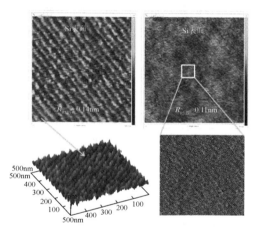

图 3.7 两块采用物理气相输运技术系统制备的碳化硅(SiC)晶体样品(0001)面形貌的原子力显微镜照片,被测晶面经过精细抛光与化学机械抛光加工处理。在图中,左上图和左下图是同一块样品的微观形貌像,这两张图的选区范围都是 $0.5\mu m \times 0.5\mu m$,左下图则是左上图的三维立体像;右上图和右下图是另一块样品的微观形貌像,其中右上图的选区范围是 $50\mu m \times 50\mu m$,右下图的选区范围则是 $5\mu m \times 5\mu m$。在检测中,原子力显微镜自动给出样品选区范围内的表面均方根粗糙度值 R_{RMS} 值,对于左上图与左下图所对应的样品,R_{RMS} 值为 0.14nm;对于右上图与右下图所对应的样品,R_{RMS} 值为 0.11nm

(照片提供者:黄维)

此外,在制备过程中,我们还可通过仪器设备,观察到诸如温度、腔体内压力、气体流量等工艺技术参数的变化情况。这些工艺技术参数是某些与晶体制备过程相关物理量的宏观统计结果,而且仪器设备存在着测量误差,因此无法被用来说明晶体制备的微观过程。

总之,在晶体制备研究中,我们能够看到的是始态物质和终态物质的状况,也可观察到某些物理量的宏观统计结果在制备过程中的变化情况,除此之外,我们无法看到其他的东西。

◆　时空混淆的陷阱

我们不能把对始态物质和终态物质状况的感知与制备过程实际发生的事件等同起来，甚至混为一谈。

譬如，图3.6所示的结晶体生长面呈现的层状台阶结构形貌，与台面-台阶-扭折模型提出的扭折、台阶和台面的概念有着本质的区别。在空间尺度上，前者的台阶间距为数十微米；后者的台面宽度和台阶高度应在纳米量级范围之内。因此，我们不能将前者作为结晶体以后者描绘的微观图景生长的直接证据。

在时间尺度上，图3.6所示的结晶体生长界面形貌与时间无关；而在台面-台阶-扭折模型中，台面、台阶和扭折的位置和几何尺寸是时间的函数，它们始终处于运动之中，旧的台面被粒子填满了，旧的台阶或扭折消失了，新的台面、台阶和扭折又出现了。两者在时间尺度上不能进行比较。

如同热力学与动力学的概念和结论不能进行比较一样，我们不能仅凭对结晶体生长面形貌的观察结果，就确定将其与晶体制备的微观过程联系起来。否则，我们就会犯一个很大的错误：在空间尺度上，好似将大象与微生物混为一谈；在时间尺度上，好似把无时无刻不在运动之中的生命体与它在瞬间被固化的化石混淆在一起。由此得出的结论和判断，无论形式上多么合理，实质上都是站不住脚的。

然而，在晶体制备研究中，把时空尺度的事件混淆在一起，把状态与过程混淆在一起，是十分普遍的现象。例如，在一些关于晶体制备研究的学术论文中，我们很容易找到仅根据始态物质和终态物质的观察结果直接给出晶体制备微观机制的例子。例如，1951年，S. Amelinckx在《自然》（*Nature*）上发表了他在结晶态碳化硅（0001）面上观察到的螺旋线的光学显微镜照片。该规则的螺旋线应属于宏观尺度表面形貌的范畴。在采用物理气相输运技术系统制备的碳化硅晶锭生长面上，用肉眼经常可观察到相似的螺旋线表面形貌。但是，这张照片在当时被公认为晶体螺型位错生长机制最原始、也是"最直接"的证据[9]。

概括起来，在晶体制备研究中，存在着一个时空混淆的"陷阱"。坠入这个陷阱的人，将自觉或不自觉地任意缩小或放大空间尺度或时间尺度，往往向外界传递空间尺度上以小代大或以大代小、在时间长度上以静止状态代替过程变化的错误信息。树立严格的空间尺度和时间尺度的概念，防止犯下时空混淆的错误，是晶体制备研究面对的一个重要问题。

◆　人们最希望看到什么

那么，在晶体制备研究中，人们最希望看到什么呢？例如，他们想了解生长界面是否真实存在，看到生长界面有怎样的结构，发生怎样的变化；他们希望了解来自原料相的粒子如何在生长界面上沉积与结晶，看到粒子如何发生错排、进而在晶格中形成缺陷；他们还希望看到异质粒子如何与本征粒子一起进入晶格，如何实现空间的均匀分布。这些问题都是关于在苛刻条件下观察微观粒子运动过程的问题。

20世纪后期，人们在观测静态物质的微观结构上取得了重大进展。例如，当高能粒子束照射到晶体样品的时候，入射粒子将与被测样品表层及亚表层粒子相互作用，使得部分入射粒子发生散射，被测样品内部产生次级粒子。如果将散射粒子或次级粒子的检测信息收集起来，运用成像和图像处理技术就可得到被测样品微观结构的图像。但是，迄今为止，物理学家和工程师们还没有为晶体制备研究者找到在苛刻条件下观测晶体制备过程的方法与手段。

有必要对物质微观结构检测技术的现状与发展趋势作个概观。目前，成熟的X射线光源已从转靶机发展到同步辐射光源。超高亮度的同步辐射光源已成为社会共享的科学基础设施，向来自不同研究领域的人提供了探寻物质世界奥秘的强大武器。图3.8给出了位于上海浦东新区张江科学城核心区的"上海光源"鸟瞰图，这个第三代同步辐射光源大型科学基础设施，在经历十余年的论证与预研之后，在2004年开工建造，2009年竣工并投入运行，现已成为上海的一张科学名片。

另外，基于高亮度的高能自由电子束流，结合使用超长波荡器的高增益自由电子激光相关技术，可产生超高亮度、超短脉冲、波长连续可调的全相干X射线辐射。这类设施产生的光有着更高的空间分辨率、时间分辨率和能量分辨率，可望为研究者创造一种认识物质的结构、功能及其变化过程相关性的全新技术手段。

从技术原理上说，高亮度与高重复频率的光束无疑是研究晶体制备动力学过程的强大武器。然而，无论是同步辐射光、还是X射线自由电子激光都产生于大型或超大型科学装置，相关的实验线站目前仅可检测可被携入现场、或在现场可快捷制取的样品，如何实现这类光源在晶体制备动力学过程研究中的应用，还需要克服技术瓶颈。

总之，依据目前的认识水平，我们想象不出有何种技术途径可实时观测晶体制备的微观过程。

图3.8　2004年开工、2009年建成的上海同步辐射光源园区鸟瞰图。该装置位于上海张江科学城，属第三代中能同步辐射光源，是中国大陆地区截至2018年性能最先进、配套设施最完善、开发程度最高、科学产出最多的多领域科学研究平台。上海同步辐射光源由一台150MeV电子直线加速器、一台周长为180m的能在0.5s内把电子束从100MeV加速到3.5GeV的全能量增强器和注入/引出系统、一台周长为432m的3.5GeV高性能电子储存环及若干个沿储存环外侧分布的光束线站与实验站组成。在呈鹦鹉螺状的建筑物内，安装着同步辐射装置、光束线站及实验站和辅助配套设备；图中位于同步辐射光源建筑物上方的长条形建筑物，是建设中的上海软X射线自由电子激光试验装置和用户装置的用房，建成后，该建筑物的长度约为500m。在图的左上角位置，有一条南北走向的城市绿化带。2016年11月，上海市政府确定了在该绿化带地下约30m处建造高重复频率硬X射线自由电子激光装置、10个光束线站及实验站的项目方案。2017年5月，国家有关部门批准该项目立项。预计至2025年，上海张江地区将成为具有全球影响力的大型先进光源装置和发现科学研究活动的高度集聚之地

（照片提供者：赵振堂）

◆　**观测之外的客体及其描述**

在讨论观测之外的客体的时候，事先要确立这样的事实：晶体制备过程是真实存在的。在此基础上，我们应当树立晶体制备微观过程是观测之外的客体的概念。

在讨论如何认知一个观测之外的客体的时候，还会涉及实证主义的哲学思想。在18世纪至20世纪初物理学的发展过程中，实证主义的哲学思想发挥了重要影响，是物理学家们摆脱主观唯心主义和旧有理论体系束缚的思想武器。

实证主义拒绝承认观测之外的客体的存在。晶体制备过程是客观存在，但这个过程目前、甚至永远是观测之外的客体。我们不能因为过程的不可观测性就否定这个过程是客观存在。好在我们可以观察、触摸和

感知始态物质和终态物质，观察某些物理量宏观统计结果在过程中的变化情况，从而提供晶体制备过程是客观存在的证据。但这又不能否定晶体制备微观过程是观测之外的客体的事实。

目前，所有的晶体制备研究，如同医生通过测量病人的体表温度、血压等物理量的宏观统计结果、推测病人是否因病毒感染或组织变异导致身体不适那样，用可观测的宏观结果推测晶体制备微观过程。不能因为晶体制备微观过程的不可观测性，就举起实证主义的大旗，把对这个过程的研究都斥责为无意义的形而上学。

H. Reichenbach在《量子力学的哲学基础》一书中，讨论了如何确定观测之外的客体这个哲学命题。他认为，"我们必须认为观测之外客体的真正描述不止一种，而是有一类等价的描述，所有这些描述用起来都同样的好。这些描述的数目没有限制。由此可见，关于观测之外事物的陈述方式是比较复杂的"。

他还说道，"观测之外事物的描述必须划分为容许的描述和不容许的描述；每种容许的描述可以称为真描述，每种不容许的描述则应称为假描述"；"在研究观测之外事物的一般特征时，我们不要企图寻找一种真描述，而要考虑整类的容许描述，观测之外事物的本性就表现在这整个一类描述的性质之中"[10]。

H. Reichenbach为我们开展晶体制备微观过程研究提供了重要的思想方法。根据他的哲学思想，作为一个不可观测的客体，晶体制备微观过程对应着一个由多个等价描述构成的描述集，而不是仅对应一个确定的描述。在这个描述集里，存在着容许的描述和不容许的描述。

◆　不容许的描述集

那么，哪些描述属于晶体制备微观过程的不容许的描述呢？

举例来说，在晶体制备研究中，我们面对的不是一个可被抽象为质点、质点的动量与位置可被同时准确测量的体系，而是一个由大量粒子构成的、同时发生物理过程、化学反应和结晶反应的复杂系统，无法了解系统中单个粒子的行为，只能发现大量粒子共同产生的统计规则，如同"悬浮在液体中的一颗微粒的布朗运动是完全不规则的，但如果有许多类似的微粒，它们的不规则运动将会引起规则的扩散现象"[3]88。

因此，那些从晶体制备这个复杂系统中"提炼"出来的线性因果关系，或者在经典物理学框架内对单个粒子行为做出的描述，无论它们在形式上多么完美、逻辑多么严密，都应被归入不容许的描述的范畴。

◆ 容许的描述集

那么，哪些描述又属于容许的描述呢？我们还不能给出容许的描述的确定边界，但应建立正确的认知基础，以使对晶体制备微观过程的一些描述不至于被归入不容许的描述的行列。

例如，在处理仅仅涉及晶体制备宏观现象的时候，经典力学描述与量子力学描述的差异很小，然而，在数学处理方面，经典力学比量子力学要简单得多。但是，在处理涉及微观粒子运动与变化问题的时候，经典力学描述和量子力学描述就有很大的差异。此时，量子力学描述才属于容许的描述。

又如，晶体制备过程是物质的结构状态从低有序度向高有序度转变的过程，因此是一个负熵过程。这个负熵过程必然受到封闭系统内各种正熵过程的干扰。晶体内出现结晶缺陷或晶体开裂，是粒子在实现长程有序排列中自发发生的事件，也是物质的结构状态从高有序度向低有序度转变的过程，因此是正熵过程。在晶体制备封闭系统中，负熵过程与正熵过程并存，相互制约，相互影响。关于这两个过程微观机理的描述，应当被归入容许的描述的范畴。

再如，晶体制备过程是在预置于封闭系统的籽晶的诱导下实现的。如果没有籽晶，晶体制备过程将无法实现，这就如同种植植物时必须播下种子一样。籽晶似乎拥有一套决定晶体生长的"遗传密码"，并控制着这套"遗传密码"起作用的路径。在有生命的物质世界中，一个小尺度的高度有序结构能够确定和控制一个更大尺度结构的生长与发育，是一个普遍现象，植物如此，动物如此，人也如此。而在晶体制备过程中，也出现了与此类似的情况。这是晶体制备过程最奇妙的地方之一。因此，关于籽晶作用微观机制的描述，也应被归入容许的描述的范畴。

◆ 创建容许的描述集的价值

我们应当认识到，在晶体制备微观机制研究中，相关的容许的描述不是很多，完整的描述集还未形成，在某些场合，一些不容许的描述仍发挥着重要影响。

19世纪末，美国物理学家**A. A. Michelson**（见图3.9[11]）对物理学的发展做出了充满自信的预言。1888年，他说道："无论如何，可以肯定，光学比较重要的事实和定律，以及光学应用比较有名的途径，现在已经了如指掌，光学未来研究和发展的动因已荡然无存。"

图 3.9 A. A. Michelson（1852～1931），美国物理学家，因其对光速的测量，尤其因 Michelson-Morley 实验而闻名。1907 年，他获得了诺贝尔物理学奖。Michelson-Morley 实验是 1887 年春季与夏季由 A. A. Michelson 和 W. W. Morley 在位于美国俄亥俄州克利夫兰的凯斯西储大学（Case Western Reserve University）进行的，相关论文是同年 11 月发表的。该实验比较了垂直方向上的光速，试图确定通过光以太（luminiferous aether）的物质相关运动、即所谓的"以太之风（aether wind）"。得到的结果是否定的，预测在通过假设的以太方向上的光速和直角方向上的光速将出现差异，但这个猜想并没有在该实验中被发现。这个结果通常被认为是反对当时盛行的以太理论的第一个强有力的证据，开创了一系列最终导致狭义相对论诞生的研究，而狭义相对论排除了光以太理论。Michelson-Morley 实验被称为第二次科技革命的理论起始点

（图片来源：文献 [11]）

1894年，A. A. Michelson又说道，"虽然任何时候也不能担保，物理学的未来不会隐藏比过去更使人惊讶的奇迹，但是似乎十分可能，绝大多数重要的基本原理已经牢固地确立起来"；"看来，下一步的发展主要在于把这些原理认真地应用到我们所注意的种种现象中去。正是在这里，测量科学显现出它的重要性——定量的结果比定性的工作更为重要"[5]iv。

历史已充分证明，A. A. Michelson的预言是错误的，尽管他本人与 W. W. Morley合作，于1887年完成了证明"光以太"并不存在的著名 Michelson-Morley实验，为相对论的诞生奠定了重要的实验基础。

与晶体研究的其他两个亚领域一样，晶体制备研究严重滞后于基础学科的发展。我们没有任何理由满足于这个亚领域现有的知识体系、方法学体系和研究范式，更不能荒唐地认为，在这个亚领域，绝大多数重要的基本原理已牢固地确立起来，下一步的发展主要在于把这些原理认真地应用到种种现象中去。晶体制备研究正处在转型发展的历史关头。

晶体制备研究需要广泛吸纳基础学科一切最新的成果，加快实现从宏观到微观、从连续科学向离散科学、从习惯建立因果关系向确定不容许的描述集、创建容许的描述集的历史转变。在此过程中，对于晶体制备研究者来说，突破实证主义哲学思想的束缚，树立晶体制备微观过程是一个观测之外的客体的概念，将是至关重要的。

3.5 如何获得关于观测之外客体的容许的描述

◆ **数学在获取观测之外客体的容许的描述集中的作用**

回顾20世纪初量子力学诞生的历程，我们可以看到，数学为物理学家认知微观粒子运动与变化规律、创建观测之外客体的容许的描述集提供了基本工具。

20世纪初，黑体辐射问题给经典物理学至高无上的权威带来了极大挑战。在微观层次上，黑体辐射是关于原子如何吸收和释放电磁辐射能量的问题。今天，人们已经确定，原子和电子都是确切存在的客体，但原子核外电子吸收与释放能量的过程是一个观测之外的客体，因为与原子的电子轨道、原子核外电子的运动状态相关的物理量都是无法测量的，能够测量的只是原子在电磁辐射下发出的光谱，能够掌握的是原子发光的频率、强度等统计信息。

面对着黑体辐射问题，那个时代伟大的物理学家们沿着两条不同的路径开展研究。以E. Schrödinger为代表的物理学家，根据19世纪法国物理学家**L. de Broglie**（见图3.10[12]）关于波与微观粒子将同时存在的哲学概念，在没有更多实验结果引导的条件下，试图彻底抛弃经典的微观粒子图像，用"波"来统一人们对物质世界的认识，创建了量子力学的一种数学形式——波动力学。这是通过使用数学工具获取观测之外客体的容许的描述的经典范例。

图 3.10 L. de Broglie（1892～1987），法国物理学家，对量子理论做出了开创性贡献。1924 年，在他的博士论文中，de. Broglie 提出了电子具有波动性的假设，并认为所有的物质都具有波动性。这个概念被称为 de. Broglie（中文翻译为"德布罗意"）假设，这是物质波粒二象性的一个表述，构成了量子力学理论的核心部分。在1927 年物质的波动性首次得到实验验证之后，de Broglie 于 1929 年获得了诺贝尔物理学奖。1925 年，奥地利物理学家 E. Schrödinger 在建立波动力学中使用了 de Broglie 创立的波导模型和粒子的波动性概念。此后，人们放弃了波导模型及其相应的解释，直至 1952 年 D. Bohm 重新发现并发展了波导模型。

（图片来源：文献 [12]）

然而，这个研究路径在当时受到了实证主义者的强烈质疑。1926年10月，E. Schrödinger在丹麦哥本哈根大学理论物理研究所介绍他的波动力学时，数日之内为捍卫自己心爱的波动力学与批评者们唇枪舌剑，最终因心力交瘁而病倒在那里[13]。

另一条研究路径是以德国物理学家**W. Heisenberg**（见图3.11[14]）为代表的研究群体，坚持E. Mach关于物理学应只讨论可以被经验确实感知的实体的，以德国科学家M. Planck、A. Einstein与丹麦物理学家N. Bohr关于黑体辐射和光电效应的理论成果作为基础，创立了量子力学的另一种数学形式——矩阵力学。这是另一个通过使用数学工具获取观测之外客体的容许的描述的典型范例。

图 3.11 W. K. Heisenberg（1901 ～ 1976），德国理论物理学家和量子力学的关键开创者之一。1925 年，W. K. Heisenberg 在一篇具有突破性意义的论文中发表了自己的工作。同年，在随后的系列论文中，他与 M. Born、P. Jordan 合作，详细阐述了量子力学的矩阵形式。1927 年，他发表了测不准原理，这个原理被后人称为海森伯测不准原理。1932 年，他因创立量子力学而获得诺贝尔物理学奖。W. K. Heisenberg 对关于湍流的流体力学、原子核、铁磁性、宇宙射线和亚原子的理论做出了重要贡献。第二次世界大战后，W. K. Heisenberg 被任命为 Kaiser Wilhelm 物理学研究所的所长，之后不久，该研究所改名为 Max Planck 物理学研究所。他担任该研究所的所长，直至它在 1958 年迁往慕尼黑、规模得到扩大并改名为 Max Planck 物理学和天体物理学研究所。W. K. Heisenberg 还曾是德国研究理事会（German Research Council）的理事长、原子物理学委员会的主席、核物理工作组（Nuclear Physics Working Group）的主席和洪堡基金会（Alexander von Humboldt Foundation）的主席。

（图片来源：文献 [14]）

此外，正是E. Schrödinger本人，证明了波动力学与矩阵力学是完全等价的。

◆ 现代数学建模与计算模拟在获取观测之外客体的容许的描述集中的作用——宇宙学研究

今天，在复杂体系乃至巨复杂体系研究中，数学建模与计算模拟已成为越来越重要的科学工具。

　　无论在空间尺度和时间尺度上，还是在系统的复杂程度上，晶体制备过程都无法与宇宙形成与演变过程相提并论。在宇宙学研究中，当代物理学家们借助数学建模和计算模拟等强大武器，摒弃了有限的观测与无限的主观想象混合的描述性模式，创立了以容许的描述集为主的现代研究模式。

　　宇宙概念的创立是近代科学彻底摆脱宗教禁锢的标志性事件。今天，没有人会怀疑宇宙是客观存在，没有人会认为宇宙是一个主体与客体混淆的概念，也没有人会质疑宇宙正在发生变化的事实。宇宙的形成和演变是人类认识客观世界的永恒主题。人们希望认识宇宙长达约138亿年的演变过程，了解在此期间发生了什么事件，也希望理解宇宙演变的规律，预测未来在宇宙中将会发生什么事情。

　　宇宙的演变过程是观测之外的客体。宇宙已发生的演变过程是不可重演的，如同我们制得了一个晶体，无法重演这个晶体在特定条件下从小变大的过程。同时，宇宙还在继续演变，人们只能观察到宇宙中的"原子"——星体某个时点的状态，无法观察从一个时点到另一个时点宇宙演变的过程，如同我们可给出始态物质与终态物质，无法观察从始态到终态的物质变化过程。

　　在宇宙学研究中，数学建模与计算模拟为物理学家们在实验室里创造自己的"微型宇宙"提供了可能，他们能够在虚拟实验平台上，模拟宇宙的演变过程，解释其中的基本规律，预测宇宙中将要发生的事情。

　　例如，美国阿贡国家实验室（Argonne National Laboratory）研究团队使用米拉（Mira）超级计算机，实施迄今为止最详细、尺度最大的宇宙演变过程模拟项目，希望通过计算模拟，揭开暗能量是否导致宇宙加速膨胀的谜团。

　　图3.12给出了在此虚拟实验平台上得到的随时间推移宇宙大尺度结构变化的图景，对应的时间尺度为10^9年。这次计算模拟使用了10^{12}个"粒子"（即模拟中的元素），以代替小块的物质，观察这些粒子随时间的推移在空间运动中所发生的事件，而这些粒子的运动是其对所受作用力做出的响应。

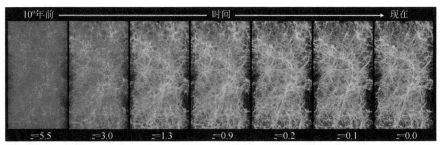

图 3.12　由物理学家 S. Habit 和 K. Heitmann 领导的美国阿贡国家实验室（Argonne National Laboratory）研究团队使用米拉（Mira）超级计算机对宇宙演变进行了计算模拟。图为计算模拟给出的随时间推移宇宙大尺度结构变化的情况。米拉超级计算机与泰坦（Titan）超级计算机有着相同的血统，采用美国国际商业机器公司（IBM）第三代"蓝色基因/Q"构建，由美国阿贡国家实验室和劳伦斯利弗莫尔国家实验室（Lawrence Livermore National Laboratory）共同设计制造。米拉超级计算机拥有 786432 个内核，每秒可进行 10^{16} 次浮点计算，采用 IBM 公司的 16 核 PowerPC-A2 处理器，每个机架拥有 1024 个计算节点，每个节点有 16GB 的 RAM，拥有 384 个 I/O 节点，存储容量为 35PB。2016 年，米拉超级计算机在全球浮点运算速度最快的超级计算机中排名第九位

（图片来源：文献 [15]）

◆　数学建模与计算模拟在获取观测之外客体的容许的描述集中的作用——暗能量研究

　　暗能量是近些年受到物理学家们重点关注的概念，它可被认为是一切导致宇宙加速膨胀的东西。20世纪90年代，科学家首次发现了宇宙正在加速膨胀。这个现象对宇宙学的主流理论[③]提出了重大挑战，因为根据该理论，在宇宙向心引力的作用下，宇宙的膨胀将是稳定的，或者正在减缓。

---

③ 宇宙学的主流理论是大爆炸宇宙论（The Big Bang Theory）。根据该理论，宇宙有一段从热到冷的演化史，它起始于137亿年前一个致密炽热的"奇点"的大爆炸，随后膨胀而形成。在大爆炸期间，宇宙不断膨胀，物质密度从大到小地演化。在大爆炸初期，物质只能以中子、质子、电子、光子和中微子等基本粒子形态存在；大爆炸之后，宇宙不断膨胀，导致宇宙的温度与密度很快下降，逐步形成原子、原子核、分子，并复合成为通常的气体，气体又逐渐凝聚成星云，星云进一步形成各种恒星与星系，最终形成今天的宇宙。宇宙大爆炸理论建立在两个基本假设的基础之上，一个假设是经典物理定律的普适性，另一个假设是在大尺度上宇宙是均匀且各向同性的。

暗能量是否是观测之外的客体，有待相关研究工作的确定。从实证主义观点出发，人们总是希望能够获取证明暗能量真实存在的直接证据。为此，物理学家们要么在地面上建造性能更好的望远镜，要么发射装有观测仪器的航天飞行器，在浩瀚的太空中探寻异常的电磁波信号，并试图证明这些信号与暗能量的存在有着直接关系。

美国阿贡国家实验室的研究团队正在将虚拟实验平台得到的宇宙结构变化结果与目前最好的望远镜观察结果进行比较，以验证宇宙学的主流理论是否正确。物理学家S. Habit说道，"我们正试图寻找更加精妙的方法，以证明主流理论是错误的"；"这就是为什么我们需要高分辨率、极大尺度模拟结果的原因，以便弄清楚观察结果是否与理论预测不相符合"。

◆ 数学建模与计算模拟在获取观测之外客体的容许的描述集中的作用——晶体制备过程的蒙特卡罗模拟

近些年来，数学建模与计算模拟方法在晶体制备微观过程研究中取得了重要的应用，使得研究者获得了一些新的容许的描述。目前，可用于晶体制备微观过程研究的计算模拟方法主要有分子动力学方法（molecular dynamics，MD）和动力学蒙特卡罗方法（kinetic Monte Carlo，KMC）。

分子动力学方法是用来确定经典多体体系的平衡与传递性质的计算模拟方法。它的基本物理思想是，针对一定的边界条件和温度环境，建立含有N个粒子系统的牛顿方程，根据粒子间的势能函数，得出每个粒子受到的作用力，求出每个粒子在每一个时刻的位置与动量，进而得出在系统运行过程中粒子的运动轨迹，然后对计算模拟结果进行长时间的统计平均，得出研究者感兴趣的物理量。

虽然分子动力学方法融合了统计学的思想，采用了时间平均或系综平均来计算粒子的位置与动量，但从本质上看，它是一种以经典物理学为基础的计算模拟方法，其基本物理思想与以量子力学为中心的现代物理学是相互抵触的。

蒙特卡罗方法也被称为随机模拟方法（random simulation）。在一些场合，它又被称为统计实验方法或随机抽样方法。具体地说，蒙特卡罗方法是一种随机可靠的微观统计数值方法，它用概率来解决实际的物理问题和数学问题，适用于模拟一些与随机事件相关的物理现象。

　　动力学蒙特卡罗方法则是将微观粒子动力学与蒙特卡罗方法结合起来的计算模拟方法。它对一个数目较少的粒子体系的能量进行计算，结合蒙特卡罗方法，给出更大范围内粒子的随机过程。动力学蒙特卡罗方法的结果依赖于模型的建立和邻近粒子相互作用势的计算。因此，有针对性地选择粒子间的势函数，确定不同参数和粒子间相互作用对不同事件发生概率的影响，是取得有效的计算模拟结果的关键。

　　图3.13给出了采用竞争格点动力学蒙特卡罗方法对物理气相输运技

(a) 使用有台阶的4H型
碳化硅晶片作为籽晶，
未发生沉积与扩散时
籽晶生长面的形貌像

(b) 经2倍蒙特卡罗时间
后籽晶生长面的形貌像

(c) 经4倍蒙特卡罗时间
后籽晶生长面的形貌像

(d) 经6倍蒙特卡罗时间
后籽晶生长面的形貌像

(e) 经8倍蒙特卡罗时间
后籽晶生长面的形貌像

(f) 经10倍蒙特卡罗时间
后籽晶生长面的形貌像

9种不同ABC堆垛类型的颜色

$A_1\ B_1\ A_2\ C_1\ B_2\ C_2\ A_3\ C_3\ B_3$

扩散速率与沉积速率之比$R_{dif/dep}$=25

图 3.13　采用竞争格点动力学蒙特卡罗方法对物理气相输运技术系统制备碳化硅（SiC）晶体中粒子在生长界面上沉积结晶进行计算模拟的结果。模拟在一个未加设周期性边界条件、直径为 263Å 的圆柱形区域内进行，模拟温度为 2500K。在模拟中，将沿 [0001] 方向伸展的碳硅二聚体（C-Si）作为基本的动力学粒子，用碳硅二聚体的六方密堆排来表示 4H 型和 6H 型碳化硅晶体的结构。设 4H 型和 6H 型碳化硅晶胞的第一个硅碳双原子层 A_1 的格点位置是相同的，碳硅二聚体可能按 $A_1 \rightarrow B_1 \rightarrow A_2 \rightarrow C_1$ 格位顺序堆垛，形成 4H 型晶胞，也可能按 $A_1 \rightarrow B_2 \rightarrow C_2 \rightarrow A_3 \rightarrow C_3 \rightarrow B_3$ 格位顺序堆垛，形成 6H 型晶胞。在本次计算模拟中，采用有台阶的 4H 型碳化硅晶片作为籽晶，设扩散速率与沉积速率之比 $R_{dif/dep}$= 25

（图片来源：文献 [16]）

术系统制备碳化硅晶体过程中粒子在生长界面上沉积与结晶进行计算模拟的结果。在模拟中，将沿[0001]方向伸展的碳硅二聚体（C-Si）作为基本的动力学粒子，并用碳硅二聚体的六方密堆积来表示4H型和6H型碳化硅晶体的结构。如图所示，设4H型和6H型碳化硅晶胞的第一个硅-碳双原子层A_1的格点位置是相同的，碳硅二聚体可能按$A_1 \rightarrow B_1 \rightarrow A_2 \rightarrow C_1$格位顺序堆垛，形成4H型晶胞，也可能按$A_1 \rightarrow B_2 \rightarrow C_2 \rightarrow A_3 \rightarrow C_3 \rightarrow B_3$格位顺序堆垛，形成6H型晶胞。

我们对分子动力学方法和动力学蒙特卡罗方法做些比较。两者都可采用经验参数或通过实验拟合的途径获取参数，也可选用经验或半经验的粒子相互作用势。两者的差异在于：

——在分子动力学计算模拟中，粒子是在一个连续的空间中运动的；而在动力学蒙特卡罗计算模拟中，粒子则是在离散的晶格格位上运动的。

——分子动力学计算模拟把对所有过程的处理都包含在势函数之中，使得势函数变得非常复杂，难以获取；而动力学蒙特卡罗计算模拟通常仅考虑紧邻单层粒子的相互作用，但在模型的建立与坐标的选取中，也存在很多主观因素。

——分子动力学计算模拟更适用于大量粒子作无规则物理运动的计算模拟；动力学蒙特卡罗计算模拟可考虑更多的环境与条件因素，能够处理粒子在离散晶格格位上发生的物理过程与化学反应，更适用于关于晶体制备微观过程的虚拟实验。

数学建模与计算模拟方法的应用向我们提供了关于晶体制备微观过程新的容许的描述，但目前主要受软件与硬件条件的限制，模拟的空间尺度和时间尺度还很小，模拟的粒子数目仍很有限。例如，在图3.13对应的动力学蒙特卡罗计算模拟中，圆柱形模拟空间的直径仅为约10^{-7}m，如果碳化硅晶锭的直径为10^{-1}m，那么后者将是前者的10^6倍；最长的蒙特卡罗时间仅为10^{-2}s，而制备一个质量为500g的碳化硅晶体通常需要10^5s，后者是前者的10^7倍。因此，目前关于晶体制备微观过程的计算模拟结果，与人们想象的真实过程还有很大的距离。

在虚拟实验结果的使用中，也不要犯时空混淆的错误，防止在空间尺度上以小替大，在时间尺度上以短替长。否则，将会把一些在有限制条件下成立的容许的描述异化为在无限制条件下成立的不容许的描述，从而导出的结论和推断必然是荒谬的。

参考文献

[1]　Bertrand Russell [EB/OL]. [2017-06-26]. https://en.wikipedia.org/wiki/Bertrand_ Russell.

[2]　罗素. 哲学问题 [M]. 何兆武，译. 北京：商务印书馆，2015.

[3]　薛定谔. 生命是什么?: 活细胞的物理观 [M]. 张卜天，译. 北京：商务印书馆，2016

[4]　Ernst Mach [EB/OL]. [2017-07-16]. https://en.wikipedia.org/wiki/Ernst_Mach.

[5]　马赫. 力学及其发展的批判历史概论 [M]. 李醒民，译. 北京：商务印书馆，2014.

[6]　Dosch H. 100 Years X-Ray Diffraction. 德国亥姆霍兹协会的交流材料.

[7]　薛定谔. 自然与希腊人　科学与人文主义 [M]. 张卜天，译. 北京：商务印书馆，2016: 103-105.

[8]　BESAC Subcommittee on Challenges at the Frontiers of Matter and Energy. Challenges at the Frontiers of Matter and Energy: Transformation Opportunities for Discovery Science[EB/OL]. (2015-07-07). [2017-07-19]. https://science.energy.gov/~/ media/bes/besac/pdf/201507/Sarrao_BESAC_July.pdf.

[9]　施尔畏. 碳化硅晶体生长与缺陷 [M]. 北京：科学出版社，2012: 184.

[10]　赖欣巴哈. 量子力学的哲学基础 [M]. 侯德彭，译. 北京：商务印书馆，2015: 31.

[11]　Albert A. Michelson [EB/OL]. [2017-07-16]. https://en.wikipedia.org/wiki/Albert_A._ Michelson.

[12]　Louis de Broglie [EB/OL]. [2017-07-16]. https://en.wikipedia.org/wiki/Louis_de_ Broglie.

[13]　苏湛. 矩阵力学和波动力学：通向量子力学的两条道路（上）[EB/OL]. (2015-06-25). [2017-07-25]. http://www.cssn.cn/sf/bwsf_tpxw/201506/t20150615_2034339. shtml.

[14]　Werner Heisenberg [EB/OL]. [2017-07-26]. https://en.wikipedia.org/wiki/Werner_ Heisenberg.

[15]　Moskowitz C. Supercomputer Recreates Universe From Big Bang to Today[EB/OL]. [2017-07-26]. https://www.space.com/17530-universe-dark-energy-supercomputer-simulation.html.

[16]　郭慧君. PVT 法 SiC 晶体生长界面的动力学研究 [D]. 上海：中国科学院上海硅酸盐研究所，2017: 60.

第 四 章

晶体制备研究的运动规律

4.1 阶段论

◆ 认识晶体制备研究运动规律的意义

在前三章里，我们讨论了晶体研究的体系结构和研究范式、晶体制备研究的知识基础和认知过程。在本章中，我们将把讨论的重点转移到认识晶体制备研究运动规律的问题上来。

晶体制备研究是研究者、研究工具与研究对象相互作用的过程。研究者是不断变化的，研究工具是不断发展的，研究对象也是不断更替的，这就决定了晶体制备研究不是静止的。它将不断汲取其他科学研究领域、特别是基础学科产生的营养，既受惠于高技术产业快速发展带来的红利，又受到高技术产业发展的牵引，以其自身的规律，始终处于运动和发展之中。

在现实生活中，我们常常谈论事物变化的规律问题，目的是希望自己的思维能够更加科学和理性，主观意识能够更加贴近客观实际，主观行为不至于发生大的偏差。这就要求我们在对具体事例的观察、归纳与分析的基础上，认识事物运动与变化的规律。

在晶体制备研究中，就单独的和具体的事例而言，由于所处环境与条件不同，它们表现出彼此难以或不可类比的特点。然而，如果把在一个较长时期内发生的事例汇集在一起，而且当事例足够多的时候，就会发现这些事例将表现出的某种规律性。

另外，我们常常谈论要把握事物发展的趋势。认识事物运动与变化规律和把握事物发展趋势，是两个内涵不同、实现路径也不相同的概念。认识事物运动与变化规律是对历史的总结；把握事物发展趋势则是对未来所做的判断。

然而，虽然内涵不同，但两者之间存在着某种联系。只有理性地认识了事物运动与变化规律，才能科学地把握事物发展趋势。一定意义上，认识事物运动与变化规律是把握事物发展趋势的前提与基础。这是我们在本章中讨论晶体制备研究运动规律的理由。

认识事物运动与变化规律的唯一途径是对过去的学习。事物已发生的变化过程是被完全固化的样本，其中的人、工具和对象等要素不再是时间的函数。E. Mach在《能量守恒原理的历史和根源》一书中，阐述了对过去学习的价值和重要性。他说道，"有两种使自己与（客观）实际调和的方式：或者人们逐渐习惯于迷惑不解，它们不再烦扰人们；或者人们学会借助历史理解它们，并从那个视点冷静地考虑它们。"

E. Mach还说道，"如果人们总是注意他们经过的道路，那么他们从来也不会失去自己的立足点，或者与事实发生冲突"；"让我们不要松开历史引导之手。历史造就了一切；历史能够改变一切。"[1]

◆ 阶段论的涵义

多年来，人们习惯把事物运动和变化的过程看作一个连续过程。认为事物以连续的方式发生运动和变化是一个假设，这个假设仅仅适用于时间尺度足够长、过程规模足够大的情况。

事物运动与变化过程又是由若干重要事例来表达的。虽然这些事例是离散的，但如果被集合起来，也会呈现某些共同的特征。在此基础上，可根据事例的某种共同特征，把事物长期的运动与变化过程划分为若干个阶段。

按怎样的规则，归纳出怎样的特征，究竟把事物运动与变化过程划分成几个阶段，完全是人的主观行为，或者说，不同的人考察同一事物的运动与变化过程，会得出截然不同的结果。

　　所谓**阶段论**，指人们在研究事物运动与变化过程中使用的方法体系，它的要素是作为阶段划分依据的特征指标，以及这些特征指标的相互关系。

　　例如，在经济学研究领域，人们经常使用阶段论来认识社会经济发展的过程。有的研究者以财富与物质的流通方式作为阶段划分的特征指标，将人类社会长达千年的经济发展过程划分为实物经济、货币经济和信用经济三个阶段；有的研究者以经济活动的平面规模与经济政策主体作为特征指标，把同一个过程划分为村落经济、城市经济、区域经济和国民经济四个阶段；还有研究者以财富从生产者到消费者的路径长度作为特征指标，把这个过程划分为家庭经济、城市经济和国民经济三个阶段。

　　多样性是关于事物运动与变化规律研究的基本特征。不能因为建立了某种特征指标和方法否定另外的特征指标和方法，相互包容，取长补短，实现会聚，是这类研究应有的理念和路径。

　　此外，把事物长期运动与变化过程划分成若干个阶段的时候，不要认为两个相互衔接的阶段之间有着确定的时间"界面"。例如，人类社会的经济发展过程可被划分为村落经济、城市经济、区域经济和国民经济四个阶段，但没有人能够确切地说出村落经济是在哪一年转变为城市经济的。即使有人经过艰苦考证确定了这个时间点，但对于认识人类社会的经济发展过程及其规律来说，这是没有多大价值的事情。

　　此外，阶段论一般不能用于对事物发展趋势的判断。对事物未来发展进行阶段划分，需要知识、自信和勇气。时间尺度和过程规模越大，对事物发展趋势做出的判断所具有的不确定性越大，禁受住实践与历史检验的可能性也会变得越小。

4.2　与科学研究活动相关的阶段模型

◆　根据科学技术进步与社会生产力发展相互关系确立的阶段模型

　　在考察科学技术进步与社会生产力发展相互关系的时候，人们常常使用"科技革命"这个概念，并据此把社会生产力发展过程划分成若干个阶段。

目前被普遍接受并得到广泛应用的三阶段科技革命模型，是根据不同时期导致社会生产力高速发展的科学技术特征，把18世纪中叶至今的约270年社会生产力发展过程划分成三个阶段。如图4.1中的阶段模型1所示，18世纪中叶至19世纪中叶被称为**第一次科技革命**阶段，它以蒸汽机的发明与应用作为主要标志；19世纪中叶至20世纪中叶被称为**第二次科技革命**阶段，它以新式金属冶炼技术和电力技术的发明与应用作为主要标志；20世纪中叶至今被称为**第三次科技革命**阶段，它以核能技术、电子计算机技术、自动化技术、网络技术的发明与应用作为主要标志。

一些研究者认为，自20世纪90年代至今的二十多年期间，与信息的产生、传输、存储、处理与应用相关的知识与技术高速发展，导致社会生产和生活方式发生革命性的变化，因此，这个时期可被称为**第四次科技革命**阶段，它以信息技术在全球范围内的广泛应用作为主要标志。

无论三阶段"科技革命"模型，还是四阶段"科技革命"模型，都是阐释科学技术进步是推动社会生产力发展根本动力这个规律的具体形式。

◆ 从科学研究活动分类模型演变而成的"科学研究"三阶段模型

当代科学研究体系非常庞大，形式和内容极其丰富，与其他社会活动的联系十分紧密。在认识当代科学研究的运动与变化规律中，人们从大量事例中抽提出某些共同特征，并据此把科学研究活动划分成若干种类型，剖析不同类型活动之间的关系。在分类模型中，**基础研究**、**应用研究**和**开发研究**分类模型得到了普遍认同和广泛应用。

需要说明的是，划分类型与划分阶段是两个不同的概念。在时间尺度上，不同类型的活动可以并行发生，但不同阶段的活动必然是相继进行的。然而，在现实工作与生活中，这两个概念常常被混淆在一起。

例如，在许多场合，基础研究、应用研究和开发研究的分类模型已演变成为以研究活动的内涵和目标作为特征指标的阶段模型。如图4.1中的阶段模型2所示，科学研究活动被划分为基础研究、应用研究和开发研

1. 在数百年的时间尺度内全球科技和社会生产力发展的阶段模型

以科学技术进步与经济社会发展之间关系为特征指标的**经济社会发展三阶段模型**

第一次科技革命阶段	第二次科技革命阶段	第三次科技革命阶段
以蒸汽机的发明与应用作为主要标志	以新式金属冶炼技术和电力技术的发明与应用作为主要标志	以核能技术、电子计算机技术、自动化技术、网络技术的发明与应用作为主要标志

1700年　1800年　1900年　2000年

2. 在百余年的时间尺度内科技活动的阶段模型

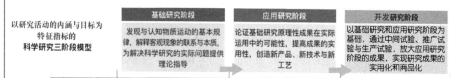

以研究活动的内涵与目标为特征指标的**科学研究三阶段模型**

基础研究阶段	应用研究阶段	开发研究阶段
发现与认知物质运动的基本规律，解释客观现象的联系与本质，为解决科学研究的实际问题提供理论指导	论证基础研究原理性成果在实际运用中的可能性，提高成果的实用性，创造新产品、新技术与新工艺	以基础研究和应用研究阶段为基础，通过中间试验、推广试验与生产试验，放大应用研究阶段的成果，实现研究成果的实用化和商品化

3. 在数十年的时间尺度内大型制造企业科技活动的阶段模型

从企业价值观出发、以从科学思想转变为商品过程中不同时期活动内涵与重心作为特征指标的**四阶段模型**

研究阶段	发展阶段	工程阶段	商品化阶段
识别出更多的有价值的科学思想	选择对企业有最高价值的机会，优化企业的价值基础	通过研发与技术集成、放大商品的生产能力	对产品生产过程实行全生命周期管理

从企业价值观出发、以从科学思想转变为商品过程中不同时期管理活动核心作为特征指标的**五阶段模型**

获得知识阶段	确定可行性阶段	证实收益率阶段	管理生命周期阶段
	试验实用性阶段		

4. 在数十年的时间尺度内与制造业密切关联的科技活动的阶段模型

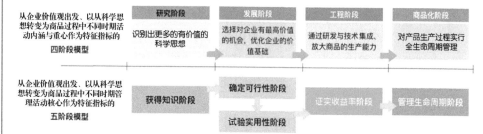

从政府部门管理理念出发、把思想转变为商品过程中不同时期技术状态作为特征指标的**九阶段模型**

TRL₁阶段	TRL₂阶段	TRL₃阶段	TRL₄阶段	TRL₅阶段	TRL₆阶段	TRL₇阶段	TRL₈阶段	TRL₉阶段
发现与报道基本原理	已创立技术概念或应用	获得实验性、分析性关键功能和技术概念的典型证据	完成实验室环境中组件的实验验证	完成相关环境中组件的实验验证	建立相关环境中得到示范的系统模型、子系统模型或原型系统	完成运行环境中原型系统的示范	完成实际系统在测试与示范中的合格运行	完成实际系统在任务性操作中的运行验证

图4.1　与科学研究活动相关的阶段模型概览图。其中，模型1是在数百年的时间尺度内关于全球科技和社会生产力发展的阶段模型；模型2是在百余年的时间尺度内关于科学技术发展的阶段模型；模型3是在数十年的时间尺度内关于大型制造企业科学技术活动的阶段模型；模型4是在数十年的时间尺度内与制造业密切关联的科技活动的阶段模型
（绘图：施尔畏）

究三个阶段，其中基础研究是应用研究的源泉，应用研究又是开发研究的源泉，整个科学研究是一维线性的连续过程，它如同一条奔流不息的大江，社会的投入是它的源头，成果的应用是它的尾端，所有的研究活动都从它的上游逐渐移动到它的下游。

在科学研究三阶段模型中，基础研究阶段的重点是发现与认知物质运动的基本规律，解释各种客观现象的联系与本质，目的是为解决科学研究的实际问题提供理论指导；应用研究阶段的重点是论证基础研究原理性成果在实际运用中的可能性，目标是创造与开发新产品、新技术与新工艺；开发研究阶段的重点是以基础研究和应用研究阶段为基础，通过中间试验、推广试验与生产试验，放大应用研究阶段的成果，目标是实现研究成果的实用化和商品化。

科学研究三阶段模型不但是许多研究者的信仰，而且成为科学研究活动管理的基本准则。例如，在晶体研究中，人们常常把相关研究活动硬切成基础研究、应用研究和开发研究三个部分，并据此做出了制度安排和政策设计。在基础研究部分，通常设立"重点实验室"，规定它们的任务是向应用研究和开发研究不断提供新知识、新技术和新的研究对象；在应用研究部分，通常设立研发中心，规定它们的任务是把基础研究阶段创造的知识和技术转变为实用新型技术；在开发研究部分，通常设立部分"工程中心"，规定它们的任务是承接应用研究阶段提供的实用技术，完成工程放大和生产环境验证，实现研究成果的转化和规模产业化。

在科学研究三阶段模型的应用中，人们往往把一些阶段进行细分。例如，应用研究阶段常被细分为"应用基础研究"和"应用技术研究"两个亚阶段；开发研究阶段常被细分为"中间试验"、"转移转化和规模生产化"两个亚阶段。

◆　根据企业价值观建立的"创新"阶段模型

自20世纪80年代起，全球许多成熟的创新型企业系统总结自身创新驱动发展的实践，根据企业的价值观，提出了一些关于创新过程和创新管理的阶段模型。这些模型可被称为"创新"模型。

例如，美国康宁公司把创新定义为以知识与技术为基础的价值创造活动，并根据创新内涵和重点的差异，把从科学思想到大众商品的过程划分成四个阶段。如图4.1中阶段模型3的上图所示，第一个阶段被称为**研究阶段**，它的重点是通过研究，识别出更多的有价值的科学思想；第二个阶段被称为**发展阶段**，它的重点是通过研究，选择对企业有最高价值的机会，优化企业的价值基础；第三个阶段被称为**工程阶段**，它的重点是通过研发与技术集成，放大商品的生产能力；第四个阶段被称为**商品化阶段**，它的重点是对产品生产过程实行全生命周期的管理。

与"创新"四阶段模型相对应，康宁公司的管理者又提出了"创新管理"五阶段模型。如图4.1中阶段模型3的下图所示，第一个阶段被称为获得知识阶段；第二个阶段被称为确定可行性阶段；第三个阶段被称为试验实用性阶段；第四个阶段被称为证实收益率阶段；第五个阶段被称为管理生命周期阶段。每个阶段之间设置了所谓的"门径"管理，相应的决策被称为"钻石决定（diamond decision）"，以表示这些决策对于创新过程的重要意义[2]。

◆ 根据政府管理标准建立的创新阶段模型

20世纪90年代，美国联邦政府有关部门在大型科技项目管理中，建立了由**制造状态水平**与**技术状态水平**[①]构成的系统性计量或测量体系，评价从知识创造、技术研发到产品制造的各个阶段的状态[3]。

如图4.1中阶段模型4所示，在技术状态水平体系中，从知识创造到产品制造的过程被划分为九个阶段，第一个阶段被简记为TRL_1，它的状态标志是"发现与报道了基本原理"；第二个阶段被简记为TRL_2，它的状态标志是"已创立技术概念或应用"；第三个阶段被简记为TRL_3，它的状态标志是"获得实验性、分析性关键功能和技术概念的典型证据"；第四个阶段被简记为TRL_4，它的状态标志是"完成实验室环境中组件的实验验证"；第五个阶段被简记为TRL_5，它的状态标志是"完成相关环境中组件的实验验证"；第六个阶段被简记为TRL_6，它的状态标志是"建立相关环境中得到示范的系统模型、子系统模型或原型系统"；第七个阶段被简记为TRL_7，它的状态标志是"完成运行环境中原型系统的示范"；第八个阶段被简记为TRL_8，它的状态标志是"完成实际系统在测试与示范中的合格运行"；第九个阶段被简记为TRL_9，它的状态标志是"完成实际系统在任务性操作中的运行验证"。

经过数十年的实践和发展，制造状态水平体系和技术状态水平体系已十分完善，基础数据库非常庞大，评估动作和决策程序十分规范，在发达国家政府的大型科技项目管理中具有很大的影响。

---

① "制造状态水平"的英文是：manufacturing readiness level，简写为 MRL；"技术状态水平"的英文是：technology readiness level，简写为 TRL。

4.3 晶体制备研究的运动规律

在本节中，我们将采用对过去的学习的方法，选择几个具有典型性的案例，分析晶体制备研究的运动规律。首个案例是采用水热技术系统制备水晶（SiO_2）晶体。

◆ 采用水热技术系统制备水晶（SiO_2）晶体的案例

在现代科学技术发展史上，发明水热技术系统、成功制备水晶并实现水晶的规模应用，是晶体制备研究者在大自然"孕育"水晶的环境和条件的启迪下、创造系统的知识与技术、实现基础材料工业规模制备的经典案例。

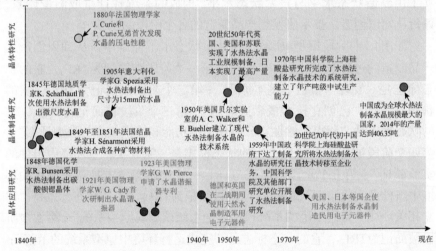

图 4.2　自 1848 年起至今约 170 年期间与采用水热技术系统制备水晶（SiO_2）相关研究的重要事例。图中水平方向是时间轴，垂直方向表示晶体研究活动的三种类型，即晶体特性研究、晶体制备研究和晶体应用研究。水热技术系统制备水晶的研究起步于 1848 年，具有里程碑意义的事例包括：1880 年，法国物理学家 J. Curie 和 P. Curie 兄弟发现了水晶的压电性能；1905 年，意大利化学家 G. Spezia 采用水热技术系统制备出尺寸为 15mm 的水晶；1921 年美国物理学家 G. Cady 首次研制出水晶谐振器；1950 年美国贝尔实验室的 A. C. Waker 和 E. Buehler 建立了现代水热技术系统并成功制备水晶；20 世纪 70 年代，美国、苏联、日本和中国实现了水晶的工业规模制备，以水晶为基础材料的电子元器件取得了极为广泛的应用。自 20 世纪 80 年代起，在晶体特性研究、晶体制备研究或晶体应用研究中，水晶不再成为公共的研究对象，与水晶相关的研究活动逐步退出研究机构与大学。资料来源：文献 [4]~[6]

（绘图：施尔畏）

　　图4.2列出了近170年间与采用水热技术系统制备水晶相关的重要事件。图中，水平方向是时间轴，垂直方向表示晶体研究活动的三种类型，自上而下分别是晶体特性研究、晶体制备研究和晶体应用研究。按照相关事件的特征，例如研究活动的类型和发生的时间，它们都可在由"时间"轴和"类型"轴构成的二维空间中找到自己的位置。

　　需要说明的是，虽然晶体特性研究、晶体制备研究和晶体应用研究相互关联，但彼此间不可能存在线性关系。因此，图4.2的纵轴不是严格意义上的坐标轴。

　　自1845年至第二次世界大战爆发前的90多年期间，从德国地质学家K. Schafhautl首次使用水热法制备出微尺度水晶、法国物理学家P. Curie等（见图4.3[7]）发现水晶压电性能、水热技术系统的发明、到以水晶作为基础材料制造谐振器技术的创造并取得专利权，是分别属于晶体特性研究、晶体制备研究和晶体应用研究范畴的事件，也是发生在不同国家、不同时间、由不同个体或群体完成的离散事件。在现有的资料中，没有发现这些事件存在某种关联的证据。

图 4.3　P. Curie（1859～1906），法国物理学家，结晶学、磁学、压电学和放射学的先驱。1903 年，他与他的夫人、著名物理学家 M. Skłodowska Curie 一起获得了诺贝尔物理学奖。分享当年度诺贝尔物理学奖的还有发现物质天然放射性的法国物理学家 H. Becquerel。1880 年，P. Curie 与他的兄长 J. Curie（1856～1941）共同发现了水晶等晶体的压电性能，为压电晶体的应用奠定了重要基础

（图片来源：文献[7]）

　　这些事件，连同那些未被记载下来的事件，构成了第二次世界大战期间及战后水晶制备研究取得高速发展的基础。正是有了这个基础，在火山爆发式军用需求和民用需求的刺激下，水晶制备研究迅速得到了发达国家政府的重视和工业界的青睐，迅速从政府和社会各方面获取了充分的资源，在自第二次世界大战爆发至20世纪60年代末的二十多年时间里，走完了从实验室研究到工业规模制备的路程。

　　自20世纪80年代起，水晶不再是晶体特性研究、晶体制备研究、晶体应用研究的共同研究对象，与水晶相关的研究活动逐步退出研究机构与大学。今天，水晶是一种市场上易得、价格低廉、品质稳定、制造链

齐整的基础性材料。中国已成为全球水晶制备规模最大的国家，2014年的产量达到了406.35吨。

图 4.4　1959 年，中国政府科技管理部门部署了水晶等 4 项晶体材料制备的攻关任务，中国科学院地质研究所等研究机构承担了采用水热技术系统制备水晶的研究任务。1966 年，该所的研究团队成建制调至中国科学院上海硅酸盐研究所。至 1970 年，研究人员在嘉定园区完成了水热技术系统的设计与制造、水晶制备技术系统、晶体质量和特性的检测与表征方法、器件设计及精细加工技术系统、水热条件下晶体生长理论模型等研究工作，并将成套技术及装备转移到地方国营苏州钟表元件厂，实现了水晶的工业规模制备。图为 20 世纪 70 年代中国科学院上海硅酸盐研究所吨级中试线制备的水晶照片

（摄影：施尔畏）

图4.4给出了20世纪70年代中国科学院上海硅酸盐研究所吨级中试线制备的水晶照片。1959年，中国政府科技管理部门下达了水晶、金刚石、红宝石和硅单晶四项晶体材料制备的攻关任务。中国科学院地质研究所和上海硅酸盐研究所的研究人员，排除"文化大革命"运动带来的冲击和干扰，完成了包括水热技术系统的设计与制造、水晶制备技术系统、晶体质量和特性的检测与表征方法、器件设计及精细加工技术系统、水热条件下晶体生长理论模型的研究工作，实现了成套技术及装备向企业转移。

如果用阶段论来观察水热技术系统制备水晶研究的发展历程，该历程可被划分为三个阶段。第一个阶段可被称为"知识与技术积累"阶段，它始于1845年，止于第二次世界大战爆发的1939年。在这个阶段，水晶的特性研究、制备研究与应用研究是分散于不同国家的独立活动，彼此间不存在明确的上下游关系，而且，水晶的制备研究恰恰先于水晶的特性研究和应用研究发生。实际上，晶体制备研究应当先于晶体特性研究和晶体应用研究，否则，晶体特性研究和晶体应用研究不就成了无米之炊。

第二阶段可被称为"高速发展"阶段，它始于第二次世界大战爆发，止于20世纪70年代末。在这个阶段，军用和民用通信技术的发展，对水晶产生了巨大需求，而天然水晶的产量无法满足这个需求。此时，在需求的推动下，采用水热技术系统制备水晶的研究占据了核心地位，成为三类水晶研究活动中投入最多、规模最大的活动。同时，水晶制备研究

促进了水晶特性研究和应用研究的快速发展。

第三个阶段可被称为"形成工业规模制造能力"阶段，它始于20世纪80年代，至今尚未终结。在这个阶段，水晶的稳定市场需求逐渐形成，与工业规模制造相适应的组织模式不断完善，科研机构和大学逐渐退出了关于水晶的研究活动，原先属性鲜明、由不同类型组织承担的三类活动最终在企业为主体的研发-制造-应用一体化模式中被统一在一起。

◆ 采用坩埚下降技术系统制备锗酸铋（$Bi_4Ge_3O_{12}$，BGO）及其他闪烁晶体案例

第二个案例是采用坩埚下降技术系统制备锗酸铋（$Bi_4Ge_3O_{12}$，BGO）晶体及其他闪烁晶体。

迄今为止，人们没有在自然界中找到天然BGO晶体存在的证据。因此，在科学技术发展史上，这个案例是研究者创造一类新的晶体材料、形成系统的知识和技术体系、实现其在特殊需求领域中规模应用的经典案例。

图4.5列出了自20世纪50年代至今的60余年期间与BGO等闪烁晶体研究相关的重要事例。这些事例也可被划分为闪烁晶体的特性研究、制备研究和应用研究三种类型，在由"时间"轴和"类型"轴构成的二维空间内展开。

20世纪50年代末至70年代期间，在美国与欧洲国家，研究者进行了BGO晶体结晶学性质与应用特性研究。在此期间，发生了两件具有里程碑意义的事件，其中一个事件是1957年A. Durif等采用固相合成法制得了BGO多晶，确定了它的结构参数；另一个事件是1975年O. H. Nestor等发现了BGO晶体的闪烁特性。具体说，在高能粒子的作用下，BGO晶体可发出波长为375～650nm的光，光子的数量与晶体吸收的高能粒子能量正相关，每兆电子伏特的高能粒子可产生约8500个光子。这个性能的发现，确定了BGO晶体及其他闪烁晶体的主要应用方向。

从历史的角度看，如果没有上述发生在不同国家、由不同个体与群体承担的研究活动，或者这些研究活动当时也受到严格的计划管理与绩效考核，也许今天就不会出现系列的闪烁晶体，不会有成熟的闪烁晶体制备与应用技术，更不可能实现闪烁晶体在大型粒子物理实验装置和高端医疗设备中的规模应用。

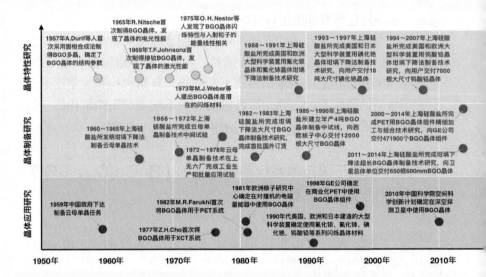

图 4.5　自 1957 年 A. Durif 等首次采用固相合成法制得锗酸铋（$Bi_4Ge_3O_{12}$，简记为BGO）多晶体并确定 BGO 晶体结构参数起至今与坩埚下降技术系统制备 BGO 晶体及其他闪烁晶体研究相关的重要事例示意图。在图中，水平方向是时间轴；在垂直方向上，黄色区域表示晶体特性研究范畴，灰色区域表示晶体制备研究范畴，绿色区域表示晶体应用研究范畴。与图 4.2 相同，由于晶体特性研究、晶体制备研究与晶体应用研究虽相互渗透关联，但彼此间不存在连续的线性关系，因此垂直方向不是严格意义上的坐标轴。从技术发展角度看，采用坩埚下降技术系统制备大尺寸晶体研究起步于 1960 年至 1965 年期间中国科学院上海硅酸盐研究所承担中国政府科技管理部门下达的攻关任务，完成大尺寸云母单晶制备技术研究，这为 20世纪 80 年代起开展坩埚下降技术系统制备大尺寸 BGO 晶体及其他闪烁晶体研究奠定了不可或缺的基础。BGO 晶体及其他闪烁晶体制备研究是由晶体应用研究牵引的。美国、欧洲国家与日本的研究组织持续开展闪烁晶体应用研究、确定在一系列大型粒子物理实验装置中使用闪烁晶体材料。全球高端医疗装备制造厂商通过晶体应用研究，确定在 PET 设备中使用 BGO 晶体组件。这两方面需求成为促进坩埚下降技术系统制备大尺寸闪烁晶体研究发展的最主要动力。资料来源：中国科学院上海硅酸盐研究所档案室保存的相关科技成果鉴定书、科技奖励申报材料等档案资料，文献 [6]

（绘图：施尔畏）

　　一方面，刺激BGO晶体应用研究和制备研究快速发展的动力同样来自需求。另一方面，BGO晶体的应用研究又为大型科学装置和高端医疗设备选择这种晶体作为关键材料提供了科学依据。

　　1981年，欧洲核子研究中心（European Organization for Nuclear Research，CERN）为建立可进行真实环境运行验证与示范的原型系统，向中国科学院上海硅酸盐研究所提出了首批大尺寸BGO晶体订单。正是这份订单，不但有力地牵引了采用坩埚下降技术系统制备闪烁晶体的研究，而且把闪烁晶体的应用研究推高到新的层级。这个事件在闪烁晶体发展历程中同样具有里程碑意义。如果说，此前与BGO等闪烁晶体相关的研究活动是分散的，那么此后的研究活动则由用户、即使用闪烁晶体的研究组织主导，呈现目标导向明晰、组织化程度高、研究强度大的特征。这些研究组织包括欧洲核子研究中心、美国SLAC国家加速器实验室（SLAC National Accelerator Laboratory）、日本高能加速器研究组织（High Energy Accelerator Research Organization，KEK）等。

20世纪80年代和90年代，美国、欧洲一些国家以及日本的经济稳定增长，使得这些国家的政府有实力投入巨额资金，按物理学家们的意愿建造大型粒子物理实验装置，从而使得这些研究组织产生了对BGO等闪烁晶体的大宗需求。但是，与同时期水晶面临的来自市场的需求不同，闪烁晶体面临的需求是由政府资金创造出来的，因而也难以持续。

进入新世纪后，全球政治经济格局发生了重大变化。发达国家政府停止了对建造大型粒子物理实验装置项目的投资。这样，对BGO等闪烁晶体的大宗需求随之消失。如果那时美国GE公司还未确定将BGO晶体用于高端医疗设备，没有提出大宗需求，BGO晶体制备研究将会早早地走完其"生命"的历程。正是有了来自企业的需求，采用坩埚下降技术系统制备大尺寸闪烁晶体的研究又续写了近20年的辉煌。

图4.6给出了中国科学院上海硅酸盐研究所研究人员采用坩埚下降技术系统制备的BGO晶体和使用BGO晶体制作的组件照片，其中图（a）所示的BGO晶体用于大型粒子物理实验装置，图（b）所示的BGO晶体组件用于高端医疗系统。

(a)   (b)

图 4.6   （a）中国科学院上海硅酸盐研究所研究人员采用坩埚下降技术系统制备的圆柱形锗酸铋（$Bi_4Ge_3O_{12}$，BGO）晶锭照片，晶锭直径为 110mm，端面与柱面均经过精细加工。（b）使用 BGO 晶体制作的 PET 医疗设备晶体组件照片，自 1982 年 M. R. Faruhki 首次将 BGO 晶体用于 PET 医疗系统，至 1999 年美国 GE 公司确定在 PET 医疗系统中使用 BGO 晶体，前后共经历了 17 年。2000 年至 2014 年期间，中国科学院上海硅酸盐研究所向美国 GE 公司等医疗设备制造厂商交付 471900 个 BGO 晶体组件

（照片提供者：王绍华，陈俊锋）

概括地说，创造一种晶体，建立一类应用，形成持续需求，是一个漫长且艰难的过程。在此过程中，来自市场的需求越小，晶体制备研究和晶体应用研究的稳定性将变得越低。如果需求完全是由政府资金创造的，这样的需求也是不稳定的，这将导致晶体制备研究和晶体应用研究变得像大海中的一叶小舟，忽而被推到"众人追捧"的浪尖，忽而又被抛到"四面楚歌"的谷底。这可是研究者最无安全感、最不愿意面对的状态呵。

坩埚下降晶体制备技术源于美国哈佛大学教授**P. W. Bridgman**（见图4.7）和麻省理工学院教授D. C. Stockbarger于20世纪20年代的一项发明。从P. W. Bridgman和D. C. Stockbarger的基本物理思想和技术发明，到今天适应大尺寸BGO等闪烁晶体批量制备，坩埚下降系统制备技术取得了质的跨越。

图 4.7　美国物理学家 P. W. Bridgman 的照片。坩埚下降晶体制备技术通常又被称为 Bridgman–Stockbarger 技术，它是按两位发明者的名字命名的。P. W. Bridgman（1982～1961）是美国哈佛大学教授，因在高压物理学研究上取得的成就获得 1946 年诺贝尔物理学奖；D. C. Stockbarger (1895～1952) 是美国麻省理工学院教授。P. W. Bridgman 在科学研究方法和科学哲学上也有许多贡献。最初的 Bridgman–Stockbarger 技术包含两项相似但有差异的技术，它们分别被用于单晶和多晶的制备

（图片来源：文献 [8]）

因此，推动晶体制备技术不断发展，需要许许多多研究者为此付出智慧、劳动和创造。不断创造适用于特定目标晶体的制备技术，不断提升制备技术的层级与水平，不断扩大制备技术对于特定目标晶体的专用性与经济性，成为晶体制备研究的主要内容。

驱动晶体特性研究、晶体制备研究和晶体应用的动力，可来自个体与群体的兴趣或有远见的判断。但是，在一个高度工业化并融入全球经济循环的社会里，需求成为驱动晶体研究发展的根本动力。

而对某种晶体的需求，不可能凭空捏造，也不会空穴来风，而与相关研究成果的扩散和高端制造技术的发展密切相关。如果不能在晶体研究的三个亚领域做出必要的前瞻部署，怎会有新的晶体，怎会有新的需求，怎会有新的市场。总之，需求牵引晶体研究的发展，晶体研究又是需求

的"化学培养皿"。这是关于晶体研究发展的双螺旋模型。

从坩埚下降晶体制备技术发展的轨迹看，20世纪60年代由国家任务牵引的采用坩埚下降技术系统制备大尺寸云母单晶的研究，不但为当时的电子工业提供了重要基础材料的稳定供给，而且使研究组织形成了知识、技术及人员的积累。正是有了这些积累，当80年代对BGO等闪烁晶体的现实需求出现的时候，研究组织才能把握机遇，迅速组织起大规模的晶体制备研究，在短时间内把坩埚下降晶体制备技术推到更高的层级。这个事件在BGO等闪烁晶体制备研究的发展历程中具有举足轻重的意义。

总之，晶体制备研究有着内在的逻辑。任何急于求成、急功近利、杀鸡取卵的做法，不但无济于事，而且贻害无穷。在一定时期内，对晶体制备研究采取尊重、包容与扶持的政策，是管理者们的正确选择。

这60年来BGO等闪烁晶体制备研究的历程也可被分成三个阶段。第一个阶段依然是"知识与技术积累"阶段，它始于20世纪50年代中期，止于70年代末。在该阶段，BGO晶体的特性研究、制备研究与应用研究平行发展，奠定了重要的知识与技术基础。

第二个阶段同样被称为"高速发展"阶段，它始于20世纪80年代，止于90年代末。在该阶段，大型粒子物理实验装置的建造，产生了对闪烁晶体的大宗需求，极大地刺激了晶体制备研究和应用研究的发展。

第三个阶段被称为"形成适应市场需求的批量制备能力"阶段，它始于世纪之交，至今尚未终止。在这个阶段，来自"小众"市场的需求成为驱动发展的主要动力。然而，由于市场容量有限，需求来源单一，我们还难以做出BGO等闪烁晶体能否成为类似水晶那样的基础材料的判断。

◆　**两个案例带来的启示**

我们对这两个案例带来的启示再作些梳理，以对晶体制备研究的运动规律作更加深入的思考。

晶体制备研究首先要有目标晶体。所谓目标晶体，是一定时期内晶体制备研究活动的聚焦点。通常，目标晶体具体反映了需求，也是集聚力量和资源的标杆。没有目标晶体的制备研究，不属于晶体制备研究的范畴，至多是晶体特性研究的一部分。

如果站在研究组织的层面看，目标晶体无疑是有限的，也是相对稳定的。如果站在科学技术发展的高度看，目标晶体应当是多样的，也是分层次的。这反映了科学研究和高端制造技术发展对晶体现实的和长远的需求。另一方面，只有科学技术研究和高端制造业高度发达的地方，才会有独立完整的晶体制备研究领域，才会有丰富多彩的目标晶体图谱。

晶体特性研究揭示了目标晶体的应用方向；晶体应用研究提供了目标晶体应用的可行性。然而，最终确定目标晶体的，不是晶体制备研究者，而是掌管公共科技资源的政府部门，或者是拥有资本与市场资源的企业。只有那些得到政府部门或企业确认的目标晶体，才能够在研究生命期内保持生机与活力。做出正确的专业判断，选定正确的目标晶体，最需要的是政、产、学、研结合的机制保障。

晶体制备研究需要与晶体特性研究衔接，也需要与晶体应用研究的结合。通过晶体应用研究，晶体制备研究创造的晶体，才能够显现越来越具体、越来越重要的价值，其中的一些晶体才可能转变为高端制造业不可或缺的基础材料。晶体得到真实应用的案例越多，晶体制备研究越能够受到各方的重视。这是这类研究活动"为争取自己的生存权利而斗争"的主要途径。

晶体制备研究也是一个负熵过程，需要持续从外部汲取营养和能量。这些营养来自其他科学领域研究和高端制造技术的发展的成果；这些能量主要是政府部门和社会的尊重、包容和支持。努力发展知识基础，着力提高技术层次，不断创造被大多数人认同的应用案例，是晶体制备研究汇聚"营养和能量"的基础。在现实生活中，拼命跻入所谓的"纯粹基础性研究"行列的行为，或者自我萎缩成简单经济性循环的行为，都会使晶体制备研究失去独立存在的理由。

为了创造更多更好的应用案例，晶体制备研究不但要积淀自身的知识基础，而且要发展特有的技术体系。一种制备技术，通常可被用来制备多种晶体；一种目标晶体，通常也可用多种技术制备。晶体制备研究的主要任务是要开发出成本低、效率高、经济性好的制备技术，实现特定目标晶体的批量制备。为此，研究者应当把选定的晶体制备技术琢磨透，不断改进它，不断完善它，不断提高它的技术层次。

在观察与思考晶体制备研究运动规律的时候，不要简单套用"科学研究"三阶段模型；不要生硬地把晶体制备研究活动切割成对应的三个部分，并毫无意义地寻思这三个部分之间是否存在上游与下游关系；更不要高举"分类管理"的大旗，按照科学研究三阶段模型，配置永远稀缺的资源。如果这样做了，它的结果必然是肢解晶体制备研究，摧毁它的研究范式，最终带来非常严重的负面结果。

4.4　晶体制备研究的产出形式

◆　晶体制备研究的价值取向

所谓价值，指某种客体的存在满足于主体需要的一种关系，或者说，价值指现实的人同满足某种需要的客体之间的一种关系。

如果把晶体制备研究看作一个客体，相应地，主体是与晶体制备研究相关联的人，他们包括给予晶体制备研究支持和投入的人，已在使用或准备使用晶体材料的人，以及普遍享用晶体材料应用结果的人。

晶体制备研究的价值不是以它的属性——如目标晶体的选择、研究活动的体系架构等——作为基准的，而是以主体在某个时期形成的需要作为基准的。因此，不同的人对晶体制备研究有不同的价值需求。

例如，假设水晶制备研究的属性在很长时期内没有发生本质的变化，那么，在20世纪中叶，这项研究活动具有很高的价值的原因，是它满足了那个时期相关的人——如从事水晶应用研究的人、使用以水晶作为基础材料的电子部件及系统的人、从事公共事务管理和企业经营的人等——的需要。然而，60年后的今天，这些人的价值需求发生了变化，使得水晶制备研究和应用研究不能满足他们新的价值需求。此时，这两类研究活动就不再具有被社会高度关注和共同支持的基础。

晶体制备研究活动也是主体与客体相互作用的过程，其中主体是从事晶体制备研究的人，客体是研究对象（即目标晶体）和研究工具（即制备技术系统及其他技术平台）。但是，决定晶体研究价值的不是这类活动的主体，而是与晶体制备研究相关联的人。在讨论晶体制备研究价值的时候，我们既不能把它看作是一个无生命的物体，也不要把从事晶体制备研究的人，与不从事晶体制备研究、但决定晶体制备研究活动价值的人混淆起来。

决定晶体制备研究活动价值的人是一个很大的群体。他们既不参与具体的研究活动，也不对这类活动的具体内涵有多大的兴趣，但是，他们的价值需求能否得到满足，却决定了晶体制备研究的价值。

总体上看，在这个人群中，一些人了解两个多世纪来科学技术发展使社会生产和生活方式发生翻天覆地的变化，也了解晶体材料在高端制造技术发展中的地位，而这个人群中更多的人对晶体制备研究的价值需求主要集中在物质层面和功利主义层面。

实践证明，当晶体制备研究能够满足后一部分人的价值需求的时候，它才变得有意义，就可得到认同，也可获得生存与发展所必需的资源。因此，从事晶体制备研究的人，应积极地向这部分人宣介晶体的应用前景，更加努力地创造更多的晶体应用案例，并用应用牵引作为选择目标晶体的基本原则。

纵观近代科学发展史，科学技术是欧洲国家从中世纪神学桎梏中解放出来的强大武器，是现代社会以人为本、崇尚理性、反对愚昧的人文主义思想基础。人类社会除了永恒的物质追求之外，还有永恒的精神追求，而知识是人类所有精神追求的真正源泉。

在晶体制备研究中，研究者也在创造知识。产生于晶体制备研究的知识和产生于晶体特性研究、晶体应用研究的知识将汇聚在一起，进一步说，产生于晶体研究的知识和产生于其他科学研究活动的知识将汇聚在一起，满足更大范围人群的精神层面需要，成为社会宝贵的精神财富。

在当代科学技术研究中，对于某些基础学科的研究活动，创造精神层面的价值是第一位的事情，因此，不能用物质的或功利主义的尺子来衡量它的价值。对于企业主导的研发活动，创造物质层面价值是第一位的事情，也不能用精神层面的尺子来衡量它的价值。晶体制备研究乃至晶体研究活动，似乎位于基础学科研究活动和企业研发活动之间，它不但创造物质层面的价值，而且将形成精神层面的价值。因此，与晶体制备研究相关联的人，应当创造出更科学的尺子来衡量这类研究活动的价值。

从事晶体制备研究的人，通过自己的智力劳动，创造新的晶体，形成新的知识，实现晶体新的应用。在这个人群中间，许多人不仅把从事这类研究作为自己的职业，而且把它作为自己精神追求的一部分，并在实践中获得精神层面的满足。与此同时，他们常常为自己的劳动不能得到他人的认同而感到焦虑，对资源分配的不均衡性感到烦恼。因此，让从事晶体制备研究的人理解劳动的价值是由享用劳动成果的人决定的概念，变得非常重要。

◆ 晶体制备研究产生的经济物品和公共物品

晶体制备研究可向社会输出**经济物品**（economic goods），即一类具有排他性和竞争性属性的物品。此处所提的排他性，指一部分人拥有使用这类物品的权利，另一部分人则不拥有使用这类物品的权利；所谓竞争性，指使用这类物品的人需要为此支付经济代价。经济物品不但是有用的，而且是稀缺的。在市场交换中，经济物品的价格始终是正值。

对晶体制备研究而言，经济物品的具体形式或者是批量制备的目标晶体，以满足用户对这些晶体的需要；或者是可复制、可转移、可扩展的制备技术以及与此对应的受国家法律法规保护的经济权利，以满足企业开发新的产品、形成新的制造能力的需要。经济物品是这类研究活动体现物质层面价值的主要形式。

晶体制备研究系统也可向外输出**公共物品**（public goods）。此处的公共物品，指一类不存在排他性和竞争性的物品。任何人都能免费获取与使用这类物品，一部分人获取与使用这类物品不会减少另一部分人相应的机会，就像每个人都能自由地、免费地呼吸空气那样。

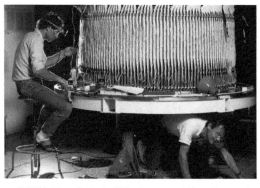

图 4.8 原图说明：欧洲核子研究中心的 P. Lebrun 正在装配使用 BGO 晶体的 L-3 探测器。在 LEP 对撞环中，BGO 晶体被用来检测由正负电子对撞产生的电子和光子。当一个电子或一个光子进入 BGO 晶体时，它的能量被转换为光。由此产生的光被 BGO 晶体导入到光电二极管，产生一个电信号。L-3 探测器使用了 11000 根 BGO 晶体，总质量为 12t，能够以很高的分辨率测量入射粒子的能量与位置。1989 年 11 月，在瑞士日内瓦，欧洲核子研究中心举行了 LEP 对撞环和 L-3 探测器建成并投入运行的仪式。L-3 探测器是 LEP 对撞环中四个巨大的探测器之一。LEP 对撞环位于地下 100m，周长为 27km。它在一个圆形隧道中，使得能量被加速到 50GeV 的正负电子进行对撞。L-3 探测器是一个由许多部件组装而成的圆柱体。这些部件包括强子-电磁量热器、多个飘移室（drift chamber）和时间投影室（time projection chamber）。这些部件构成了一个整体，像洋葱那样一层层围绕着正负电子对撞的位置。L-3 探测器是 13 个国家的 460 名物理学家合作的成果

（图片来源：文献 [9]）

对晶体制备研究而言，公共物品的主要形式是学术论文、图书等出版物及其他形式的公共服务。以公共物品为载体，产生于晶体制备研究活动的新知识、新思想得以向全社会传播。公共物品是这类研究活动体现精神层面价值的主要形式。

如果晶体制备研究仅向外部输出经济物品，它就失去了精神层面的价值。当对这类研究活动的投入来自公共财政的时候，这部分社会公共资源就被少数人独占，失去了为社会提供公共物品、弥补市场失效、保持社会公平公正的职能。当向这类研究活动输入的资金主要来自企业、而承担活动的组织又由社会公共资源所办的时候，这些组织就失去社会公共体系的属性，而这些研究活动异化为单纯追求经济回报的生产活动。在市场经济环境中，不要指望哪家企业会无私地向社会提供公共物品。

假如晶体制备研究仅向外部输出公共物品，它就失去了物质层面的价值。当向该系统输入的资金主要来自公共财政的时候，在经济发达、社会分工成熟、经济体制完整的国家里，这个状态可被社会接受。然而，对于发展中国家，政府承担着推进经济发展的责任，在一定时期里，履行这个责任还是政府第一位的事情。这决定了发展中国家的政府和社会公众最关注科学研究能为经济发展做出重大贡献，最关注科学研究的物质层面价值。发展中国家的社会公众无法接受晶体制备研究仅输出公共物品的状态，至少在短期内是这样的。

◆ **晶体制备研究产生的共享物品**

除了经济物品和公共物品之外，晶体制备研究还可向外输出另一种形式的产品。例如，它向外输出的晶体批量制备技术具有竞争性，但不具有排他性。这就是说，任何人都有获得和使用这项技术的权利，但一部分人获得和使用这项技术将减少另一部分人获得和使用这项技术的机会，因此，获得和使用这项技术的人需要为此支付经济代价。这类产出被称为**共享物品**（common goods）。

今天，所有的社会基础设施——如公共网络系统、电信系统、城市轨道交通系统、高速公路系统、铁路系统、电力及能源配送系统等——每时每刻都在向社会公众提供着共享物品。每个人都有权使用这些公共"资源"，但一部分人的使用将减少另一部分人的使用机会，因此，前者要为使用支付经济代价。

如果晶体制备研究向社会提供更多形式的共享物品，它就具有了社会共享的科技基础设施的特征。如同任何一个现代城市是由大量的社会基础设施支撑起来那样，任何一个现代社会也需要社会公共科技基础设施的支撑。简单地说企业是产业技术创新的主体是不全面的。在新的历史条件下，构建社会公共科技基础设施，是实现科学技术与经济社会发展会聚的必要途径。

一些创新性制度安排，将引导晶体制备研究在向外输出经济物品或公共物品的同时，更多地向外输出共享物品。例如，承担这个系统运行的组织，也许不再是传统意义上的公立大学或公立研究机构，而是政府与企业紧密合作、共同投入的"PPP（Public-Private-Partnership，公共部门-私营部门合作）"研究组织。晶体制备研究活动的物质基础，不是传统的政府科技项目，也不是传统的企业委托项目或订单，而是一个开放的、激励创新的、可从社会广泛吸纳资源的创新网络。

4.5　晶体制备研究活动状态的评价

◆　绩效主义管理方法及其在科学研究活动中的应用

在社会生产组织里，绩效考核是一个被广泛接受与使用的概念。

社会生产组织，即便是城市的房产销售中介组织，都有着规范的绩效考核制度。在考核期起始前，组织的资产所有者单方面或与被考核的组织管理者共同确定考核期满应达到业绩指标，达成某种形式的契约。考核期满之后，组织的资产所有者将把组织的经济运行数据与指标数值进行比较，进而对组织管理者的绩效做出评判。同时，组织的管理者在组织内部也会套用类似方法，对所有管辖范围的独立核算单元运行状态和相关人员的绩效做出评判。这种"剥洋葱"式的指标牵引、层层考核的办法，可被称为绩效主义管理方法。

绩效主义管理方法，是工业社会的产物，是19世纪末F. W. Taylor的科学管理思想的延续，也是在高度竞争的市场环境中资本无限追求利润最大化的结果。在2014年获得奥斯卡金像奖的美国电影《为奴十二年》（12 Years a Slave）中，就有19世纪初叶美国农场主单方面确定每个黑奴每天需采摘200 lb棉花的考核指标、每天对黑奴的实际采摘量进行考核并残酷地对未达标的黑奴进行惩罚的情节。当然，与原始的绩效考核相比，现代的绩效主义管理方法更加科学，更加精细，也更加文明。

在绩效主义管理方法中，存在着三个重要的假设。第一个假设是所有劳动的结果都是可以量化的，或者可与某种可计量值建立起简单的因果关系。第二个假设是所有的考核指标必须是量化的，在可以想象的考核指标中，定性的或半定量的是没有意义的。第三个假设是在劳动对象与工具不发生根本变化的情况下，所有人的劳动能力和创造能力都是无限的，是可通过管理加以无限挖掘与发展的。形象地说，绩效主义管理办法几乎成了社会管理学的"牛顿力学第二定律"。

我们不在这里讨论绩效主义管理方法在社会生产组织中施行的利弊得失，关注的是近十多年来，绩效主义管理方法在科学研究领域中推广应用带来的问题。

今天，每个研究组织都要接受上级主管部门的考核；组织内的独立核算单元及其研究人员都要接受组织管理者的考核，承担科研项目的研究人员又要接受项目组织管理者的考核。考核之多，考核之频繁，考核之复杂，是当今科学研究活动的一个常态。

在这些绩效考核中，考核规则的制定者很少考虑智力劳动与普通生产劳动之间的差异，不考虑科学研究活动与工业生产活动之间的差异，竭力在科学研究产出中抽提出他们想要的可计量项，并把它们集成为量化的考核指标。

例如，晶体制备研究者在承担政府的科技项目之前，需要向项目的组织管理者和审批者提交数年后达到的详细且量化的考核指标，通常包括目标晶体的几何尺寸、表示晶体理化性能及应用特性的物理量值、合格晶体的数量、发表的学术论文数量、申请的专利数量等。如果提交的考核指标不符合项目审批者的要求，研究者就必须进一步"细化"这些指标。为了能够获得科技项目，研究者又不得不像个"赌徒"那样不断拔高这些指标。

数年之后，在这个项目结题验收的时候，新的项目考核者登场了。他们从书柜里找出当年确定的考核指标文件，严肃且僵硬地逐项核对研究者是否完成了这些指标。此后，项目考核者还会运用考核结果，对研究者做出相应的惩或奖的处理。

在晶体制备研究活动中，上述三类产出都有可计量项。例如，在经济物品产出中，批量制备的目标晶体数量及其在市场交换中形成的价值、得到授权并受法律法规保护的专利数目是可计量项；在公共物品产出中，公开发表的学术论文数量及其在不同引用率学术刊物中的分布是可计量项；在共享物品产出中，实现转移的技术数目、向社会提供的公共服务量和受益者为此付出的经济代价也是可计量项。

在一个相对较短的考核期内，任何一个研究单元乃至研究组织都难以在这三类产出的可计量项上同时有良好的表现。例如，使目标晶体实现批量制备并满足用户需求，需要长期知识积累、技术研发与用户培育，通常要花费二十余年乃至更长的时间。能够得到广泛关注的学术论文是以大量实验作为基础，需要经历长期复杂的智力劳动才能够完成的。晶体制备成套技术的转移与扩展更需付出艰苦努力，即便研究组织有很多成套技术的原型，最终能够转变为成功案例的也是凤毛麟角，甚至是件可遇不可求的事情。

图4.9给出了美国通用电气公司制造的Discovery-ST型PET/CT医疗系统的结构照片。这套系统含有24个由12096块BGO晶体构成的检测器环。美国通用电气公司从提出采用BGO晶体研制PET/CT医疗系统的概念到制造原型样机、再到通过技术评估论证用了十余年的时间。

毫无疑问，在可计量产出高的年份认为被考核者有良好的业绩表现，而其他可计量产出低的年份就认为被考核者有不佳的业绩表现，是简单且武断的结论。遗憾的是，在现实生活中，组织管理者就是用这样的标准考核研究单元和研究者的业绩的。

图 4.9 原文图注：PET/CT 系统中检测器环的照片。由于在一次成像检查中可提供齐全的功能和形貌图像，这种将 PET 和 CT 集成起来的系统已成为肿瘤学治疗管理的重要组成部分。在这些工作中，GE 公司最近推出的以 BGO 晶体为基础的 Discovery-ST 型 PET/CT 医疗系统已完成二维和三维全身扫描模式的评估，评估使用了位于美国弗吉尼亚阿灵顿（Arlington）的美国国家电气制造商协会（National Electrical Manufacturers Association，NEMA）提出的 NU-2-2001 协议和推荐的图像。Discovery-ST 型 PET/CT 系统含有 24 个由 12096 块 BGO 晶体构成的检测器环，每块 BGO 晶体的尺寸是 0.63cm×0.63cm×3cm，多块 BGO 晶体被组合成一个晶体组件。每个晶体组件含有 6×6 块 BGO 晶体，并与一个带有四个阳极的光电倍增管连接起来，构成一模块。然后，这些模块被安装在 24 个检测器环里。该系统在单位床位（per bed position）上可获得 47 幅图像，间隔为 0.327cm，覆盖 15.7cm 的轴向视野。图像的获取可通过插入或抽出 0.8cm 厚、5.4cm 长的钨质隔膜的方式以二维或三维模式进行。该系统在 375～650keV 的能量窗口和 11.7ns 的重合时间窗口中运行。见：S. D. Sharma, R. Prasad 等 2007 年发表在《医学物理杂志》（*Journal of Medical Physics*）上的题为"使用国家电气制造商协会 NU-2-2001 协议的全身 PET 图像二维和三维模式获取测试（Whole-body PET acceptance test in 2D and 3D using NEMA NU 2-2001 protocol）"文章 [10]

实践已经证明，在科学研究活动中简单套用绩效主义管理方法，必然把这类活动与普通的工业生产活动混淆起来，迫使被考核者仅仅盯住具体的考核目标，只做"短、平、快"的事情，不考虑长远发展和前瞻部署。这样做，无疑违背了科学研究的基本规律，抑制了研究者的想象力和创造力，腐蚀了健康的人文基础和创新环境。

总体上说，绩效主义管理方法是一把双刃剑。它在短期内可提高科学研究活动的效率，但从长远看，它在摧毁科学研究活动存在与发展的根基。

◆ 晶体制备研究活动的二维状态评价方法

在全部社会活动中，科学研究是全球化程度最高的社会活动领域之一。晶体制备研究领域也是如此。尽管地缘政治与意识形态的因素仍在不同程度上阻挡科学研究的全球化进程，但是，网络技术及智能终端技术已把分布在不同国家、不同研究组织的研究者紧紧地联系在一起，信息的快速交互极大地拓展了创新的内涵和范畴，提高了科学研究活动的效率。与此同时，科学研究活动的全球化又带来了一个更加复杂、更加激烈的竞争环境。

在这样的条件下，研究者不能总是拿现在的自己与过去的自己进行比较，也不能总是在很小的范围里拿自己的专长与他人的"弱项"进行比较。正确的选择是，应当始终把自己放在全球竞争的环境里，拿自己与所有的强者进行比较。这是讨论晶体制备研究活动状态评价问题的理由。

在物理学、化学、经济学和社会学领域里，状态是一个基本的概念。状态可以指某个无生命物质系统所处的状况，此时，它可用一组物理量加以表征。例如，人们说在常温常压下水是液态，在低温常压下它会变为固态，在高温常压下它又会变为气态，这意味着他们选择了温度和压力这两个物理量来表示水的状态。同时，这类状态通常是可逆的，改变温度和压力，水可以从液态变为固态，也可以从固态变为液态。

状态也可以指人或事物表现出来的形态。例如，人们常用"良好""健康""困难"等词汇来描述社会经济运行的状态。社会经济活动是人与物、人与人、人与自然相互作用的结果。对社会经济活动的状态做出评价，需要诸如地区生产总值、单位能源消耗产生的地区生产总值、就业率等统计数据的支撑，也会掺入许多个体或群体的归纳、分析、结论、推断等主观行为。因此，对于同一个人或事物，不同的人会得出迥异的状态评价结果。

同时，对于社会经济活动和科学研究活动来说，对它们状态做出的评价结果都是相对的，因比较而存在。例如，我们说社会经济活动状态良好，实质上是以时间为一个坐标轴，将某个年份的状态与过去某个年份的状态进行综合比较的结果。对于这些活动，单独谈论某个时点的状态是没有意义的。

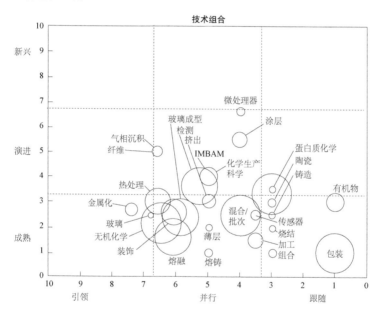

图 4.10　原文图注：这幅图显示了在集中改进生产率的阶段，康宁公司几乎在其主要技术领域中的每项技术都落在了后面。这张图来自时任康宁公司副主席的 T. MacAvoy 委托开展研究的报告。横坐标从左到右分别表示技术水准的状态，三个状态分别是引领、并行和跟随；纵坐标从上至下分别表示业务领域和技术研发活动的状态，三个状态分别是新兴、演进和成熟。本图的标题是"技术组合"[2]600。

图4.10给出了20世纪80年代美国康宁公司对其全部的**业务领域**和**技术研发活动状态**进行评估的结构。图中横坐标从左到右分别表示技术水准的状态，三个状态分别是**引领**（Leading）、**并行**（Equal）和**跟随**（Following）；纵坐标从上至下分别表示业务领域和技术研发活动的状况，三个状况分别是**新兴**（Emerging）、**演进**（Evolving）和**成熟**（Mature）。在这个由"技术水准"轴和"状态"轴构成的二维空间里，康宁公司在

那个时期业务领域和技术研发活动与全球相关"强者"的差距就一览无遗。这是很好的状态评价方法学。

从时间维度看，任何技术研发活动和业务领域都是从新兴状态向成熟状态转变。例如，19世纪中叶，钢铁冶炼业务属于新兴状态，今天，这项业务已处于成熟状态。同时，状态的变化一般不是断裂式的，而是循序渐进的，因此，新兴、演进和成熟三者可满足构成一个坐标轴的条件。

另一方面，如果不能得到维护与提升，在全球竞争和快速发展的环境中，任何一个业务领域或技术研发活动的水准都会从引领变为并行、从并行变为跟随，如同逆水行舟、不进则退。同样地，技术水准的变化也是连续的，因此，引领、并行、跟随三者也满足构成一个坐标轴的条件。

通过把公司全部的业务和技术研发活动的离散样本在上述二维空间内进行评价并将结果置于相应的区域之中，康宁公司管理层得出了这样的结论："除了某些受最高管理层保护的关键项目和某些来自边缘的新产品之外，绝大部分研发与工程计划已跌落到无人照管的状态"；"康宁公司最强大的技术能力仍然在于它的材料和工艺技术，而不在于其以市场为基础的业务"[2]599~600。

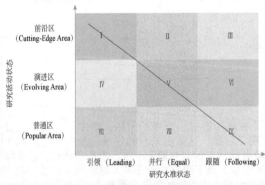

图 4.11　可用来评价晶体制备研究状态的二维空间。在纵坐标上，研究活动被分为前沿、演进与普通三种状态；在横坐标上，研究水准被分为引领、并行与跟随三种状态。这样，这个二维空间就被划分成九个区域。通过建立区域标准、自评议和外部评议、可计量产出项检测及综合处理，任何组织的晶体制备研究活动都可被分解成若干个基础样本，被分置于相应的区域之中。根据总体分布图景，可得到这个组织晶体制备研究整体状态的评价结果

（绘图：施尔畏）

如图4.11所示，运用康宁公司的状态评价方法，我们将"研究活动状态"作为一个坐标轴，把它分为前沿区（Cutting-Edge Area）、演进区（Evolving Area）和普通区（Popular Area）三个区域；将"研究水准"作为另一个坐标轴，把它分为引领、并行和跟随三个区域，这样，就可得

到一张九宫图。

　　所谓九宫图，指由"研究活动状态"坐标轴和"研究水准"坐标轴构成的二维空间划分而成的 $3^1 \times 3^1 = 9$ 个区域，每个区域可表示一类状态。例如，位于第Ⅶ区域的研究活动属于"普通"的类型，而活动达到了"引领"的水准；又如，位于第Ⅲ区域的研究活动属于"前沿"的类型，而活动只是"跟随"的水准。如果要提高状态评价的精度，我们可以把每个区域再细分成9个子区域，此时，这张九宫图含有 $3^2 \times 3^2 = 81$ 个子区域。

　　在任何一个从事晶体制备研究乃至晶体研究的组织中，均存在着不同类型、处于不同水准的研究活动。可以把这些离散样本，通过建立区域及子区域的标准、自评议和外部评议、可计量产出项检测及综合处理等技术途径，分别置于九宫图各个区域之中，进而得出关于这个组织研究活动所处状态的结论。离散样本的数量越多，得出的评价结论的可信度越高，使用价值也越大。

　　建立区域或子区域的标准，是对全球范围内晶体制备研究状态进行综合分析、比较的过程；把每个离散样本置于经得起推敲的区域或子区域之中，是将它们与全球范围内"大同行"或"小同行"进行对标的过程。这两个过程同样需要有效的数学工具。

　　在科学研究活动状态的评价中，注重评价过程比得到相关结论更为重要。任何一个研究组织，只有能够在全球竞争和快速发展的环境中，不断认识自己的状态，剖析自己在整体和具体方面与全球最强者的差距，才能持续调整发展战略，努力积淀知识基础和技术基础，着力培育竞争实力，实现健康的持续发展。

参考文献

[1]　马赫.能量守恒原理的历史和根源 [M]. 李醒民 , 译 . 北京 : 商务印书馆 , 2015: 11.

[2]　Graham M B W, Shuldiner A T. 康宁公司和创新的技能 : 一个企业的世代创新史 . 施尔畏 , 编译 , 陈建军 , 校 . 北京 : 科学出版社 , 2014.

[3]　OSD Manufacturing Technology Program, The Joint Service/Industry MRL Working Group. Manufacturing Readiness Level Desk book[M/OL]. [2017-08-09]. http://www.dodmrl.com/MRL_Deskbook_V2.4%20August_2015.pdf.

[4]　Quartz [EB/OL]. [2017-09-12]. https://en.wikipedia.org/wiki/Quartz.

[5] Iwasaki F, Iwasaki H. Historical review of quartz crystal growth[J]. Journal of Crystal Growth, 2002, 237(1):820-827.

[6] 中国科学院上海硅酸盐研究所所志编纂委员会. 中国科学院上海硅酸盐研究所志（1959.01—2009.01）. 简缩本. 上海：中国科学院上海硅酸盐研究所, 2010.

[7] Pierre Curie [EB/OL]. [2017-09-12]. https://en.wikipedia.org/wiki/Pierre_Curie.

[8] Percy Williams Bridgman [EB/OL]. [2017-09-16]. https://en.wikipedia.org/wiki/Percy_Williams_Bridgman.

[9] Menzel P. SWI_SCI_PHY_07_xs.jpg [EB/OL]. [2017-09-19]. http://menzelphoto.photoshelter.com/image?&_bqG=0&_bqH=eJxtUFtrwyAY_TXN40gGpRfwwajLZIkGb8WnjxFK08tgLBtd_v38QtnCNsHjuXgUPbysw6X_KIZx7ELfrU7Ol2G_qav2vC22RZ7jTCiBW0aG6xGG7gjtY4R8BZ_D3en1kEmwnDqxWJZNs1hyMjM4R4PzmRXTQBPXZIvfVfG3Kv6vMunidJlLMRKmvXImgrQapTZSqJRJrVBKC0bUglrBb7Kda6uNI4aqp2x6K1DFyXvi3goDkhOP_.B2O3p_HbVZn1MUpHGe1kAroVjETRmwEmQ6OFVv1H9T8_BDG6SUOTLsn9.6PgtTu5qQIX4B6_R21w--&GI_ID=.

[10] Sharma S D, Prasad R, Shetye B, et al. Whole-body PET acceptance test in 2D and 3D using NEMA NU 2-2001 protocol [J]. Journal of Medical Physics, 2007, 32(4):150-5. DOI: 10.4103/0971-6203.37479.

第 五 章

晶体制备过程的能量守恒问题

5.1 讨论晶体制备过程能量守恒问题的出发点

◆ 能量守恒定律和质量守恒定律的地位与作用

在经典物理和化学的知识体系中，能量守恒定律和质量守恒定律具有至高无上的地位。E. Mach曾经说过，"在近代科学中，给予能量守恒定律的地位是如此显著，以致我们将尝试回答的关于它的正确性问题仿佛自行突出自己"；人们"通常把这个定律视为力学世界观之花，是自然科学的最高级的、最普遍的定理，许多世纪的思想都通向它"[1]13-14。

今天，如果没有能量守恒定律，无法讨论物质的运动；如果没有质量守恒定律，无法讨论物质的变化，这两个定律是描述物质世界运动与变化的第一性原理。

在现有的知识体系中，**能量守恒定律**被表述为：任何一个封闭系统——即与外部只有能量交换、没有物质交换的体系——的总能量是其机械能、热能和其他形式内能的总和，总能量改变等于输入其中和向外输出的能量的代数和。有了能量守恒定律，才有热力学第一定律和第二定律，或者说，热力学第一定律和第二定律是能量守恒定律的表达。

质量守恒定律则可被表述为：任何一个封闭系统，不论其发生何种变化和过程，它的总质量始终保持不变，或者说，在一个封闭系统中，物质在化学反应前后的总质量是不变的。有了质量守恒定律，才有表示化学反应的化学方程式，才有普通化学表示化学反应速度与化学平衡的方法学体系。

在晶体制备研究中，没有人会认为晶体制备是能量守恒定律和质量守恒定律的一个例外。然而，也许由于对这两个定律过于熟悉，也许认为遵守这两个定律是天经地义，更多的人把注意力集中在晶体制备过程的具体细节。现有的晶体制备教科书是关于晶体生长过程的描述的知识及理论的集合。在这些教科书中，关于能量守恒和质量守恒问题的叙述，大多都是轻描淡写。

经历了大量晶体制备实验之后，我们发现，在晶体制备研究中，如果过度忽略了能量守恒和质量守恒的问题，我们可能会失去对晶体制备研究的总体把握。这是我们在本章中重点讨论晶体制备过程能量守恒问题的原因。

◆ 确定晶体制备封闭系统的重要性

在第二章中，我们从经典的热力学理论出发，认为在任何一种晶体制备技术系统中，必须存在一个封闭系统，实现结构低度有序的物质转变为高度有序的晶体。我们把这个封闭系统称为"晶体制备封闭系统"，把制备技术系统中不属于这个封闭系统的部分称为"环境"。

在晶体由小变大的过程中，这个封闭系统不与环境发生物质交换，体系内物质的变化严格遵守质量守恒定律。与此同时，这个封闭系统既从环境吸收能量，也向环境传递能量，体系内的物质因晶体的形成而内能增大。这个封闭系统的能量转换与传递严格遵守能量守恒定律。

晶体制备封闭系统与环境之间必须存在确定的物理界面。这些界面保证了这个封闭系统不与环境发生物质交换。同时，不同的晶体制备技术系统，有着不同的技术原理和体系架构，这意味着在不同的技术系统中，晶体制备封闭系统可有不同的形态、构成和与环境的物理界面。

在讨论晶体制备的能量守恒和质量守恒问题时，我们首先要在不同的技术系统中确定晶体制备封闭系统，在此基础上，才能给出这个封闭系统与环境之间的能量转换与传递图景，进而按照技术经济原则，对系统的合理性和先进性做出判断。

反之，如果某个技术系统不存在晶体制备封闭系统，我们就可判断这个系统无法用来制备晶体。这是因为结构低度有序物质转变为晶体是一个负熵过程，而负熵过程只能发生在一个封闭系统之中。

◆ 晶体制备过程的能量转换与传递

目前，所有的晶体制备技术系统都使用外部输入的电能作为初级能源。

在初级能源中，大部分电能由发热体转变为热能；一部分电能被各类机械装置转变为机械能，使得水（如冷却水）、气等物质在系统中运动，也使得一定质量的部件发生位移；还有一部分电能被各类电气电子装置消耗，这些装置在技术系统中分别承担采集与处理信息、对各种部件进行控制等功能。

发热体是技术系统的核心部件。不同的发热体以不同的方式将电能转变为热能。例如，有的发热体通过电磁感应方式使技术系统中特定的部件发热，实现将电能转变为热能；有的发热体通过电阻型发热元件及热能定向传递的方式，对技术系统中特定部件及区域进行加热，实现将电能转变为热能。

发热体都是由多个部件构成的。例如，在采用电磁感应加热方式的技术系统中，发热体通常是由电源、感应线圈和连接部件构成的。感应线圈通常是晶体制备封闭系统的组成部分。在采用电阻型加热方式的技术系统中，发热体通常是由变压器、电阻型发热元件和连接部件构成的。发热元件通常不属于晶体制备封闭系统。

◆ 晶体制备过程能量守恒的基本关系

在晶体制备技术系统中，存在着两个基本的关系式，它们分别是电能守恒关系式和热能守恒关系式。

记一次完整制备实验中制备技术系统从外部获得的电能总量为 ΔE_{total}、各类机械装置消耗的电能量为 $\Delta E_{machine}$、各类电气电子装置消耗

的电能量记为 $\Delta E_{elec.}$、发热体消耗的电能量为 ΔE_{heater}，根据能量守恒定律，可得到 ΔE_{total} 为 $\Delta E_{machine}$、$\Delta E_{elec.}$ 和 ΔE_{heater} 三者之和的关系式。这是晶体制备技术系统的电能守恒关系式。

类似地，记发热体将电能转化为热能的效率为 $\eta_{con.}$、发热体产生的有效热能总量为 ΔH_{total}，可得出 ΔH_{total} 和 ΔE_{heater} 之间存在以下关系：$\Delta H_{total} = \eta_{con.} \Delta E_{heater}$。

同时，记传递过程中损耗的热能量为 $\Delta H_{trans.}$、转变为晶体内能的热能为 $\Delta U_{cry.}$、晶体制备封闭系统以各种形式向环境传递的热能量为 ΔH_{out}、体系内各种化学反应消耗的热能量记为 $\Delta H_{reaction}$、技术系统以各种途径散失的热能量为 $\Delta H_{invalid}$，根据能量守恒定律，ΔH_{total} 为 $\Delta U_{cry.}$、ΔH_{out}、$\Delta H_{trans.}$、$\Delta H_{reaction}$ 和 $\Delta H_{invalid}$ 五者之和。这是晶体制备技术系统的热能守恒关系式。

◆ 晶体制备技术系统的能效

以最低的成本制取所需要的目标晶体，是晶体制备的技术经济法则。能源消耗是晶体制备的主要成本。在选择制备技术系统的时候，第一位的要求当然是所选技术系统适用于制备这种目标晶体，第二位的要求则是选用能源使用效率（简称为能效）相对更高的技术系统，或者系统经改造后可取得更高的能效。

从电能守恒关系式看，系统的机械装置和电气电子装置都是不可或缺的，假设这些装置都有合理的能效，此时，$\Delta E_{machine}$ 和 $\Delta E_{elec.}$ 在晶体制备过程中将是恒定值。这样，提高技术系统能效的唯一途径是降低 ΔE_{heater} 值。

从热能守恒关系式看，当目标晶体一定时，在制备过程中转变为晶体内能的热能量 $\Delta U_{cry.}$ 是一个恒定值。同时，技术系统的体系结构和所用材料决定了 ΔH_{out} 和 $\Delta H_{reaction}$ 值。因此，提高电能转换效率 $\eta_{con.}$，降低热量传输过程中的损耗 $\Delta H_{trans.}$，降低技术系统向外散失的热能 $\Delta H_{invalid}$，是降低 ΔE_{heater} 的主要途径。

◆ 关于 ΔH_{out}

单纯从电能守恒关系式和热能守恒关系式看，降低晶体制备封闭系统向环境传递的热能 ΔH_{out}，也是提高技术系统能效的一个途径。但是，在晶体制备封闭系统中，当且仅当存在 ΔH_{out} 时，这个封闭系统才会有"冷端"，才能建立起温度梯度。在这样的条件下，来自原料的粒子在温度梯度的作用下才能够从温度更高的区域运动到温度更低的区域，进而在处于"冷端"的籽晶诱导下转变为晶体。因此，ΔH_{out} 的存在是目标晶体的制备得以实现的必要条件，它的大小首先服从制备目标晶体的要求。需要说明的是，$\Delta H_{invalid}$ 不包括 ΔH_{out}，或者说，前者是除后者之外的技术系统向外散失的热能。

设想两种极端情况。如果 $\Delta H_{invalid}$ 值不变，ΔH_{total} 值也不变，当 ΔH_{out} 值趋于零时，晶体制备体系的温度将会无限升高。这种情况是不能容许的。如果在上述的情况下，ΔH_{total} 也趋于零，晶体制备体系将演变成为孤立系统。这种情况也是不能容许的。

在晶体制备过程中，单位时间内 ΔH_{out} 值是恒定的，ΔH_{out} 与 ΔH_{total} 的比值应按建立适宜温度梯度的要求加以精细调整。此外，热量输运和物料输运不应受到大的干扰，两者之间的动态平衡更不能遭到破坏。

◆ 进一步理解能量守恒定律

19世纪下半叶，物理学家们试图用"力"这个主观概念来统一所有描绘物质世界运动与变化的理论。将"能"视为一种运动、而不是一种物质，是这场物理学统一性运动的产物，以致描述热能传递与转换的理论体系也称为"热的力学（thermodynamics）"。

如果把热能视作一种运动，热能的传输是它在运动中对外做功的结果。正如E. Mach所说，"正在考虑的热的量减少用所做的功度量，而正在考虑的热的量增加用利用的功度量，倘若这种功不以另外的形式出现的话"，"无论何时热做功，热的某一量就从较高的温度水平降到较低的水平，但热能的量依然是恒定的"。同样地，如果把电能视作一个运动，"当电从较高电势的物体流到较低电势的物体时，电能够做功，电的量依然不变"[1]35-36。

与这两个表述相联系的一个例子是高水位的水推动水轮机做功，在该过程中，"水的某一量就从较高水平降至较低水平，水的量在这个过程中依然不变"。

如果把热能视作一种物质，热能的传递就成为热能从一种形态转变为另一种形态的结果，在此过程中，一种形态热能的量将会减少，另一种形态热能的量将会增加，热能的总量将同样符合质量守恒定律。

例如，在物理气相输运技术系统制备碳化硅晶体中，一定质量的固态碳化硅颗粒获取热能之后，一部分颗粒发生升华，生成碳-硅气相组分。固态颗粒的热能形态与气相组分的热能形态是不同的，如果在固态颗粒中不存在热能，固态颗粒不可能发生升华。在此过程中，固态颗粒的一部分热能随之转变为气相组分的热能，结果是，固态颗粒的热能的量减少了，气相组分中的热能的量增加了。为了使这个过程持续下去，固态颗粒必须从外部"补充"新的热能。

在化学反应方程式中，人们常常在反应物一边或在产物一边加上表示热量的符号"Q"，并用"+"号或"–"号表示反应过程中吸收热能或释放热能。此时，热能被看作是一种物质，这意味着化学反应的结果是，存附于某些物质的热能量减少了，存附于另一些物质的热能量增加了。

物质的分子运动学说为能是一种运动的观点提供了理论支撑。根据分子运动学说，物质所有的运动及其结果都能还原为分子的空间运动过程。物质是由不停运动着的分子构成的，温度是分子平均动能大小的标志，热量的传递是分子相互碰撞的结果。分子运动学说把物质的宏观热现象与微观分子的统计行为联系起来,在解释气态物质诸如扩散、热传递、黏滞等现象的本质中取得了很大的成功。然而，微观分子运动和相互作用是观测之外的客体，这个学说为关于能是运动、还是物质的问题提供了一个容许的描述。

5.2 坩埚下降技术系统的能量守恒问题

◆ 坩埚下降技术系统的晶体制备封闭系统和温度梯度

自本节起，我们选择坩埚下降、水热、高温熔体提拉、物理气相输运、化学气相输运五类技术系统作为对象,讨论晶体制备的能量守恒问题。晶体制备还可在技术系统中实现。例如，为了制备大尺寸、高结晶质量的蓝宝石晶体，研究者先后发展出泡生法（kyropoulos method）、热交换法（heat exchange method）系统、导模法（edge-defined film-fed method）等系列制备技术，形成了成熟的技术系统和完整的工艺技术体系。而坩埚下降、水热、高温熔体提拉、物理气相输运、化学气相输运五类技术系统，涉及晶体的熔体制备技术、溶液制备技术和气相制备技术，在晶体制备技术中具有典型性，以它们为对象讨论晶体制备的能量守恒问题是有意义的。

确定晶体制备封闭系统是讨论能量守恒问题的前提，涉及体系形态、构成及与环境关系等要素。与其他技术系统相比，坩埚下降技术系统的晶体制备封闭系统较为简单。

图5.1给出了坩埚下降技术系统的结构示意图。如图中虚线勾画的那样，晶体制备封闭系统是由贵金属坩埚、结构低度有序的原料和籽晶构成的。贵金属坩埚成为这个封闭系统与环境之间的物理界面。

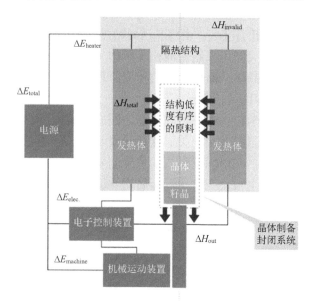

图 5.1　坩埚下降技术系统的结构示意图。晶体制备封闭系统由贵金属坩埚、结构低度有序的原料和籽晶构成，籽晶置于下部，贵金属坩埚构成此封闭系统与"环境"区域的物理界面。位于环境区域的电阻发热体持续将电能转变为热能，热能主要以热辐射形式沿水平方向传递至封闭系统。同时，封闭系统又沿垂直方向向"环境"区域及外部传递热能。在垂直方向上，存在着一个"上高下低"的温度梯度 $\mathrm{grad}\,T_a$。外部输入技术体系的电能 $\Delta E_{\mathrm{total}}$，一部分转换为电子控制装置消耗的电能量 $\Delta E_{\mathrm{elec.}}$，一部分转换为机械运动装置消耗的电能量 $\Delta E_{\mathrm{machine}}$，主要部分转换为电阻发热体消耗的电能量 E_{heater}。忽略传递过程中损耗的热能量、封闭系统内化学反应消耗的热能，发热体产生的有效热能量 $\Delta H_{\mathrm{total}}$，一部分转变为晶体的内能 $\Delta U_{\mathrm{cry.}}$、一部分转变为该封闭系统向"环境"区域及外部传递的热能量 ΔH_{out}，还有一部分转变为整个技术系统以各种途径散失的热能量 $\Delta H_{\mathrm{invalid}}$

（绘图：施尔畏）

在晶体制备过程中，由于贵金属坩埚是密封的，晶体制备封闭系统与外部不发生物质交换。籽晶则被置于封闭系统下部。位于技术系统"环境"区域内的电阻发热体持续将外部输入的电能转变为热能。热能以热辐射方式沿水平方向传递到这个封闭系统（如图中水平方向的红色箭头所示）。同时，封闭系统持续沿垂直朝下方向向技术系统的"环境"区域及外部传递热能（如图中垂直方向的红色箭头所示）。这样，在这个封闭系统的垂直方向上，存在着上部区域温度高、下部区域温度低的轴向温度梯度$\mathrm{grad}T_a$。

在晶体制备过程中，机械装置使得晶体制备封闭系统缓慢地自上向下运动。被贵金属坩埚密封的原料通过上端高温区域时转变为同成分熔体，然后，在下端低温区域，由籽晶诱导结晶而成同成分的晶体。因此，坩埚下降技术系统只能用来制备液相（熔体）与固相（结晶相）之间存在确定相变温度的晶体，而热力学的相变原理及各种各类物质的相图是指导研究工作的知识基础。

根据分子运动学说，固态物质转变为同成分熔体后，分子的平均运动自由程增大，并与温度正相关。这意味着与同成分固态物质相比，熔体的体积有所增大。在坩埚下降技术系统制备晶体的过程中，如果在高温区域熔体体积发生很大变化，贵金属坩埚就会随之向外膨胀，甚至发生破裂，导致熔体外泄，制备实验失败。

因此，坩埚下降技术系统更加适用于制备固态原料的密度与同成分熔体的密度差异较小物质所对应的晶体。同时，控制置于贵金属坩埚内的固态原料的质量，控制高温区域的温度，是采用这种技术系统制备晶体中需要关注的问题。

尽管贵金属具有良好的化学惰性，但在高温下，它仍可与某些化学元素发生化学反应。在采用坩埚下降技术系统制备晶体的过程中，如果发生这类化学反应，它不但要消耗一部分热能$\Delta H_{\mathrm{reaction}}$，而且将极大地增加贵金属坩埚破裂的可能性。因此，这种下降技术系统仅可用来制备那些不含有高温下可与贵金属发生化学反应的元素的晶体。

在贵金属坩埚内，热能主要以热传导方式沿水平方向从坩埚壁向中心区域传递。当坩埚截面积有限的时候，坩埚壁与中心区域的温差不会对晶体的制备过程产生大的影响，但随着对称型坩埚的截面积增大，或者采用大尺寸长方体坩埚时，这个效应将迅速显现。

制备实验结束后，人们可从技术系统中取出常温常压下被固化的结晶体和非结晶态物质，常可观察到两者间的界面或是平坦的，或朝非结晶态物质方向凸起，或朝结晶体方向凸起，由此推断在晶体制备过程中熔体相和结晶相之间的界面也呈"平界面"、"凹界面"或"凸界面"的形态。如果把坩埚壁与中心区域的温差记为径向温度梯度$\mathrm{grad}T_r$，$\mathrm{grad}T_r$与$\mathrm{grad}T_a$在两相界面处的耦合效应也是采用这种技术系统制备晶体时需要重点关注的问题。

◆ **坩埚下降技术系统制备晶体过程的能量守恒关系**

对于坩埚下降技术系统，在它从外部获取的电能量$\Delta E_{\mathrm{total}}$中，一部分转变为电子控制装置消耗的电能量$\Delta E_{\mathrm{elec}}$；一部分转变为机械装置消耗的电能量$\Delta E_{\mathrm{machine}}$；主要部分转变为电阻发热体消耗的电能量$\Delta E_{\mathrm{heater}}$。因此，这类技术系统的电能守恒关系式为：$\Delta E_{\mathrm{total}} = \Delta E_{\mathrm{elec}} + \Delta E_{\mathrm{machine}} + \Delta E_{\mathrm{heater}}$。同时，如果传递过程中损耗的热能量$\Delta H_{\mathrm{trans}}$和其他化学反应消耗的热能量$\Delta H_{\mathrm{reaction}}$可被忽略不计，这类技术系统的热能守恒关系式为：$\Delta H_{\mathrm{total}} = \Delta U_{\mathrm{cry}} + \Delta H_{\mathrm{out}} + \Delta H_{\mathrm{invalid}}$。

从图5.1可看到，在制备过程中，电阻发热体产生的一部分热能向绿色标示的"环境"区域传递，这是$\Delta H_{\mathrm{invalid}}$的主体。当单位时间内$\Delta H_{\mathrm{total}}$值一定时，这部分$\Delta H_{\mathrm{invalid}}$越大，传递到晶体制备封闭系统的热能量越小，这必然对晶体制备产生不利影响。因此，选用隔热性能优异的材料，在绿色标示的"环境"区域构建合理隔热结构，对于提高此类技术系统的能效也是重要的。

5.3 水热技术系统的能量守恒问题

◆ **水热技术系统的晶体制备封闭系统和温度梯度**

图5.2给出了水热技术系统的结构示意图。与坩埚下降技术系统相似，在这类技术系统中，晶体制备封闭系统的形态、构成及与环境之间的关系也是比较简单的。

在水热技术系统中，高压釜是核心装备。在晶体制备过程中，高压釜被密封起来。这样，高压釜、溶液、固态原料和籽晶构成了晶体制备封闭系统，高压釜向封闭系统提供了与"环境"区域隔离的物理界面。固态原料被置于图中标注的溶解区内，籽晶被置于图中标注的结晶区内。常温常压下溶液的体积与高压釜反应腔体体积之比被称为填充度，通常，填充度值被控制在90%及以下。

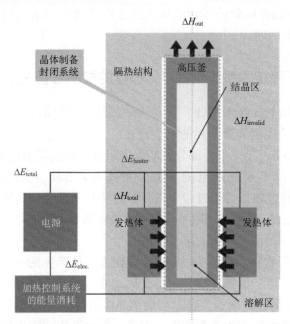

图 5.2　水热技术系统的结构示意图。晶体制备封闭系统是由高压釜、溶液、固态原料和籽晶构成的，高压釜是该封闭系统与"环境"区域的物理界面。电阻发热体产生的热能首先以热辐射方式沿水平方向传递至高压釜壁，然后在高压釜体内以热传导方式传递至反应腔体内，再通过对流方式传递到反应腔体内各个区域。同时，高压釜从顶部向"环境"区域及外部传递热能。在晶体制备过程中，该封闭系统在垂直方向建立起"上低下高"的温度梯度 $\mathrm{grad}T_a$，电能守恒关系式为 $\Delta E_{\mathrm{total}}=\Delta E_{\mathrm{elec.}}+\Delta E_{\mathrm{machine}}+\Delta E_{\mathrm{heater}}$；热能守恒关系式为：$\Delta H_{\mathrm{total}}=\Delta U_{\mathrm{cry}}+\Delta H_{\mathrm{out}}+\Delta H_{\mathrm{reaction}}+\Delta H_{\mathrm{invalid}}$，式中，$\Delta H_{\mathrm{out}}$ 为高压釜向"环境"区域及外部传递的热能量；$\Delta H_{\mathrm{reaction}}$ 为高压釜内部发生的固态原料溶解反应、溶质团簇从溶解区输运到结晶区等过程消耗的热能量；$\Delta H_{\mathrm{invalid}}$ 为电阻发热体向"环境"区域传递的热能量

（绘图：施尔畏）

水热技术系统也采用电阻发热技术，电阻发热体置于"环境"区域中。在晶体制备过程中，电阻发热体持续将外部输入的电能转变为热能；热能首先通过热辐射方式沿水平方向传递至高压釜壁（如图中水平方向的红色箭头所示），然后在高压釜体内以热传导方式从外壁传递至内壁，再通过溶液对流的方式传递到反应腔体的各个区域。

在高压釜顶部，通常置有隔热性能有限的材料，高压釜沿垂直方向从顶部向"环境"区域及外部传递热能（如图中垂直方向的红色箭头所示）。这样，晶体制备密封体系可在沿垂直方向上形成"下高上低"的温度梯度$\mathrm{grad}T_a$。$\mathrm{grad}T_a$的大小是由高压釜长度与直径之比、发热体功率和顶部保温结构决定的，当前两者被固定下来之后，调整顶部保温结构是调节$\mathrm{grad}T_a$的主要途径。

在水热条件下，置于反应腔体溶解区的固态原料在溶液中溶解。在$\mathrm{grad}T_a$的作用下，溶液在垂直方向上发生对流，把溶质团簇从溶解区输运到结晶区内。由于结晶区的温度低于溶解区，溶质团簇在籽晶表面结晶，逐渐形成晶体。

高压釜是用金属材料制成的。如果溶液是酸性的，在水热条件下，它将与高压釜发生化学反应，导致金属离子进入溶液，进而以杂质离子的形式进入晶体，久而久之，还会破坏高压釜的金属密封结构，导致"封闭系统"变成"开放系统"。因此，水热技术系统只能使用碱性溶液，制备那些在碱性溶液中溶解度与温度正相关的晶体。

与坩埚下降技术系统等相比，在水热技术系统中，粒子的运动有着最大的自由程，溶质粒子之间、溶质粒子与溶剂粒子之间存在最充分的相互作用，晶体的结晶形态也发育得最为完整。因此，从水热条件下晶体制备研究中得出的概念、结论和推论不可随意地推广到其他技术系统之中。

◆ 水热技术系统制备晶体的能量守恒关系

水热技术系统一般不加置机械装置，故$\Delta E_{\mathrm{machine}}$值为零，此时，该类技术系统的电能守恒关系式为：$\Delta E_{\mathrm{total}} = \Delta E_{\mathrm{elec.}} + \Delta E_{\mathrm{heater}}$。当传递过程中损耗的热能量$\Delta H_{\mathrm{trans.}}$可被忽略的时候，该类技术系统相的热能守恒关系式为：$\Delta H_{\mathrm{total}} = \Delta U_{\mathrm{cry.}} + \Delta H_{\mathrm{out}} + \Delta H_{\mathrm{reaction}} + \Delta H_{\mathrm{invalid}}$，其中$\Delta H_{\mathrm{reaction}}$为反应腔体固态原料溶解反应、溶质团簇从溶解区输运到结晶区等过程消耗的热能量，$\Delta H_{\mathrm{invalid}}$为发热体向图5.2中橘黄色标注的"环境"区域传递的热能量。与坩埚下降技术系统类似，当目标晶体一定时，$\Delta U_{\mathrm{cry.}}$大致为恒定值，当高压釜和系统结构确定后，ΔH_{out}和$\Delta H_{\mathrm{reaction}}$也成为恒定值，这样，选用隔热性能相对较好的材料，在橘黄色的"环境"区域内构建合理保温结构，成了提高技术系统能效的唯一途径。

5.4　高温熔体提拉技术系统的能量守恒问题

◆　高温熔体提拉技术系统的晶体制备封闭系统和温度梯度

　　与上述两类技术系统相比，高温熔体提拉技术系统的晶体制备封闭系统更为复杂。图5.3给出了这类技术系统的结构示意图。如图所示，可在高温下转变为熔体的原料、同时作为原料容器和感应发热体的贵金属坩埚、晶体、感应线圈和连接部件，位于贵金属坩埚和感应线圈之间的隔热结构、提拉杆及其晶体等同被置于一个圆柱形金属钟罩之中。通常，金属钟罩内部区域被称为反应腔体。

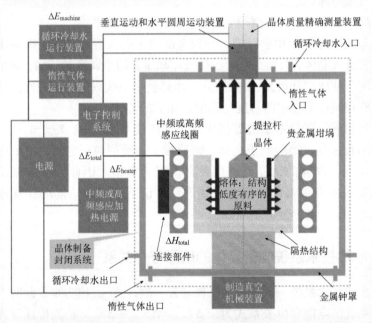

　　图 5.3　高温熔体提拉技术系统的结构示意图。圆柱形金属钟罩为晶体制备封闭系统提供了与环境隔离的物理界面，所有置于金属钟罩内的物质与部件都属于该封闭系统。在晶体制备过程中，当感应线圈通入中频或高频电流时，贵金属坩埚在由此产生的交变电磁场中感应发热。由于贵金属坩埚外壁与感应线圈内侧之间置有隔热结构，热能主要以热传导方式传递至坩埚内的固态原料。熔体上部和晶体是开放的，由于金属钟罩向外自然散热、冷却水循环运动和流经反应腔体的惰性气体带走大量热能，坩埚内热能主要沿垂直方向朝上方向传递至系统外部，形成"下高上低"的温度梯度 $\mathrm{grad}\,T_{a}$，在水平方向上也形成"外高内低"的温度梯度 $\mathrm{grad}\,T_{r}$。该类技术系统的电能守恒关系式为：$\Delta E_{\mathrm{total}}=\Delta E_{\mathrm{elec.}}+\Delta E_{\mathrm{machine}}+\Delta E_{\mathrm{heater}}$，其中 $\Delta E_{\mathrm{machine}}$ 包含四类机械装置消耗的电能量；热能守恒关系式为：$\Delta H_{\mathrm{total}}=\Delta U_{\mathrm{cry}}+\Delta H_{\mathrm{out}}+\Delta H_{\mathrm{reaction}}$，其中 ΔH_{out} 包括金属钟罩自然散热和冷却水、惰性气体运动带走的热能量

（绘图：施尔畏）

在晶体制备过程中，反应腔体内的气体首先被抽出，然后，惰性气体被注入反应腔体。当反应腔体内部气相压力低于外部气相压力的时候，金属钟罩就被自然密封，反应腔体成了一个封闭系统。这样，如图5.3中用虚线勾画的空间所示，晶体制备封闭系统由所有位于反应腔体的物质和部件构成，金属钟罩为这个封闭系统提供了与"环境"隔绝的物理界面。

高温熔体提拉技术系统通常含有四类机械装置，其中第一类装置是使提拉杆作垂直向上和水平圆周运动的机械装置；第二类装置是使冷却水循环运动的机械装置；第三类装置是使惰性气体经反应腔体运动的机械装置；第四类装置是在反应腔体中制造真空环境的机械装置。此时，机械装置消耗电能 $\Delta E_{machine}$ 可表示为：$\Delta E_{machine} = \Delta E_{C\text{-}W} + \Delta E_{IA\text{-}G} + \Delta E_{V\&C\text{-}M} + \Delta E_{V\text{-}M}$，式中，$\Delta E_{C\text{-}W}$ 是使冷却水循环运动的机械装置消耗的电能量；$\Delta E_{IA\text{-}G}$ 是使惰性气体运动的机械装置消耗的电能量；$\Delta E_{V\&C\text{-}M}$ 是使提拉杆运动的机械装置消耗的电能量；$\Delta E_{V\text{-}M}$ 是制造真空环境的机械装置消耗的电能量。

图5.3所示的高温熔体提拉技术系统采用电磁感应发热体。在构成发热体的三个部件中，感应加热电源部件位于系统的"环境"部分；感应线圈部件和连接部件位于反应腔体内，属于晶体制备封闭系统。当感应线圈通入中频或高频电流时，贵金属坩埚在由此产生的交变电磁场中感应发热。由于贵金属坩埚外壁与感应线圈内侧之间加置了隔热结构，大部分热能通过热传导方式传递给贵金属坩埚内的固态原料，使其在短时间内转变为熔体。然而，无论采用何种隔热材料，总有部分热能以热辐射方式从贵金属坩埚传递到反应腔体的其他区域（如图中水平方向的红色箭头所示）。

熔体上部和从熔体中提拉出来的晶体对于反应腔体是敞开的，置于金属钟罩顶部的机械装置及温度测量装置向外部传递热能，如果冷却水从顶部注入金属钟罩的壁腔，室温惰性气体也从顶部注入反应腔体，两者在运动中将持续带走顶部区域积蓄的热能，总的结果是，如图5.3中垂直方向的红色箭头所示，更多的热能将沿垂直朝上方向向外部传递。这样，在反应腔体内，沿垂直方向形成了下部区域——即贵金属坩埚的熔体区域——温度相对较高、上部区域——从熔体提拉出来的晶体及提拉杆——温度相对较低的轴向温度梯度gradT_a。

与坩埚下降技术系统相似，高温熔体提拉技术系统仅仅适用于制备熔体相与结晶相之间存在确定相变温度的物质所对应的晶体，同时，高温熔体不应含有任何在高温下与贵金属反应的化学元素。

在2.5节中，我们根据分子运动学说，阐述了在高温熔体提拉技术系统中，熔体粒子如何在水平方向上建立起质量传输平衡，而这个平衡又与水平方向上热能传递平衡相互耦合。这就是说，在贵金属坩埚中，存在着沿水平方向的坩埚壁区域温度相对较高、熔体中心区域温度相对较低的温度梯度$\mathrm{grad}T_r$。在晶体制备过程中，$\mathrm{grad}T_a$和$\mathrm{grad}T_r$不是相互独立的，而是相互耦合的，对其中的一个参数做出调节将导致另一个参数发生变化。一般地，目标晶体的直径越大，$\mathrm{grad}T_r$值大小对晶体制备过程的影响越明显。原则上说，制备结晶质量好的晶体，需要使$\mathrm{grad}T_a$和$\mathrm{grad}T_r$实现合理匹配。

◆ 高温熔体提拉技术系统的能量守恒关系

高温熔体提拉技术系统的电能守恒关系式为：$\Delta E_{total} = \Delta E_{elec.} + \Delta E_{machine} + \Delta E_{heater}$，其中$\Delta E_{machine}$由四部分构成，一是使冷却水循环运动的机械装置消耗的电能量ΔE_{C-W}；二是使惰性气体运动的机械装置消耗的电能量ΔE_{IA-G}；三是使提拉杆运动的机械装置消耗的电能量$\Delta E_{V\&C-M}$；四是制造真空环境的机械装置消耗的电能量ΔE_{V-M}。

在晶体制备过程中，晶体制备封闭系统向外传递的热能量ΔH_{out}由三部分构成，其中一部分是金属钟罩以热辐射方式向外散发的热能量ΔH_{M-C}；一部分是冷却水循环运动带走的热能量ΔH_{C-W}；还有一部分是流经反应腔体的惰性气体带走的热能量ΔH_{I-G}，由此可得到如下关系式：$\Delta H_{out} = \Delta H_{M-C} + \Delta H_{C-W} + \Delta H_{I-G}$。

如果忽略传递过程中损耗的热能量$\Delta H_{trans.}$，高温熔体提拉技术系统的热能守恒关系式为：$\Delta H_{total} = \Delta U_{cry.} + \Delta H_{out} + \Delta H_{reaction}$，式中，$\Delta H_{total}$为中频或高频感应发热体产生的有效热能量；$\Delta U_{cry.}$为目标晶体的内能；$\Delta H_{out}$为晶体制备封闭系统向外传递的热能量；$\Delta H_{reaction}$为反应腔体内各种部件——包括位于感应线圈与贵金属坩埚之间的隔热结构——发生热蚀等反应时消耗的热能量。

5.5 物理气相输运技术系统的能量守恒问题

◆ 物理气相输运技术系统的两种类型

概括地说，物理气相输运（physical vapor transport，PVT）技术系统可分为两种基本类型。第一种类型是在中频感应线圈内侧和碳材料保温组件外侧之间加置一个石英玻璃管。在晶体制备过程中，由于石英管外的气相压力高于石英管内的气相压力，这个石英玻璃管就可通过上端和下端的密封部件密封起来。此时，晶体制备封闭系统是由置于石英管内的各种物质和部件构成的，石英管和上端与下端的密封部件为封闭系统提供了与"环境"隔离的物理界面。图5.4给出了这种技术系统的结构示意图，它可被称为**石英玻璃管型PVT技术系统**。

如图5.5所示，第二种类型的技术系统使用了一个圆柱形金属钟罩。如果金属钟罩外部气相压力高于内部反应腔体气相压力，金属钟罩自然地封闭起来，此时，置于反应腔体的物质和部件就构成了一个封闭系统，金属钟罩成为这个封闭系统与环境之间的物理界面。从结构上看，这种类型的技术系统与高温熔体提拉技术系统有相似之处，它可被称为**金属钟罩型PVT技术系统**。

◆ 石英玻璃管型 PVT 技术系统的晶体制备封闭系统和温度梯度

在石英玻璃管型PVT技术系统中，晶体制备封闭系统是由所有置于石英玻璃管内的物质和部件构成的。在石英玻璃管中，固态颗粒状原料被置于石墨坩埚的下部，籽晶被粘接在石墨坩埚的顶部。碳化硅物质不存在确定的固液两相的相变温度，但在高温下固态碳化硅可通过升华直接转变为气态物质。因此，物理气相输运技术系统适用于制备那些物理性质与碳化硅相似的物质对应的晶体。

当感应线圈通入中频电流时，石墨坩埚在由此产生的交变电磁场中感应发热。由于石墨坩埚外壁与感应线圈内侧之间加置了隔热结构，更多的热能直接传递给置于石墨坩埚下部的固态颗粒原料，使它们在短时间内达到发生升华的温度。由此产生的气相物质输运到温度相对较低的紧邻籽晶区域，在籽晶提供的生长界面上沉积与结晶，逐渐形成相应的晶体。

石墨坩埚被置于一个圆柱形隔热结构之中。通常，这个隔热结构的柱面区域和底部区域选用隔热性能更好的材料（如图5.4中用浅黄色标示的区域），但顶部区域选用隔热性能相对较差的材料（如图5.4中用灰色标示的区域）。这样的结构保证了石墨坩埚内的热能更容易沿垂直朝上方向传递到反应腔体的其他区域（如图5.4中垂直向上的红色箭头所示）。在晶体制备过程中，气相物质的垂直向上输运，也将大量热能从石墨坩埚下部的原料区带至上部的籽晶区。

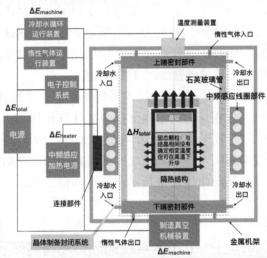

图 5.4　石英玻璃管型 PVT 技术系统的结构示意图。石英玻璃管和上下两端密封部件为晶体制备封闭系统提供了与"环境"隔离的物理界面，所有被置于反应腔体的物质和部件都属于这个封闭系统。在晶体制备过程中，当感应线圈通入中频电流时，石墨坩埚在由此产生的交变电磁场中感应发热。由于石墨坩埚外壁与感应线圈内侧之间加置了隔热结构，石墨坩埚因感应产生的热能更多地传递给固态颗粒原料，使其达到升华的温度。由此产生的气相物质输运到温度相当较低的紧邻籽晶区域，在籽晶提供的生长界面上沉积与结晶，逐渐形成晶体。隔热结构的顶部采用隔热性能更差的材料，石墨坩埚内的热能更易沿垂直方向向反应腔体的上部区域传递，进而通过石英玻璃管及密封部件向外传递，从而在垂直方向形成"下"高"上"低的温度梯度 $\mathrm{grad}T_a$，在水平方向也形成"外"高"内"低的温度梯度 $\mathrm{grad}T_r$。该技术系统的电能守恒关系式为：$\Delta E_{\mathrm{total}} = \Delta E_{\mathrm{elec.}} + \Delta E_{\mathrm{machine}} + \Delta E_{\mathrm{heater}}$，其中 $\Delta E_{\mathrm{machine}}$ 包含了四类机械装置消耗的电能量；热能守恒关系式为：$\Delta H_{\mathrm{total}} = \Delta U_{\mathrm{cry}} + \Delta H_{\mathrm{out}} + \Delta H_{\mathrm{reaction}}$，其中 $\Delta H_{\mathrm{reaction}}$ 包含了反应腔体内发生的五类化学反应所需的能量

（绘图：施尔畏）

　　流经上端密封部件的冷却水和注入反应腔体的惰性气体把集聚在反应腔体上部区域的热能传递至石英玻璃管的外部。同时，石英玻璃管通过热辐射方式将内部的热能传递至外部。这样，在石墨坩埚内部，形成了沿垂直方向的下部（即原料区）温度高、上部（即籽晶区）温度低的温度梯度$\text{grad}T_a$。

　　需要说明的是，目前还难以找到一种既有高温隔热性能、又有一定高温结构强度的隔热材料。在石墨坩埚产生的热能中，总有一部分热能通过隔热结构的柱面区域或下部区域向反应腔体其他区域传递（如图5.5中水平方向的红色箭头所示）。因此，如何提高这两个区域的隔热性能，并在重复进行的高温实验中，保证这两个区域向外传递的热能不出现迅速增大、隔热结构的强度不发生迅速下降的现象，是建立满足制备目标晶体要求的$\text{grad}T_a$的关键。

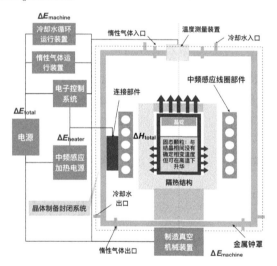

图 5.5　金属钟罩型 PVT 技术系统的结构示意图。金属钟罩是阻挡晶体制备封闭系统与"环境"发生物质交换的物理界面。属于这个封闭系统的物质和部件包括中频感应线圈部件、连接部件、隔热结构、石墨坩埚、被置于坩埚下部原料区的固态颗粒原料和被粘接在石墨坩埚顶部的籽晶。在该技术系统中，热能的产生、传递、气相物质在籽晶提供的生长界面上存积与结晶的机理与石英玻璃管型 PVT 技术系统完全相同。在石墨坩埚内部，存在着沿垂直方向的下（原料区）高上（籽晶区）低的温度梯度 $\text{grad}T_a$；同时还存在沿水平方向的外（石墨坩埚壁）高内（石墨坩埚对称轴相关区域）低的温度梯度 $\text{grad}T_r$。该技术系统的电能守恒关系式为：$\Delta E_{total} = \Delta E_{elec.} + \Delta E_{machine} + \Delta E_{heater}$，其中 $\Delta E_{machine}$ 包含四类机械装置运动时消耗的电能量；热能守恒关系式为：$\Delta H_{total} = \Delta U_{cry.} + \Delta H_{out} + \Delta H_{reaction}$，其中 $\Delta H_{reaction}$ 包括反应腔体内发生的五类化学反应所需要的能量；ΔH_{out} 是三部分向外部传递的热能量之和，具体可表示为：$\Delta H_{out} = \Delta H_{C\text{-}W} + \Delta H_{I\text{-}G} + \Delta H_{chamber}$。

（绘图：施尔畏）

石墨坩埚在交变电磁场中产生的热能，以热传导方式在原料区域中传递。与连续物质相比，热能在固态颗粒中的传递需要克服颗粒之间的界面和间隙产生的导热势垒。因此，在石墨坩埚内，热能沿水平方向的分布是不均匀的，但总体上仍形成了外部区域（即石墨坩埚壁）温度相对较高、内部区域（即石墨坩埚对称轴相关区域）温度相对较低的温度梯度，它被称为径向温度梯度$\mathrm{grad}T_r$。

与高温熔体提拉技术系统相似，在晶体制备过程中，$\mathrm{grad}T_a$和$\mathrm{grad}T_r$相互耦合。当$\mathrm{grad}T$处于合理范围之内时，如果$\mathrm{grad}T_a$过大，更多的气相物质输运到紧邻籽晶区域，导致晶体的结晶速率过高，结晶质量下降；如果$\mathrm{grad}T_a$过小，输运到紧邻籽晶区域的气相物质减少，晶体不能实现有效生长。

当$\mathrm{grad}T_a$处于合理范围之内时，如果$\mathrm{grad}T_r$过大，生长界面中心区域因温度相对较低而取得更高的结晶速率；生长界面邻近石墨坩埚内壁区域则因温度相对较高而取得更低的结晶速率。结果是，结晶相与气相之间的界面不再是一个平坦面，而是一个朝气相方向凸起的曲面，以此曲面制得的晶体不可能具有高的结晶质量。

与高温熔体提拉技术系统相似，目标晶体的直径越大，$\mathrm{grad}T_r$对晶体制备的作用越明显。如何实现$\mathrm{grad}T_a$和$\mathrm{grad}T_r$的最佳匹配，也是采用物理气相输运技术系统制备晶体的重要课题。

◆ 石英玻璃管型 PVT 技术系统晶体制备过程的能量守恒关系

与高温熔体提拉技术系统类似，石英玻璃管型PVT技术系统含有四类机械装置，其中第一类装置是在石英玻璃管内制造真空环境的机械装置；第二类装置是使冷却水循环运动的机械装置；第三类装置是使惰性气体流经反应腔体的机械装置；第四类装置是使技术系统其他部件运动的机械装置。

在晶体制备过程中，上述四类机械装置都要消耗电能。因此，$\Delta E_{\mathrm{machine}}$可表示为：$\Delta E_{\mathrm{machine}}=\Delta E_{\mathrm{V\text{-}M}}+\Delta E_{\mathrm{C\text{-}W}}+\Delta E_{\mathrm{IA\text{-}G}}+\Delta E_{\mathrm{motion}}$，式中，$\Delta E_{\mathrm{V\text{-}M}}$是制造真空环境机械装置消耗的电能量；$\Delta E_{\mathrm{C\text{-}W}}$是使冷却水循环运动的机械装置消耗的电能量；$\Delta E_{\mathrm{IA\text{-}G}}$是使惰性气体运动的机械装置消耗的电能量；$\Delta E_{\mathrm{motion}}$是使技术系统其他部件运动的机械装置消耗的电能量。这样，石英玻璃管型PVT技术系统的电能守恒关系式为：$\Delta E_{\mathrm{total}}=\Delta E_{\mathrm{elec.}}+\Delta E_{\mathrm{machine}}+\Delta E_{\mathrm{heater}}$，其中$\Delta E_{\mathrm{machine}}$是$\Delta E_{\mathrm{V\text{-}M}}$、$\Delta E_{\mathrm{C\text{-}W}}$、$\Delta E_{\mathrm{IA\text{-}G}}$和$\Delta E_{\mathrm{motion}}$四者

之和。

在晶体制备过程中，反应腔体向外传递的热能量 ΔH_{out} 是由四部分构成的，其中，一部分热能主要以热辐射方式通过石英玻璃管向外传递，这部分热能量记为 $\Delta H_{Q\text{-}G\text{-}Tube}$；一部分热能通过金属材质的上下端密封部件向外传递，其经热交换后由流经这两个部件的冷却水向外传递，这两部分热能量分别记为 ΔH_{head} 和 ΔH_{bottom}；还有一部分热能由流经反应腔体的惰性气体向外传递，这部分热能量记为 $\Delta H_{I\text{-}G}$。这样，ΔH_{out} 是上述四部分热能量之和，具体可表示为：$\Delta H_{out} = \Delta H_{Q\text{-}G\text{-}Tube} + \Delta H_{head} + \Delta H_{bottom} + \Delta H_{I\text{-}G}$。采用石英玻璃管型技术系统制备晶体的必要条件是，$\Delta H_{head}$ 必须在 ΔH_{out} 中占有主要比重。

在反应腔体内，除结晶反应之外，还存在其他五类化学反应，这些化学反应消耗的热能量 $\Delta H_{reaction}$ 也由五部分构成。其中，一部分转变为固态颗粒原料升华所需热能，这部分热能量记为 $\Delta H_{subl.}$；一部分转变为固态颗粒原料聚集及重结晶所需热能，这部分热能量记为 $\Delta H_{assem.}$；一部分转变为气相物质在石墨坩埚内运动及输运到反应腔体其他区域所需热能，这部分热能量记为 $\Delta H_{gas\text{-}mot.}$；一部分转变为气相物质与隔热结构发生化学反应以及隔热结构发生热蚀所需热能，这部分热能量记为 $\Delta H_{CIS\text{-}reac.}$；还有一部分是气相物质在石英玻璃管内壁凝华释放的热能，这部分热能量记为 $\Delta H_{desubl.}$。这样，这类技术系统在晶体制备过程中的 $\Delta H_{reaction}$ 可表示为：$\Delta H_{reaction} = \Delta H_{subl.} + \Delta H_{assem.} + \Delta H_{gas\text{-}mot.} + \Delta H_{CIS\text{-}reac.} - \Delta H_{desubl.}$。

实践证明，最大程度防止固态颗粒原料在高温下聚集与重结晶，严格控制气相物质与隔热结构发生化学反应，不但可以减少 $\Delta H_{assem.}$ 和 $\Delta H_{CIS\text{-}reac.}$，进而减小 $\Delta H_{reaction}$，而且有利于生长界面在晶体制备过程中保持稳定，进而提高晶体的结晶质量。

当传递过程中损耗的热能量 $\Delta H_{trans.}$ 被忽略不计时，该类技术系统在晶体制备过程中的热能守恒关系式可表示为：$\Delta H_{total} = \Delta U_{cry.} + \Delta H_{out} + \Delta H_{reaction}$，式中，$\Delta H_{total}$ 为发热体产生的有效热能量；$\Delta U_{cry.}$ 为目标晶体的内能；ΔH_{out} 为反应腔体向外传递的热能量；$\Delta H_{reaction}$ 为反应腔体内除结晶反应外的化学反应消耗的热能量。

◆　金属钟罩型 PVT 技术系统的晶体制备封闭系统和温度梯度

在图5.5中，虚线勾画出这类技术系统的晶体制备体系，在晶体制备过程中，由于金属钟罩内部与外部形成了较大的压差，即金属钟罩内部的压力显著低于大气压，使得金属钟罩与金属底板在密封部件的作用下形成一个封闭系统，完全阻断金属钟罩内部与外部的物质交换。

同时，由于循环流动的冷却水注入金属钟罩的壁腔，惰性气体也流经反应腔体，两者都将带走反应腔体的部分热能；金属钟罩也会以热辐射方式向外部传递热能，这样，这个封闭系统可与"环境"发生能量交换。属于这个封闭系统的物质与部件包括中频感应线圈部件、连接部件、隔热结构、石墨坩埚、置于石墨坩埚原料区的固态颗粒原料和被粘接在石墨坩埚顶部的籽晶。

在金属钟罩型PVT技术系统中，热能的产生、传递以及气相物质在生长界面上存积与结晶的过程与石英玻璃管型PVT技术系统是完全相同的。

◆ 金属钟罩型 PVT 技术系统晶体制备过程的能量守恒关系

与石英玻璃管型PVT技术系统相同，金属钟罩型PVT技术系统包含四类机械装置，因此这个技术系统的 $\Delta E_{\text{machine}}$ 也由四部分构成，具体可表达为：$\Delta E_{\text{machine}} = \Delta E_{\text{V-M}} + \Delta E_{\text{C-W}} + \Delta E_{\text{IA-G}} + \Delta E_{\text{motion}}$，式中，$\Delta E_{\text{V-M}}$ 是制造真空环境的机械装置消耗的电能量；$\Delta E_{\text{C-W}}$ 是使冷却水循环运动的机械装置消耗的电能量；$\Delta E_{\text{IA-G}}$ 是使惰性气体运动的机械装置消耗的电能量；ΔE_{motion} 是使技术系统其他部件运动的机械装置消耗的电能量。这样，这类技术系统的电能守恒关系为：$\Delta E_{\text{total}} = \Delta E_{\text{elec.}} + \Delta E_{\text{machine}} + \Delta E_{\text{heater}}$，式中，$\Delta E_{\text{total}}$ 是外部输入系统的电能量；$\Delta E_{\text{elec.}}$ 是电子控制装置消耗的电能量；$\Delta E_{\text{machine}}$ 是四类机械装置消耗的电能量；ΔE_{heater} 是中频感应发热体消耗的电能量。

在晶体制备过程中，金属钟罩内部区域的热能以三种形式向外传递，其中一部分由流经金属钟罩壁腔的冷却水向外传递，这部分热能量记为 $\Delta H_{\text{C-W}}$；一部分由流经反应腔体的惰性气体向外传递，这部分热能量记为 $\Delta H_{\text{IE-G}}$；一部分则由金属钟罩以热辐射形式向外传递，这部分热能记为 $\Delta H_{\text{chamber}}$。因此，与石英玻璃管型PVT技术系统不同，金属钟罩型PVT技术系统的 ΔH_{out} 由上述三部分热能量构成，具体可表示为：$\Delta H_{\text{out}} = \Delta H_{\text{C-W}} + \Delta H_{\text{IE-G}} + \Delta H_{\text{chamber}}$。

与石英玻璃管型PVT技术系统相同，在金属钟罩型PVT技术系统中，除结晶反应之外，存在五种类型的化学反应。因此，$\Delta H_{reaction}$ 也是 $\Delta H_{subl.}$、$\Delta H_{assem.}$、$\Delta H_{gas\text{-}mot.}$、$\Delta H_{CIS\text{-}reac.}$ 和 $\Delta H_{desubl.}$ 的代数和。该系统中，传递过程中损耗的热能量 $\Delta H_{trans.}$ 同样被忽略。

5.6　化学气相输运技术系统的能量守恒问题

◆　化学气相输运技术系统的晶体制备封闭系统和温度梯度

化学气相输运（chemical vapor transport，CVT）技术系统和物理气相输运技术系统是两类不同的晶体制备技术系统。二者的区别在于：在物理气相输运技术系统（包括石英玻璃管型PVT技术系统和金属钟罩型PVT技术系统）中，晶体生长所需的气相物质是固态颗粒原料在高温下升华的产物；而在化学气相输运技术系统中，晶体制备所需要的气相物质是多种原料气体（如气态的氢化物、卤化物、金属有机化合物或其他气态络合物）在高温下发生分解的结果。

与物理气相输运技术系统相比较，化学气相输运技术系统不仅适用于制备液相与固相（结晶相）之间没有确定相变温度的物质对应的晶体，而且适用于制备那些对杂质含量乃至结晶质量有更加严格、甚至苛刻要求的晶体。然而，化学气相输运技术系统更为复杂，安全技术标准更高，制备成本更加昂贵，而且需要商品化的气源供应。

图5.6给出了化学气相输运技术系统的结构示意图。如图所示，这类技术系统包含两个密闭系统。第一个密闭系统由石英玻璃管、上下端密封部件、气体输运管路、原料气体存储与配送装置、气态物质收集与处理装置等六个部件和装置构成。如图中虚线勾画的那样，晶体制备封闭系统是由被置于这个密闭系统内的物质与部件、原料气体、气相物质及晶体构成的。在晶体制备过程中，第一个密闭系统保证了这个封闭系统无法与环境进行物质交换，但可进行能量交换。

第二个密闭系统是由一个圆柱状金属钟罩构成的，它把石英玻璃管和上下端密封部件构成的腔体包覆在内，但没有把气体输运管道、原料气体存储与配送装置和气态物质收集与处理装置包覆在内。

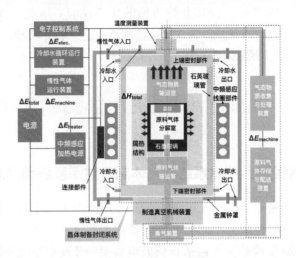

图 5.6　化学气相输运技术系统的结构示意图。在这种技术系统中，存在两个"套"置的密闭系统。第一个密闭系统由石英玻璃管、上下端密封部件、气体输运管路、原料气体存储与配送装置、气态物质收集与处理装置构成。被置于这个密闭系统内的物质与部件、原料气体、气相物质及晶体构成了晶体制备封闭系统。第二个密闭系统由圆柱状金属钟罩构成。它包覆了第一个密闭系统的石英玻璃管和上下端密封部件构成的腔体，但不包覆气体输运管路、原料气体存储与配送装置和气态物质收集与处理装置，主要功能是为晶体制备封闭系统提供安全保护。由于更多的热能在石英玻璃管内上部区域向外传递，该封闭系统在垂直朝上方向上形成了石墨坩埚下部区域温度相对较高、上部区域温度相对较低的轴向温度梯度 $\mathrm{grad}T_{\mathrm{a}}$。这类技术系统的电能守恒关系式为：$\Delta E_{\mathrm{total}} = \Delta E_{\mathrm{elec.}} + \Delta E_{\mathrm{machine}} + \Delta E_{\mathrm{heater}}$，其中 $\Delta E_{\mathrm{machine}}$ 包含五类机械装置运动时消耗的电能量；热能守恒关系式为：$\Delta H_{\mathrm{total}} = \Delta U_{\mathrm{cry.}} + \Delta H_{\mathrm{out}} + \Delta H_{\mathrm{reaction}}$，其中，$\Delta H_{\mathrm{reaction}}$ 是晶体制备封闭系统内除结晶反应外所有化学反应及气体运动消耗的热能量；ΔH_{out} 是整个技术系统在晶体制备过程中向外传递的热能量

（绘图：施尔畏）

　　在晶体制备过程中，金属钟罩壁腔被注入流动的冷却水，金属钟罩内壁与石英玻璃管外壁之间的腔体被注入流动的惰性气体。在第一个密封系统外部再"套"置第二个密封系统，目的是为晶体制备封闭系统提供安全防护。假如石英玻璃管因受撞击或材料疲劳而出现裂纹，管内大量气体将外泄，此时，金属钟罩内充入的大量惰性气体可有效地将这些气体与含有氧气的空气隔离开来，从而防止重大安全事故的发生。

　　在石英玻璃管和上下端密封部件构成的反应腔体中，置有与气体输运和反应相关的部件，其中包括原料气体输运室、原料气体分解室、晶体生长室、气态物质输运室等四个部件。来自原料气体存储与配送装置的各种气体，首先通过密封管道流入集气装置，在这里形成混合气体；

然后，混合气体进入原料气体输运室，再进入石墨坩埚构成的原料气体分解室。

与物理气相输运技术类似，石墨坩埚被置于一个隔热结构内，由此构成的部件又被置于感应线圈之中。当感应线圈通入中频电流时，石墨坩埚感应发热。由于隔热结构能够有效阻止石墨坩埚产生的热能沿水平方向朝外传递（如图5.6中水平方向红色箭头所示），大部分热能传递至原料气体分解室，使得这个区域的温度升高。在高温下，进入该区域的混合气体分解，形成晶体生长所需的气相组分及其他不参与结晶反应的气态物质。

气相组分和气态物质进入晶体生长室之后，气相组分在源自籽晶的生长界面上沉积与结晶，逐渐形成晶体；气态物质则沿着通道进入气态物质输运室。在相应机械装置的做功下，这部分气态物质被抽出这个腔室，再通过密封管道流入气态物质收集与处理装置，从而完成了原料气体从存储、配送、输运、分解、反应到收集、处理的循环。

气体物质从位于石墨坩埚顶部的气态物质输运室流入位于第一个和第二个密闭系统之外的气态物质收集与处理装置，将带走集聚在气态物质输运室的大量热能。同时，石英玻璃管以热辐射方式将集聚在气态物质输运室外侧区域的一部分热能传递至金属钟罩的腔体之中，注入上端密封部件的冷却水也把集聚在这个区域的一部分热传递到"环境"区域之中（如图5.6中垂直方向红色箭头所示）。这样，在垂直方向上，形成了下部区域（即原料气体分解室）温度相对较高、上部区域（即气态物质输运室）温度相对较低的轴向温度梯度$\text{grad}T_a$。

在晶体生长室里，通过结构设计，生长界面基本不存在水平方向的温度差，即径向温度梯度$\text{grad}T_r$趋于零。气相组分在近平面的生长界面上处处获得相同的沉积与结晶的机会。这是化学气相输运技术系统可制得高结晶质量晶体的原因。

◆ 化学气相输运技术系统的能量守恒关系

在化学气相输运技术系统中，存在着五类机械装置，其中第一类装置是在石英玻璃管内腔体和金属钟罩内腔体制造真空环境的机械装置；第二类装置是使注入上下端密封部件和金属钟罩壁腔的冷却水循环运动的机械装置；第三类装置是使惰性气体流经金属钟罩内腔体的机械装置；第四类装置是使系统内其他运动的机械装置；第五类装置是使气体从原料气体存储与配送装置向集气装置输运和从气态物质输运室向气态物质收集与处理装置输运的机械装置。

在晶体制备过程中，上述五类机械装置都要消耗电能。因此，对于化学气相输运技术系统，$\Delta E_{machine}$ 可表示为：$\Delta E_{machine}=\Delta E_{V\text{-}M}+\Delta E_{C\text{-}W}+\Delta E_{IA\text{-}G}+\Delta E_{motion}+\Delta E_{R\text{-}G}$，式中，$\Delta E_{V\text{-}M}$ 是制造真空环境的机械装置消耗的电能量；$\Delta E_{C\text{-}W}$ 是使冷却水循环运动的机械装置消耗的电能量；$\Delta E_{IA\text{-}G}$ 是使惰性气体运动的机械装置消耗的电能量；ΔE_{motion} 是使系统内其他部件运动的机械装置消耗的电能量；$\Delta E_{R\text{-}G}$ 是使注入晶体制备密封体系原料气体和从该体系流出的气态物质运动的机械装置消耗的电能量。

与物理气相输运技术系统类似，化学气相输运技术系统的电能守恒关系式也可表示为：$\Delta E_{total}=\Delta E_{elec.}+\Delta E_{machine}+\Delta E_{heater}$，式中，$\Delta E_{total}$ 是系统从外部获取的电能量；$\Delta E_{elec.}$ 是各种电气电子控制装置消耗的电能量；$\Delta E_{machine}$ 是系统内五类机械装置消耗的电能量；ΔE_{heater} 是中频感应发热体消耗的电能量。

在晶体制备过程中，化学气相输运技术系统主要通过四个途径向外部传递热能：一部分热能经热交换由流经上下端密封部件、金属钟罩壁腔的冷却水传递至系统外部，这部分热能量记为 $\Delta H_{C\text{-}W}$；一部分热能由气态物质在密封管道内流动时通过热辐射或热传导方式传递至系统外部，这部分热能量记为 $\Delta H_{R\text{-}G}$；一部分热能由流经金属钟罩内腔体的惰性气体传递至系统外部，这部分热能量记为 $\Delta H_{IE\text{-}G}$；还有一部分热能由金属钟罩以热辐射形式传递至"环境"区域及系统外部，这部分热能记为 $\Delta H_{chamber}$。这样，这类技术系统的 ΔH_{out} 可表示为：$\Delta H_{out}=\Delta H_{C\text{-}W}+\Delta H_{R\text{-}G}+\Delta H_{IE\text{-}G}+\Delta H_{chamber}$。

在相应的晶体制备封闭系统中，除结晶反应之外，其他高温条件下发生的化学反应还包括石墨坩埚与原料气体发生的反应、隔热结构与原料气体发生的反应等。这两种化学反应都要消耗热能。记第一种化学反应消耗的热能量为 $\Delta H_{G\text{-}C}$；第二种化学反应消耗的热能量为 $\Delta H_{H\text{-}I\text{-}S}$；原料气体运动消耗的热能量为 $\Delta H_{gas\text{-}mot.}$，$\Delta H_{reaction}$ 可表达为：$\Delta H_{reaction}=\Delta H_{G\text{-}C}+\Delta H_{H\text{-}I\text{-}S}+\Delta H_{gas\text{-}mot.}$。

因此，如果忽略热能在传递过程中的损失，在晶体制备过程中，化学气相输运技术系统的热能守恒关系式可表示为：$\Delta H_{total}=\Delta U_{cry.}+\Delta H_{out}+\Delta H_{reaction}$。式中，$\Delta H_{total}$是中频感应发热体产生的有效热能量；$\Delta U_{cry.}$是目标晶体的内能；$\Delta H_{out}$是整个系统向外部传递的热能量；$\Delta H_{reaction}$是晶体制备封闭系统内除结晶反应之外所有的化学反应及气体运动消耗的热能量。

5.7　关于温度梯度

◆　温度梯度的定义

在上述各节中，我们重点讨论了坩埚下降、水热、高温熔体提拉、物理气相输运和化学气相输运这五种晶体制备技术系统的结构、相应的晶体制备封闭系统的确定、能量守恒及温度梯度问题。

在晶体制备研究中，温度梯度是一个使用频率很高的词汇。例如，在讨论晶体的结晶速率和结晶质量的时候，我们会用到温度梯度的概念。几乎没有人会对以下观点提出异议：在晶体制备过程中，由于温度梯度的存在，粒子才会定向输运，生长界面才会发生结晶反应；由于温度梯度的变化，粒子在生长界面上的结晶速率才会出现差异。

使用温度梯度的概念，可对许多晶体制备实验现象进行定性的解释或描述，这个概念的本身也是一个可被确切定义的物理量。在本节中，我们继续讨论温度梯度问题，以进一步理解晶体制备过程，掌握对这个过程进行有限调控的途径与方法。

在数学中，梯度是因变量相对于自变量的一阶导数。在一个以笛卡儿坐标系表达的实空间中，设某个因变量W是位置的函数，则它在空间任意一点的梯度可表示为：$\mathrm{grad}W = \nabla W = (\partial W/\partial x)\boldsymbol{i} + (\partial W/\partial y)\boldsymbol{j} + (\partial W/\partial z)\boldsymbol{k}$，式中，$\boldsymbol{i}$、$\boldsymbol{j}$、$\boldsymbol{k}$分别是基矢。这意味着在因变量$W$随位置变化构成的标量场中，空间各点的梯度构成了一个以$\boldsymbol{i}$、$\boldsymbol{j}$、$\boldsymbol{k}$为基矢的矢量场。在这个矢量场中，梯度的方向指向对应的标量场变化最大的方向，其绝对值则表示该点标量的变化率。

在晶体制备研究中，梯度被赋予不同的物理含义。以物理气相输运技术系统为例，在石墨坩埚中，空间各点的温度是位置的函数，温度相对于位置的一阶导数就是温度梯度；在生长界面上，单位时间内粒子的结晶质量是位置的函数，结晶质量相对于位置的一阶导数就是结晶速率；在气相输运空间中，气相物质的浓度是位置的函数，浓度相对于位置的一阶导数就是气相物质的浓度梯度。

在物理气相输运技术系统中，所选用的籽晶通常是圆形晶片，在晶体制备过程中，生长界面沿法线方向气相推移，由此制得的晶体也是圆柱体。此时，在石墨坩埚中，温度的空间分布可在一个柱坐标系中表达，相应的坐标轴分别是径向坐标r、极角坐标ϕ和轴向坐标z。设温度的空间分布与极角坐标ϕ无关，空间任意一点的温度可用径向坐标r和轴向坐标z表示。此时，温度梯度可表示为：$\text{grad}T=(\partial T/\partial r)\,r+(\partial T/\partial z)\,z$，其中$r$和$z$分别是基矢。在上述等式的右边，第一项是我们在5.5节中所提的径向温度梯度$\text{grad}T_r$；第二项则是轴向温度梯度$\text{grad}T_a$。

在这种技术系统中，沿垂直方向，从籽晶、结晶相（逐渐长大的晶体）、生长界面、气相（气相物质充塞的空间）到升华中的固态颗粒原料，温度是连续升高的。根据温度梯度的定义，轴向温度梯度$\text{grad}T_a$的方向指向温度相对更高的原料区域，即从结晶相区域指向原料区域。

设生长界面中心点温度为T_{IF-C}，固态颗粒物质表面中心点的温度为T_{R-C}，这两个点之间的距离为Δz，在这个区间，平均轴向温度梯度$\overline{\text{grad}T_a}$可表示为：$\overline{\text{grad}T_a}=(T_{R-C}-T_{IF-C})/\Delta z=\Delta T_a/\Delta z$。当$\Delta z$向生长界面中心点无限趋近的时候，就可得到该点的轴向温度梯度$\text{grad}(T_a)_{IF-C}$：$\text{grad}(T_a)_{IF-C}=dT_a/dz$。这是物理气相输运技术系统轴向温度梯度的表达式。

同样地，设石墨坩埚内壁的温度为T_{GC}，生长界面中心点至石墨坩埚内壁之间的距离为Δr，在这个区间，平均径向温度梯度$\overline{\text{grad}T_r}$可表示为：$\overline{\text{grad}T_r}=(T_{GC}-T_{IF-C})/\Delta r=\Delta T_r/\Delta r$。当$\Delta r$向生长界面中心点无限趋近的时候，生长界面中心点的径向温度梯度$\text{grad}(T_r)_{IF-C}$可表示为：$\text{grad}(T_r)_{IF-C}=dT_r/dr$。这是这类技术系统径向温度梯度的表达式。

在坩埚下降技术系统、高温熔体提拉技术系统及化学气相输运技术系统中，我们也可用相同的方法给出轴向温度梯度$\text{grad}T_a$和径向温度梯度$\text{grad}T_r$的表达式。

◆ 温度梯度的变化

在晶体制备过程中，随着生长界面持续从结晶相向液态或气态的原料相推移，生长界面的温度及相应的温度梯度将发生变化。

例如，在物理气相输运技术系统中，在考虑平均轴向温度梯度$\overline{\text{grad}T_a}$的时候，我们可选择生长界面中心点和固态颗粒原料表面中心点作为两个端点，它们之间的距离Δz即是石墨坩埚中气体腔室的高度。在晶体制备过程中，随着生长界面持续向固态颗粒原料表面推移，Δz将逐渐减小。同时，假设固态颗粒原料表面中心点温度T_{R-C}不变，生长界面中心点的温度T_{IF-C}将持续增大，使得这两个端点之间的温度差ΔT_a持续减小。结果是，随着生长界面向固态颗粒原料表面推移，生长界面的平均轴向温度梯度$\mathrm{grad}\hat{T}_a$是连续变化的。

在一次完整的制备实验中，不同时点的平均轴向温度梯度$\mathrm{grad}\hat{T}_a$是不相同的，这样，最后制得的晶体可被看作是一个在轴向方向上由许许多多个薄薄的结晶层"叠合"而成的结晶体，这些结晶层是在不同的时点上、在不同的平均轴向温度梯度$\mathrm{grad}\hat{T}_a$下、以不同的结晶速率逐次形成的。在这样的条件下制得的晶体，无疑会有较高的内应力，而且很容易形成与轴向堆垛层错相关的结晶缺陷，对于碳化硅晶体来说，这类结晶缺陷，就是多型共生缺陷。

在另一些制备技术系统中，温度梯度的变化对晶体制备过程的影响就不如物理气相输运技术系统那样显著。例如，在水热技术系统中，籽晶通常被垂直悬挂在支架上，支架又被放置在结晶区内。在水热条件下，在原料区与结晶区之间的温度差的驱动下，溶液转变成为气-固两相共存的反应介质，自下而上和自上而下地进行对流，并充满整个反应腔体。由于结晶区的体积远远大于目标晶体的尺度，因此，在生长界面附近，总可"划"出这样一个区域，它的温度与区域位置的变化无关；区域内也总是存在着这样一个点，它与生长界面的垂直距离不是区域位置的函数。这样，生长界面法线方向的平均温度梯度$\mathrm{grad}\hat{T}_a$近似为恒定值。

虽然我们也可把水热条件下制得的晶体看作是在生长界面法线方向上由许许多多个薄薄的结晶层"叠合"而成的结晶体，但与物理气相输运条件下制得的晶体不同，这些结晶层是在不同的时点上、在近似相同的平均轴向温度梯度$\mathrm{grad}\hat{T}_a$下、以近似相同的结晶速率逐次形成的。这是水热技术系统制得的晶体通常具有较高结晶质量的原因。

在高温熔体提拉技术系统中，随着从熔体中提拉出来的结晶体质量的增加，熔体面逐渐下降，这将导致生长界面中心点温度T_{IF-C}及相应的轴向温度梯度$\mathrm{grad}\hat{T}_a$发生变化。如果采用大直径贵金属坩埚制备小尺寸的晶体，或者在晶体制备过程中等量补入高温熔体，使得熔体面因结晶体质量增加而下降的效应可被忽略不计，那么，生长界面中心点的温度T_{IF-C}及相应的平均轴向温度梯度$\mathrm{grad}\hat{T}_a$可被近似地视为恒定值。这些改进的高温熔体提拉技术系统就可被用来制备高结晶质量的大尺寸晶体。

◆　温度梯度的不可观测性

在晶体制备研究中，人们非常关心生长界面轴向温度梯度$\mathrm{grad}T_a$和径向温度梯度$\mathrm{grad}T_r$的变化情况。从理论上说，要获得这两个参数值，首先要确定一个有限的物理区间，然后逐点精确测量温度，最后通过数学处理得出各点的温度梯度。但是，即使在晶体制备过程中生长界面的相对位置不发生变化，生长界面相关各点和液态或气态的原料相相关各点的温度值都无法被精确测量。因此，我们可以说，在生长界面上，温度梯度是真实存在的，也随晶体制备过程的进行而发生变化，但它是无法被精确测量的，永远是一个观测之外的客体。

举例来说，在坩埚下降技术系统中，我们能够精确测量贵金属坩埚外壁沿轴向某些点的温度，掌握坩埚外壁与生长界面大致平行位置的温度。但是，这个结果只是与测量点对应的水平熔体层温度的统计平均值，不是这个水平熔体层内某个点的真实温度，更不是生长界面某个点的真实温度。

又如，在高温熔体提拉技术系统中，我们可以测量与熔体面对应的贵金属坩埚外壁某处的温度。假如生长界面是一个近平面，这个位置与生长界面位置大致相同。但是，在坩埚外壁的相应位置测得的温度值，也是对应的水平熔体层温度的统计平均值。不能把这个温度测量结果与熔体层内某个点的真实温度联系起来，也不要把这个测量值与生长界面某个点的真实温度等同起来。

同样地，在物理气相输运技术系统中，我们可粗略地测量石墨坩埚顶部区域的温度变化，但是，得到的结果只是这个区域温度的统计平均值，不是生长界面某个点的真实温度。在这个区域，热能沿轴向向上输运，气态物质沿轴向向上运动带出的热能，区域内石墨部件因感应发出的热能，都将对这个区域的温度变化做出贡献。

◆　获取关于温度梯度容许的描述

温度梯度是一个观测之外的客体，我们只能通过某种技术途径获得关于它的容许的描述集。

从能量守恒关系式看，在晶体制备过程中，晶体制备封闭系统持续向系统的"环境"区域及外部传递热能，导致体系内温度的不均匀分布，从而形成温度梯度矢量场，因此，ΔH_{out} 的存在是任何形式封闭系统形成温度梯度矢量场的基本条件。封闭系统的形态、结构和构成决定了 ΔH_{out} 的路径和大小，从而决定了与相关区域的温度标量场和温度梯度矢量场。当目标晶体确定后，ΔU_{cry} 值可被视为恒定值；当封闭系统的结构与构成确定后，$\Delta H_{reaction}$ 值也可被视为恒定值，此时，调节加热器的输出功率，可增大或减小 ΔH_{total} 值，也使得 ΔH_{out} 值发生变化，但无法改变 ΔH_{out} 与 ΔH_{total} 之间的比例关系。

目前，获取关于温度梯度容许的描述有两条路径。第一条路径是传统的研究路径。依据这条路径，温度梯度是对晶体制备过程及实验现象做出定性描述与解释的工具；与目标晶体制备相匹配的温度梯度矢量场通过大量的试错性实验循环加以调节与优化；在相关的感知的知识中，温度梯度仍停留在概念的层面。大多数晶体制备研究者采用了这条路径。

第二条路径是实物实验与虚拟实验相结合的研究路径。按照这条路径，研究者不再把温度梯度看成一个概念或工具，而是把它作为一个具体的物理量加以研究。具体的方法是，选用合适的数学工具与计算方法，建立虚拟实验平台，得出晶体制备封闭系统结构、构成与温度标量场、温度梯度矢量场之间的定量关系；然后，以此为基础开展系列实物实验，并通过实物实验与虚拟实验的结果比对，选定最佳体系结构，优化工艺技术条件，实现制备出高结晶质量的目标晶体。

目前，有限元方法是模拟计算晶体制备封闭系统的温度标量场和温度梯度矢量场的主要工具。有限元方法使用形态简单但相互作用的"单元"，将复杂体系的物理问题求解域分解成许许多多个形态简单、相互关联的单元；然后，对每个单元求出一个合适的近似解，进而推导出整个求解域的满足条件，得到复杂体系物理问题的近似解。

图5.7给出了采用有限元方法对物理气相输运技术系统制备碳化硅晶体过程中径向温度梯度$\mathrm{grad}T_r$与石墨坩埚上部组件结构、制备时间之间关系模拟计算的结果。如图所示，径向温度梯度$\mathrm{grad}T_r$在结晶相与气相相交处、即生长界面处发生突变，与石墨坩埚上部组件结构没有关系；当制备时间为10h时，随着与生长界面距离的增大，$\mathrm{grad}T_r$的绝对值没有出现大的变化，但当制备时间延长至30h、50h和70h时，$\mathrm{grad}T_r$的绝对值将随着与生长界面距离的增加而明显增大。上述虚拟实验结果为调整石墨坩

埚和隔热组件的结构提供了有价值的数据。

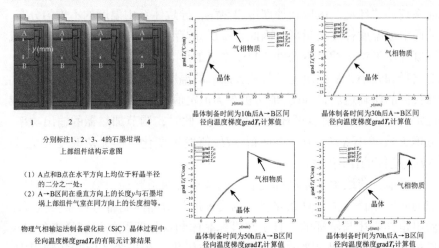

分别标注1、2、3、4的石墨坩埚
上部组件结构示意图

（1）A点和B点在水平方向上均位于籽晶半径
的二分之一处；
（2）A→B区间在垂直方向上的长度y与石墨坩
埚上部组件气室在同方向上的长度相等。

物理气相输运法制备碳化硅（SiC）晶体过程中
径向温度梯度$gradT_r$的有限元计算结果

晶体制备时间为10h后A→B区间
径向温度梯度$gradT_r$计算值

晶体制备时间为30h后A→B区间
径向温度梯度$gradT_r$计算值

晶体制备时间为50h后A→B区间
径向温度梯度$gradT_r$计算值

晶体制备时间为70h后A→B区间
径向温度梯度$gradT_r$计算值

图 5.7 采用有限元方法对物理气相输运技术系统制备碳化硅（SiC）晶体中径向温度梯度与石墨坩埚上部组件结构、制备时间之间关系模拟计算的结果。所用数学模型包括了谐波电磁场分析和温度场分析两部分。其中，谐波电磁场分析通过求解磁矢势偏微分方程，计算在晶体制备封闭系统中石墨坩埚与隔热结构的热能分布；温度场分析则是通过求解热扩散偏微分方程实现的。在求解热扩散偏微分方程时，除了考虑石墨坩埚和隔热结构因感应产生的热能之外，还考虑了石墨坩埚内部通过热辐射方式传递的热能和气相物质在生长界面上结晶时释放的热能。在谐波电磁场分析中，选用了由 8 个节点构成的四边形单元；在温度场分析中，也选用了由 8 个节点构成的四边形单元。如图所示，选取的 A 点和 B 点在水平方向上均位于籽晶半径的二分之一处；A → B 区间在垂直方向上的长度 y 与石墨坩埚上部气室在同方向上的长度相等。计算结果表明，径向温度梯度 $gradT_r$ 在结晶相与气相相交处、即生长界面处发生突变，并与石墨坩埚上部组件结构没有关系。当制备时间为 10h 时，随着与生长界面距离的增大，$gradT_r$ 的绝对值没有出现大的变化，但制备时间延长至 30h、50h 和 70h 后，$gradT_r$ 的绝对值随着与生长界面距离的增加而明显增大
（资料提供者：刘熙）

　　有限元方法在大型工程系统的研究与设计中得到了广泛应用。今天，工程研发与设计人员能够在工程实际建造之前，在以有限元方法为基础的虚拟实验平台上用计算机"建造"一遍。相比之下，有限元方法在处理晶体制备封闭系统的温度标量场、温度梯度矢量场等问题中遇到了若干障碍。

　　第一个障碍是与飞行器、船舶、高速车辆等大型工程系统相比，晶体制备封闭系统的尺度过小，而宏观物理尺度越大，有限元方法的处理误差越小。第二个障碍是在晶体制备过程中，封闭系统中物理过程、化

学反应和结晶反应三者并存，相互间存在强耦合，导致体系内状况变得非常复杂，对这类状况的处理已超出了有限元方法的应用范围。第三个障碍是缺乏高温下相关材料的性能参数，而在坩埚下降、高温熔体提拉、物理气相输运或化学气相输运技术系统中，晶体都是在相对较高的温度下形成的，因此，用相关材料的常温性能参数代替其高温性能参数，必然带来很大的处理误差，关于温度标量场、温度梯度矢量场等物理问题的解答具有很大的不确定性，难以真正发挥对实物实验的指导作用。

即便如此，上述第二条路径与晶体制备研究的发展方向相契合。展望未来，随着资料和数据的积累，成功案例的增加，包括有限元方法在内的数学建模和模拟计算方法必将在晶体制备封闭系统的结构设计中得到更多的应用，虚拟实验将取代一部分成本很高的实物实验，晶体制备研究的效率也将因此得以大幅度提高。

◆ 温度梯度和热能输运与物质输运的关系

如2.5节所述，经典的热传导方程指出，在某一个垂直于热传导方向的截面上，通过单位截面积的热能量与该截面处的温度梯度成正比。温度梯度的方向通常规定为从低温端指向高温端，热能传递的方向则是从高温端指向低温端。

按照分子运动学说，温度是物质体系内粒子的动能与相互作用势能的状态函数。在一个仅含有单一物相（如熔体）的封闭系统里，这个结论无疑是正确的。此时，温度与物质内粒子的动能和相互作用势能有着简单的线性关系，即温度越高，粒子的动能越大，相互作用势能也越大。

对于一个封闭的物质体系，当它从外部获取热能时，物质可实现从固相向同成分熔体的转变；当它向外部释放热能时，物质又可实现从熔体向同成分固相的转变。无论从固相向液相转变，还是液相向固相转变，粒子的排列方式和运动状态都将发生极大变化，而这两个过程通常是在确定的温度下实现的。此时，我们不能简单地说温度是粒子的动能与相互作用势能的状态函数。

如果物质体系含有结晶相，情况又将发生很大的变化。当晶体制备封闭系统存在温度梯度矢量场时，在生长界面上，温度梯度的方向沿生长界面的法线方向指向原料相。在确定的温度下，原料相粒子在生长界面上结晶，转变为结晶相的一部分，使得邻近生长界面的原料相粒子不断减少，从而在原料相中形成了粒子的浓度梯度矢量场。浓度梯度的方向与温度梯度的方向相同。这样，根据2.5节所述的经典的扩散方程，原料相的粒子在浓度梯度的驱动下，持续从粒子浓度高的区域向邻近生长界面的区域迁移。

由此可知，除了满足不与外部发生物质交换、但可发生能量交换的必要条件之外，晶体制备封闭系统发生结晶反应还需要同时满足两个条件。第一个条件是这个封闭系统必须向系统的"环境"区域及外部传递热能 ΔH_{out}，使得封闭系统内形成温度梯度矢量场。第二个条件是这个封闭系统必须包含源自籽晶的生长界面，它的温度又低于邻近区域的温度，粒子可迁移至生长界面并实现沉积与结晶，进而在生长界面与邻近区域之间形成粒子的浓度梯度矢量场。

原料相的温度是该区域内粒子的动能与相互作用势能的统计平均结果。在晶体制备过程中，原料相温度选取的原则是，使得原料相不发生相变，例如熔体向固态非结晶相转变、或者气态物质向固态非结晶相转变，同时，保证粒子有足够的动能，能够迁移到邻近生长界面的区域。

生长界面的温度是大量粒子结晶反应的热能统计平均结果。这个温度是无法直接测量的。从理论上说，在晶体制备过程中，生长界面的温度应是稳定的，不随生长界面向原料相推移发生大的变化；同时，生长界面各处的温度应是一致的，始终保持近平面的几何形态，使得粒子获得处处等同的沉积与结晶机会；否则，在温度低的区域，粒子的结晶速率会大一些，在温度高的区域，粒子的结晶速率会小一些，生长界面的几何形态就成为一个曲面。这种状况是无法制取高结晶质量的晶体的。

参考文献

[1]　马赫.能量守恒原理的历史和根源 [M].李醒民，译.北京：商务印书馆，2015.

第 六 章

籽晶与生长界面

6.1 籽晶的作用

◆ 籽晶是晶体制备封闭系统的原始结晶相

在2.3节中，我们从晶体制备过程是一个负熵过程角度出发，讨论了籽晶在晶体制备过程中的作用。自本节起，我们将对这个问题继续做些讨论。

无论采用何种技术系统，在晶体制备实验启动之前，我们将在相应的封闭系统中放置固态或液态的物质，同时也放置籽晶。前者是晶体制备的原料，但是，常温常压下的原料，不等同于晶体制备过程中封闭系统的原料相，籽晶也不等于封闭系统的结晶相。这是因为在常温常压条件下，籽晶与原料不能发生结晶反应。

籽晶是可触摸、可检测的宏观物体。通常，籽晶是由化学组成、结构与目标晶体完全一致的晶体材料加工而成的。如果一时没有这样的晶体材料，研究者常使用与目标晶体同为异质同构体的晶体材料来制作籽晶。

籽晶的几何形状是由晶体制备封闭系统决定的，籽晶与固态或液态物质的接触面被称为籽晶生长面，这个面的结晶学取向需要准确确定，面型也需要精细加工。

例如，当采用坩埚下降技术系统制备晶体时，如果采用具有逐渐扩大生长界面结构的贵金属坩埚，就应使用端面面积较小的圆柱状或柱状晶块作为籽晶；如果采用等径贵金属坩埚，则应使用端面与贵金属坩埚截面形状与大小相同的晶块作为籽晶。又如，采用高温熔体提拉技术系统制备晶体时，由于普遍使用扩径工艺，可以使用端面面积较小的圆柱状或柱状晶块作为籽晶。

再如，在水热技术系统中，由于高压釜内结晶区腔室的体积比目标晶体的体积大得多，可以使用面积较大的晶片作为籽晶。采用物理气相输运技术系统制备晶体时，通常使用直径与石墨坩埚生长腔截面匹配的晶片作为籽晶。举例来说，制备直径为100mm或150mm的圆型碳化硅晶锭时，通常使用直径为100mm或150mm的圆型碳化硅晶片作为籽晶。

目前，在晶体应用研究和器件制造流程中，人们越来越多地采用与现代半导体工业类似的制作技术和流程，希望得到标准化的晶圆片。晶圆片的直径通常分为2英寸（50mm）、3英寸（76.2mm）、4英寸（100mm）、6英寸（150mm）等数种规格；厚度分为0.3mm、0.5mm、1.0mm等数种规格。因此，常用一定几何尺寸的籽晶，制备标准规格的圆柱状晶锭，再将晶锭加工成标准规格的晶圆片，既可与晶体应用研究和器件制造流程相衔接，也符合技术经济性原则，在整个晶体制备活动中会占据越来越大的比重。

归结起来，籽晶的第一个作用是为晶体制备封闭系统提供原始的结晶相。如果封闭系统不含有原始结晶相，原料的熔体相和结晶相之间又存在确定的相变温度，在这类物质的高温熔体缓慢冷却的过程中，一些结晶体可自发成核和生长，但它们被非结晶态物质包裹或镶嵌，整体上说，这个封闭系统制得的只是一个多晶体。如果封闭系统含有原始的结晶相，而且在制备过程中，原始结晶相的状态得到有效的保护，能够很好地发挥对粒子沉积与结晶的诱导作用，这个封闭系统就可制得单一的结晶体。因此，从更广泛的角度看，在晶体制备过程中，籽晶提供的原始结晶相是不可或缺的；没有籽晶，即便有先进的技术系统，也无法制得单一的、完整的、高结晶质量的结晶体。

在晶体制备研究中，将多种制备技术结合起来，通过许许多多次制备实验循环，将小尺寸籽晶"变"为大尺寸籽晶，将结晶质量差的籽晶"变"为结晶质量好的籽晶，将极度稀缺的籽晶"变"为较为充足的籽晶，是一项基础的、更是艰巨的工作。

◆ 籽晶是晶体"基因"的载体

今天，在人类所使用的物质中，一类是由有生命物质系统"转变"而成的物质。例如木材，当树木在土壤中生长的时候，它是一个有生命的物质系统，但把它锯断并进行加工，树木的生命就终止了，并转变为可以使用的物质。另一类是由无生命物质系统"转变"而成的物质。例如矿石，在地表下埋藏的时候，它们是无生命的物质系统，将它们挖掘出来并进行加工，就可转变为可以使用的物质。还有一类是在人为创造的环境中，可被称为原料的无生命物质在特定条件转变为具有使用价值的物质，例如钢铁材料、陶瓷材料、人工晶体等。这是被普遍接受的物质观。

在一些场合，人们把火山看作一个有生命的物体，把那些仍处于活动之中的火山称为"活"火山，把那些长期沉寂的火山称为"死"火山；人们把地球的大气层看作一个有生命的物体，把飓风、干旱、暴雨及气候变化看作是这个有生命的物体运动的结果；人们还把整个地球看作一个生命体，把在这个星球上出现的各种自然现象看作是这个生命体缓慢"衰老"的点滴表现，把地表下埋藏的矿石、煤炭、石油及天然气看作是这个生命体在过去岁月中运动的产物。

根据这个思想，我们对"有生命物质系统"这个概念的内涵做些拓展。任何一个物质系统，如果在特定的甚至极端的条件下，能够按照其自身的规律、而不是按照外部强加的规律进行运动、发生变化或实现转变，当相应条件消失或被撤除时，这些运动、变化或转变过程都将终止，而且过程都是不可逆转的，就可被称为是广义的"有生命物质系统"。

按照上述定义，在特定的地质成矿条件下，正在形成的矿石等物质系统是一个广义的"有生命物质系统"；在特定的冶炼条件下，铁矿石原料转变成铁合金的物质系统也是一个广义的"有生命物质系统"；在特定的制备条件下，无机材料转变成结晶体的物质系统同样是一个广义的"有生命物质系统"。当上述各项条件消失或被撤除后，这些物质系统都将失去"生命"。

进一步考察狭义的有生命物质系统和广义的"有生命物质系统"的成长发育过程，可以发现两者之间存在非常有趣的相似性。在狭义的有生命物质系统的成长发育过程中，一组基因、若干分子团簇就包含着涉及一个巨大生命体所有未来发育的精细密码本；在晶体制备过程中，一块体积很小的籽晶也可严密控制着未来巨量粒子在更大尺度空间里相互作用与键联。这也许是一件匪夷所思的事情。

在晶体制备研究中，人们常常使用籽晶（seed）这个词来表示在封闭系统中预置的结晶体，在一定程度上反映了晶体制备过程与有生命物质系统成长发育过程的相似性。因此，我们既可从物理学、化学或结晶学的基本原理出发来认识晶体的制备过程，也可借鉴遗传生物学的基本概念、基础理论来认识晶体制备过程。基于遗传生物学的科学思想将为我们认识晶体制备过程这个观测之外的客体打开一扇新的重要的窗口。

在有生命物质的发育过程中，基因——严格的定义为，染色体上编码一个特定功能产物（如蛋白质或RNA分子等）的一段核苷酸序列。——是控制生物个体性状的基本遗传单位。基因通过指导蛋白质的合成来表达自己携带的遗传信息，进而控制生物个体的性状表现。我们可以把这些遗传生物学的基本概念及原理应用到晶体制备过程之中，这样，籽晶可被看作是晶体制备的"细胞染色体"，是控制晶体的化学组成、结构、形态与特性的"基因"的载体。在适宜的制备条件下，通过生长界面的结晶反应，籽晶携带的"基因"将得到无数次复制，从而形成与籽晶性状一致、内涵相同的晶体。在晶体制备过程中，籽晶的第二个作用是晶体"基因"的载体。

2017年11月，在参加一次学术报告会的时候，我的一位同事精辟地归纳了晶体制备过程与其他科学研究活动及有生命物质系统成长发育过程的相似之处。他说道，"种植植物，需要好的种子，也需要好的生长环境；建立一个先进的激光系统，需要高质量的种子激光，也需要高质量的增益系统；制备高结晶质量的晶体，需要好的籽晶，也需要优异的制备技术系统"。这正是科学研究的美妙之处。

◆ 晶体基因的化学组成片段

进一步借用遗传生物学的基本概念。籽晶携带的晶体"基因"可分为两个片段，其中一个片段被称为**化学组成片段**，另一个片段被称为结构基因片段。

化学组成片段严格管控着生长界面上发生的结晶反应，它如同一个筛选器，仅允许晶体的构成粒子从原料相进入结晶相。以采用水热技术系统制备水晶为例。在高温高压下，预置在高压釜内的固态二氧化硅（SiO_2）原料将溶解在碱性水热介质中。这样，在水热介质中，存在一系列的硅原子的羟基化合物、羟基（OH·）及水分子。在这些粒子或粒子团簇中，只有硅原子和氧原子是水晶的构成粒子。

预置于高压釜的籽晶是用天然或人工水晶加工制成的。在晶体制备过程中，籽晶携带的水晶"基因"化学组成片段仅仅允许硅原子与氧原子按1∶2的摩尔比进入结晶相。其他粒子或粒子团簇，即便它们能够在生长界面上逗留，也将在化学组成片段的作用下被"挤"出生长界面。在生长界面上，化学组成片段被一次又一次复制下来，使得不同时点形成的水晶始终保持化学组分的一致性。

图6.1是采用高温熔体提拉技术系统制得的硅酸镓钽钙（Ca₃Ta-Ga₃Si₂O₁₄，CTGS）晶体照片。这是一种结构十分复杂的晶体，它含有三种金属离子，每种金属离子准确地占据相应的格位（见图1.4），三种金属离子的摩尔比又严格遵守晶体的化学式。我们可以想象，在高温下，熔体中存在着硅（Si^{4+}）-氧（O^{2-}）粒子团簇、镓离子（Ga^{3+}）、钽离子（Ta^{5+}）和钙离子（Ca^{2+}）。在整体上，这三种金属离子的摩尔比与目标晶体的化学式是一致的；但在局部区域，由于这些离子的平均自由程存在差异，它们的摩尔比将会偏离目标晶体的化学式。

图 6.1　采用高温熔体提拉技术系统制备的硅酸镓钽钙（Ca₃TaGa₃Si₂O₁₄，CTGS）晶体的照片。该晶体沿 y 轴［100］方向提拉，质量为 8.31kg，晶体等径部分最大尺寸约为 120mm×90mm×132mm，最大的显露面是 x（110）面，最小的显露面是 z（001）面。在晶体制备过程中，晶体与熔体之间的相界面、即生长界面的几何形态和晶体的各个横截面是一致的，因晶体 x（100）面的生长速度慢，生长界面近似是一个矩形，同时，因在各个时间点上生长界面处温度出现波动，生长界面的面积也发生变化

（照片提供者：熊开南）

在生长界面上，源自籽晶的晶体"基因"化学组成片段控制着这些粒子和粒子团簇的结晶反应，使得它们只能以与目标晶体完全一致的摩尔比进入新形成的结晶相，多余的粒子也被"挤"出生长界面，短缺的粒子也可从邻近生长界面的原料相运动至生长界面，并被结合进入结晶相之中。这是采用晶体"基因"模型定性给出的多元晶体生长界面结晶反应的基本图像。

◆ 晶体"基因"的结构片段

除了化学组成片段之外，晶体"基因"还有另外一个重要片段，这就是结构片段。在晶体制备过程中，结构片段严格控制着生长界面的结晶取向，并在生长界面向原料相推移中被一次又一次复制下去。

我们仍以图6.1所示的硅酸镓钽钙晶体为例，说明晶体"基因"结构片段的功能。在这个晶体的制备过程中，所用籽晶的端面为（100）面。从图可以看到，经过扩径，晶体与提拉方向垂直的截面面积已是籽晶端面面积的两百多倍，但它的结晶取向与籽晶是一致的，即这个面始终是晶体的（010）面。

籽晶的结晶缺陷也可成为结构片段的重要内容。图6.2给出了在一次金属钟罩型PVT技术系统制备碳化硅晶体实验中、所用4H型籽晶的偏振光像和所得晶锭的照片。从图6.2（a）可以看到，所用4H型籽晶的左下部区域存在着大面积的6H型多型共生缺陷（图中呈绿色的区域），从右上部向左下方延伸的区域则存在着密集的微管道等结晶缺陷（图中呈灰黑色的区域）。从图6.2（b）可以看到，所得晶锭虽形态规整，但边缘区域仍存在许多结晶缺陷。虽然我们不能排除在制备过程中因温度、气流、压力等工艺技术条件发生波动导致相应区域形成新的结晶缺陷，但可认定这些结晶缺陷与籽晶的结晶缺陷有着确定的对应关系。

（a）碳化硅籽晶的偏光照片

（b）在金属钟罩型PVT技术系统中使用该籽晶制备的碳化硅晶锭

图 6.2 在一次金属钟罩型 PVT 技术系统制备碳化硅（SiC）晶体实验中使用的籽晶的偏光照片（a）和所得4H 型晶锭的照片（b）。从籽晶的偏光照片可看到，籽晶的左下部区域存在着大面积的 6H 型多型共生缺陷（图中呈绿色的区域），从右上部区域向左下方延伸的区域存在着密集的微管道等结晶缺陷（图中呈黑色的区域）。从相应的 4H 型晶锭照片可看到，晶锭虽形态规整，但边缘区域仍存在大量结晶缺陷，这些缺陷主要从籽晶"遗传"而成。所用籽晶的直径为 100mm，生长面为（0001）面（碳面）

（照片提供者：陈建军）

上述结论可用另一次金属钟罩型PVT技术系统制备碳化硅晶体的实验结果（见图6.3）加以反证。如图6.3（a）所示，所制得的4H型碳化硅晶锭的直径为76.2mm，其形态规整，在晶锭生长面上观察不到微管道、多型共生等结晶缺陷，具有很好的结晶质量。从图6.3（b）可看到，所用籽晶亦具有很好的结晶质量，不存在密集的结晶缺陷区域。在制备过程中，籽晶的非生长面（即背面）与石墨部件连接良好，没有发生所谓的背升华，形成新的微管道缺陷。因此，在这块籽晶携带的晶体"基因"结构片段中，基本不存在与结晶缺陷相关的内涵。在合理和稳定的工艺技术条件下，生长界面上的结晶反应受到源自籽晶的晶体"基因"结构片段的严格管控，结晶相无法从籽晶遗传关于结晶缺陷的"信息"。

（a）在金属钟罩型PVT技术系统中制得的碳化硅晶锭

图 6.3 在一次金属钟罩型 PVT 技术系统制备实验中制得的 4H 型碳化硅（SiC）晶锭照片（a）和从石墨底托上剥离下来的籽晶非生长面照片（b）。所用籽晶具有很好的结晶质量，不存在密集的结晶缺陷区域，在制备过程中，籽晶的非生长面也没有发生升华而形成微管道，这使得所得晶锭无法从籽晶"遗传"结晶缺陷，具有很好的结晶质量。所用籽晶的直径为 76.2mm，生长面为（0001）面（碳面）

（资料提供者：高攀）

（b）所使用籽晶非生长面照片

◆ 籽晶携带的"基因"对原料相粒子相互作用的诱导效应

根据2.4节介绍的台面-台阶-扭折模型，无论采用何种技术系统，晶体制备过程都被认为是这样一个过程：首先，在温度梯度和浓度梯度的作用下，原料相粒子向临近生长界面的区域输运；然后，粒子通过原料相与生长界面之间的边界层向生长界面扩散，这个扩散是由该边界层的浓度梯度驱使的；此后，粒子被生长界面吸附，沿生长界面的台阶扩散至扭折处，在扭折处被结合进入新形成的结晶相之中；最后，没有进入结晶相的粒子从生长界面脱附，重新回到原料相之中。

根据这个模型，无论在水晶和碳化硅这样的二元晶体、还是在锗酸铋、硅酸镓镧、硅酸镓钽钙这样的多元晶体的制备过程中，不同粒子将"排着队"在原料相中输运，依次被生长界面吸附，在生长界面上扩散，最终进入结晶相。以我们现有的知识基础，很难想象真实的晶体制备过程是以这样的规则进行。

我们仍以采用金属钟罩型PVT技术系统制备碳化硅晶体为例说明台面-台阶-扭折模型的缺陷。在真实的晶体制备中，碳化硅晶体生长速率通常被控制在约 5×10^{-4} g/mm$^2 \cdot$ h，这意味着在1s时间里，在1mm^{2}的生长界面上，约有 2.16×10^{15} 个碳化硅粒子被结合到新形成的结晶相之中。如果碳原子和硅原子以单个原子的方式依次在生长界面上结晶，那么在1s时间内，在1mm^{2}生长界面上，进入结晶相的粒子数将达到 4.32×10^{-15} 个，每个粒子在生长界面上逗留的时间仅为 2.3×10^{-16} s。如此之多的粒子，在如此之短的时间内，构成整齐的队列，无差错地在生长界面上找准位置，定向扩散，最终进入晶格格位，是无法想象的。

从晶体制备过程是一个遗传过程的概念出发，可以想象籽晶携带的晶体"基因"不但严密控制着生长界面的结晶反应，而且对原料相粒子的相互作用产生重要的诱导作用，使得这些粒子形成化学组成和结构与结晶相接近或相似的聚合体，然后，这些聚合体在生长界面上沉积与扩散，进而通过结晶反应进入结晶相。在结晶学中，这样的粒子聚合体可被称为生长基元[1]214-260。

进一步说，如果晶体制备封闭系统不含有籽晶，原料相的粒子相互作用是完全不受限制的，由此产生的粒子团簇在化学组分和结构形式上必然是多元的。经历一定的时间之后，这些粒子团簇的形成与解离将建立动态平衡，在原料相中形成稳定的分布。

如果晶体制备封闭系统不含有籽晶，籽晶携带的晶体"基因"对能够在生长界面上吸附、扩散与结晶的粒子团簇的性状产生诱导效应。在晶体制备研究中，人们常把实验初期通过严格控制温度等途径使籽晶与原料相接触的过程称为"接种"，表示自此之后籽晶携带的晶体"基因"将对原料相粒子的相互作用发挥诱导作用，更多的粒子将结合成生长基元。

籽晶携带的晶体"基因"对原料相粒子相互作用的诱导效应随粒子所在位置与生长界面距离的增大而衰减，或者说，越临近生长界面，粒子聚合体的化学组成与结构越接近晶体的结构单元，更容易通过生长界面的结晶反应进入结晶相。

在1.7节中，我们提到了晶体生长的负离子配位多面体模型。这个模型可被看作是一个晶体"基因"如何诱导原料相粒子相互作用的模型。由于晶体制备过程是一个观测之外的客体，原料相的粒子聚合体的性状无法进行检测与表征，因此，这个模型受到实证主义质疑是情理之中的事情，但它仍是关于晶体制备过程容许的描述集的一员。

图6.4给出了采用醇热法（即用有机醇取代水作为反应介质的热液反应）制备 α 型氧化铝（Al₂O₃）晶粒中关于氧化铝晶体"基因"的表达形式及其对热液介质中粒子聚合体的性状产生诱导效应的研究结果。如图所示，对于 α 型氧化铝（Al₂O₃）晶体，铝氧八面体（AlO₆）是晶体的基本结构单元，在不同的晶面上，单位面积显露的铝氧八面体"悬"顶点数并不相同，

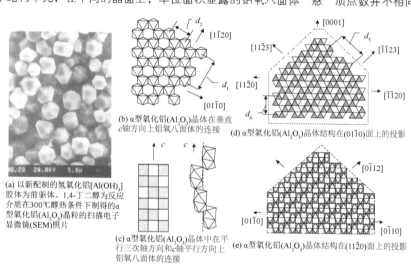

(a) 以新配制的氢氧化铝[Al(OH)₃]胶体为前驱体、1,4-丁二醇为反应介质在300℃醇热条件下制得的α型氧化铝(Al₂O₃)晶粒的扫描电子显微镜(SEM)照片

(b) α型氧化铝(Al₂O₃)晶体在垂直c轴方向上铝氧八面体的连接

(c) α型氧化铝(Al₂O₃)晶体中在平行三次轴方向和c轴平行方向上铝氧八面体的连接

(d) α型氧化铝(Al₂O₃)晶体结构在(01$\bar{1}$0)面上的投影

(e) α型氧化铝(Al₂O₃)晶体结构在(11$\bar{2}$0)面上的投影

图6.4 采用醇热法制备 α 型氧化铝（Al₂O₃）晶粒实验结果和该晶体在不同晶面族的结构投影示意图。如图（a）所示，醇热法制得的 α 型氧化铝晶粒尺度在数个微米量级的范围之内，大部分晶粒呈六方锥状，显露的晶面主要有 {0001} 和 {11$\bar{2}$3}，而且 {0001} 晶面族的生长速率高于 {11$\bar{2}$3} 晶面族。α 型氧化铝晶体的基本结构单元是铝氧八面体（AlO₆），图（b）～图（e）分别是 α 型氧化铝晶体结构在 {0001}、{01$\bar{1}$0} 和 {11$\bar{2}$0} 晶面上的投影。如图所示，在 {0001}、{11$\bar{2}$0}、{01$\bar{1}$0} 和 {11$\bar{2}$3} 晶面上，单位面积显露的铝氧八面体"悬"顶点数是不相同的。这个参数可被视为 α 型氧化铝晶体"基因"结构片段在不同晶面的具体表达。在晶粒生长过程中，单位面积显露的铝氧八面体"悬"顶点数越多的晶面，越易与原料相中有着"悬"顶点的类铝氧八面体聚合体发生结晶反应，使得该晶面有着更高的结晶速率。在晶粒生长过程中，这个"基因"不但在新的结晶层中被持续复制，而且诱导醇溶液中的铝离子与羟基基团相互作用，形成类铝氧八面体聚合体，因为这些聚合体可在各晶面对应的生长界面上被结合进入结晶相。对于 {0001} 和 {11$\bar{2}$3} 晶面，由于单位面积显露的铝氧八面体的"悬"顶点数目少于 {11$\bar{2}$0} 和 {01$\bar{1}$0} 晶面，这些晶面最终在所得晶粒的形态中保留下来。[2]

这个参数可被视为 α 型氧化铝晶体"基因"结构片段在不同晶面的具体表达。在晶粒生长过程中,单位面积显露的铝氧八面体"悬"顶点数越多的晶面,越易与原料相中有着"悬"顶点的类铝氧八面体聚合体发生结晶反应,使得该晶面有着更高的结晶速率。这样,晶体"基因"不但在新形成的结晶层中被持续复制,而且诱导铝离子与羟基基团相互作用,形成类铝氧八面体聚合体,因为这些聚合体能容易地在不同晶面对应的生长界面上结晶。

6.2 对晶体制备过程的再认识

◆ **晶体制备过程是一种广义"有生命物质系统"的遗传发育过程**

在6.1节中,我们归纳了籽晶在晶体制备过程中的三个作用。这三个作用不但是相互关联的,而且有着共同的存在基础,这就是,晶体制备过程是一个广义"有生命物质系统"在特定条件下的遗传发育过程,在此过程中,小尺度的籽晶严密控制无数粒子的行为,使得它们键结成为性状与籽晶完全相同的大尺度结晶体。

20世纪50年代,伟大的奥地利物理学家E. Schrödinger把关注点转向了生物学领域,以物理学家视野和思维方式,研究了有生命物质系统的遗传发育过程。他说道,"我们很快就会看到,有许多小得不可思议的原子团,小到无法显示精确的统计规律,然而在生命有机体内部,它们对于非常有序和有规律的事件确实起着支配作用。它们控制着有机体在发育过程中获得的可观察的宏观性状,决定着有机体功能的重要特性;在所有这些情况下,都显示了非常明确的严格的生物学定律"[3]22。

E. Schrödinger提出了小物体控制大物体发育过程的两种方式。他说道:"一个很小的分子也许可以被称为'固体的胚芽',从这样一个小的固体胚芽开始,似乎有两种不同方式来建立越来越大的集合体。一种方式是沿三个方向一再重复同一种结构,比较乏味。正在生长的晶体所遵循的正是这一方式。周期性一旦确立,集合体的大小就没有明确界限了。

另一种方式是不用这种乏味的重复来建立越来越大的集合体。越来越复杂的有机分子就是如此，其中每一个原子和原子团都起着各自的作用，与其他许多原子起的作用(比如周期性结构中的情形)并不完全相同"[3]64。

我们无法确定E. Schrödinger当年是否对晶体的制备过程进行过研究，但他提出的从"固体的胚芽"到巨大"集合体"的两种方式，从另一个角度，说明了广义的"有生命物质系统"和狭义的有生命物质系统在遗传发育过程中的差异。如1.1节所述，E. Schrödinger把周期性晶体比作一张"反复出现同一种图案的普通壁纸"，把有生命物体——即非周期晶体——比作"大师绘制的一幅精致的、有条理的、富含意义的图案"。毫无疑问，狭义的有生命物质系统的遗传发育过程更加丰富、更为精彩，但是，晶体制备研究者精心编织的"地毯"容不得半点缺陷和变异，而且要与编织的"样板"一模一样，因此编织的过程只能是"乏味"的，得到的"地毯"只会好似一张"反复出现同一种图案的普通壁纸"。

E. Schrödinger从物理学角度诠释了生命的本质。他说道："生命的典型特征是什么？一块物质什么时候可以说是活的呢？回答是当它继续'做某种事情'、运动、与环境交换物质等等的时候，而且可以指望它比无生命物质在类似情况下'持续下去'的时间要长得多。当一个不是活的系统被孤立出来或者被置于均匀的环境之中时，由于各种摩擦力的影响，所有运动通常都很快静止下来；电势和化学势的差别消失了，倾向于形成化合物的物质也是如此，温度因热传导而变得均一。此后，整个系统逐渐衰退成一块死寂的、惰性的物质，达到一种持久不变的状态，可观察的事件不再出现。物理学家把这种状况称为热力学平衡或'最大熵'"[3]73。

物体"有生命"的条件是它能够继续做某种事情、处于运动之中。那么，哪些事情属于E. Schrödinger此处所说的"某种事情"的范畴呢？简单地说，无论狭义的有生命物质系统、还是广义的"有生命物质系统"，都能够在特定的条件下，"继续做"导致系统热力学熵减少、即实现负熵过程的"事情"。

当特定的条件消失了，有生命物质系统就将"死去"，成为一个无生命物质系统。例如，人如果不能从外部获取食物、水、氧气等能量，同时又不能向外部排泄废物，体内所有的负熵过程都将终止，人的生命就结束了。又如，在制备实验结束后，晶体制备封闭系统不再从外部获取能量，也不向外部传递热能，并因开启而成为一个开放系统，此时，晶体制备这个负熵过程终止了，原料相、结晶相及其生长界面也消失了，粒子要么在晶格格位上作些振动，要么在非结晶物质中进行简单的无序热运动，此时，整个体系就成了"死寂的"和"惰性"的。

有生命物质系统转变为无生命物质系统通常需要一个过程。在此过程中，系统积蓄的能量将以某种形式释放出来。就晶体制备封闭系统而言，制备实验结束后，系统内积蓄的能量主要以热的形式释放出来；当封闭系统被开启时，结晶体积蓄的能量又可以裂纹的形式释放出来。在晶体制备过程中，人们总是希望这个过程不要太短促，不要太激烈，不要使晶体失去使用价值。

◆ 晶体制备过程与晶体"基因"

在本小节中，我们将以物理气相输运技术系统制备碳化硅晶体为例，进一步说明晶体"基因"的具体表达形式及其在制备过程中的行为。

碳化硅晶体可被认为是由难以计数的硅-碳双原子层沿晶体c轴有序堆垛而成的晶体。采用物理气相输运技术系统制备碳化硅晶体时，籽晶生长面及生长界面的法线通常与晶体c轴平行，因此，碳化硅晶体的结晶过程可被看作是硅-碳双原子层沿晶体c轴有序键接的过程。晶体"基因"对制备过程的控制可以体现在硅-碳双原子层的规整性和键连过程的有序性。

以Si_mC_n来表示一个硅-碳双原子层。在Si_mC_n中，m个硅原子占据同一平面的各个六方结构格点，构成一个硅原子密堆积层Si_m；n个碳原子以同样方式构成一个碳原子密堆积层C_n。在Si_m中，任意一个硅原子与C_n中的三个碳原子键连；同时，在C_n中，任意一个碳原子亦与Si_m中的三个硅原子键连。

上述规则是碳化硅晶体"基因"化学组成片段的具体表达形式。在制备过程中，**化学组成片段**严格控制着所有硅-碳双原子层中硅原子和碳原子的键连。任何违背上述规则的键连都将带来硅-碳双原子层结构的不稳定，从而在碳化硅晶体中形成与此相对应的结晶缺陷。

根据2.2节所述的杂化轨道理论，一个硅原子可与四个碳原子键连，构成一个稳定的硅碳四面体$Si-C_4$；同样地，一个碳原子和四个硅原子可构成一个稳定的碳硅四面体$C-Si_4$。这样，在Si_mC_n中，Si_m显露m个硅原子"悬"键，相应的晶面通常被称为"硅面"；C_n显露n个碳原子"悬"键，相应的晶面被称为"碳面"。这意味着，Si_mC_n的硅面只能与另一个硅-碳双原子层$Si_mC_n{}'$的碳面键连，Si_mC_n的碳面只能与$Si_mC_n{}'$的碳面键连。这是控制两个硅-碳双原子层键连的规则。

在六方密堆积结构中，有且仅有三种结晶学不等价的格位。这三种格位可分别记为A格位、B格位和C格位。这意味着硅-碳双原子层之间有三种键连方式。设Si_mC_n的全部碳原子位于A格位，当它的碳面与Si_mC_n'的硅面键连后、后者的全部碳原子位于B格位，这样的Si_mC_n和Si_mC_n'的键连方式被称为AB型键连。同理，还存在硅-碳双原子层的AC型键连与BC型键连。

在碳化硅晶体中，硅碳双原子层在晶体c轴方向上的键连严格遵循着堆垛规则。对于4H型碳化硅晶体，各硅-碳双原子层是以ABCB-ABCB-…形式作周期性键连。具体地，设（Si_mC_n）$_1$的全部碳原子位于A格位，那么，（Si_mC_n）$_2$的全部碳原子位于B格位，（Si_mC_n）$_3$的全部碳原子位于C格位，（Si_mC_n）$_4$的全部碳原子则位于B格位，从而构成了一个键连周期。类似地，在6H型碳化硅晶体中，硅-碳双原子层是以ABCACB-ABCACB-…形式进行周期性键连，每个周期含有六个硅-碳双原子层。这是控制多个硅碳双原子层有序键连的规则。

上述两个规则共同构成了碳化硅晶体"基因"结构片段的具体表达方式。在制备过程中，结构片段诱导原料相中更多的气态粒子结合成类硅-碳双原子层的粒子团簇，因为在生长界面上，具有这种结构形式的粒子团簇仅需跨越相对更低的能垒就可发生结晶反应，进而进入结晶相；同时，结构片段又严密控制着类硅-碳双原子层粒子团簇在与晶体c轴平行的方向上的有序键连。

◆ 晶体结构与晶体"基因"

任何一种多元晶体都可被看作是由许多个所谓的"结构要件"构成具有空间对称性的"结构骨架"、若干种金属离子规则地散布在结构骨架空隙中的物体，如同在DNA分子中，两条脱氧核苷酸长链盘旋成一个双螺旋结构，其内侧通过氢键形成的碱基对把这两条长链稳固地并联起来，构成了DNA分子的"结构骨架"。

例如，在碳化硅晶体中，所谓的"结构要件"，指若干个硅原子键连而成的六方密堆积层Si_m和若干个碳原子键连而成的六方密堆积层C_n；所谓的"结构骨架"，指由Si_m和C_n键连而成的硅-碳双原子层Si_mC_n，以及由若干个硅-碳双原子层Si_mC_n键连而成的、平面法线与晶体c轴相平行的层状结构。

又如，如图1.6所示，在硅酸镓铝锶四元晶体中，结构要件包含由一个钽离子与六个氧离子构成的钽氧八面体Ta-O$_6$、由一个镓离子与四个氧离子构成的镓氧四面体Ga-O$_4$，以及由一个硅原子和四个氧原子构成的硅氧四面体Si-O$_4$。这三种结构要件以共棱或共顶的方式连接，构成了这种结构复杂晶体的结构骨架，而锶离子则规则地分布在这个结构骨架之中。

在晶体制备过程中，籽晶携带的晶体"基因"化学组成片段主要控制结构要件的形成过程；结构片段主要控制结构骨架的形成过程。在生长界面上，结构要件与结构骨架的"片状体"几乎是同时形成的，因此，晶体"基因"化学组成片段和结构片段几乎同时发挥着作用，严密控制着晶体制备的进程。

在新形成的结晶体中，晶体"基因"化学组成片段和结构片段都被完整地复制下来，隐含在结晶体的结构之中。如果把所制得的晶体再次加工成籽晶，并用于新一轮的制备实验，晶体"基因"化学组成片段和结构片段又将发挥作用，严密控制晶体制备的进程，并继续遗传至新一代的结晶体。这样，一种晶体就可在特定的条件下，实现"生生不息、代代相传"。

6.3　晶体"基因"的变异

◆　籽晶携带的晶体"基因"的变异

在狭义的有生命物体的遗传发育过程中，基因在外部因素诱导下可发生局域性变异，导致生物体出现此前未曾出现过的、在此后发育中被持续复制的新性状。在遗传生物学乃至现代医学研究中，基因在什么条件下会发生变异、变异会给生物体带来怎样的影响，是一项重要的研究内容。

在晶体制备过程中，因工艺技术条件不合理或出现波动，在人的有意识干预下，晶体"基因"也可发生局域性变异，导致晶体形成局域性的结晶缺陷。在封闭系统回归到常温常压状态的过程中，这些结晶缺陷被完整地保留在晶体之中。因此，在晶体中，许多结晶缺陷是晶体"基因"在制备过程中发生变异的结果。

晶体"基因"在制备过程发生的变异可被分为两类，其中一类是因人的有意识干预所导致的。例如，如果在原料中掺入一定量的非本征粒子，在制备过程中，这些非本征粒子将进入晶格格位，导致晶体"基因"的化学组成片段发生变异，在而后的制备过程中，变异的化学组成片段被一次又一次地复制，非本征粒子被允许进入对应的晶格格位。结果是，晶体被有意识掺入了非本征粒子，晶体的某个特性因此得到增强。这类变异可被称为"有益的变异"。

除此之外，还有一类变异产生的原因是制备过程中工艺技术条件发生波动，导致在生长界面上形成局域性结晶缺陷。相应的结晶缺陷成为晶体"基因"的重要内容，在而后的制备过程中，晶体"基因"发生变异的部分同样被一次又一次地复制，难以得到修复，使得新形成的结晶相在对应的区域出现相同类型的结晶缺陷。这类变异可被称为有害的变异。

此外，在晶体制备封闭系统从广义的"有生命物质系统"转变为无生命的物质系统的过程中，已形成的晶体因内能的释放也会形成类似开裂的缺陷。由于这类缺陷与晶体"基因"发生有害的变异无关，因此不能归入结晶缺陷的范畴，或者说，晶体的结晶缺陷是其"基因"在制备过程中发生有害的变异的结果。

如果籽晶携带的晶体"基因"已经发生了有害的变异，通常，在制备过程中，这部分已发生有害的变异的内容可直接遗传到新形成的结晶相之中，如同父亲的面容相貌可以被其子女部分甚至大部分承续那样。如果从籽晶复制下来的有害的变异与制备过程产生的有害的变异耦合在一起，晶体的结晶质量必然劣于籽晶的结晶质量，总的结果是，随着晶体一代接着一代地繁衍，晶体的结晶质量将越来越差。这是晶体制备研究者不希望看到的结果，也是晶体制备研究存在的主要风险。

概括地说，制备结晶质量高的晶体，需要使用好的籽晶；但使用好的籽晶，既可能制得结晶质量更好的晶体，也可能制得结晶质量更差的晶体；籽晶可以从晶体结晶质量相对最好的区域切取，单个晶体可以切取一定数量的籽晶，因此，只要在制备过程中不发生有害的变异，籽晶携带的有害的变异的遗传链条又能被切断，在此条件下，经过许多次实验循环，使用差的籽晶最终也可制备出结晶质量相对更好的晶体。这是晶体制备的遗传学规则。

◆　**晶体"基因"化学组成片段的变异：点缺陷的形成**

在物理学中，根据空间维度的差异，晶体的结晶缺陷被分为点缺陷、线缺陷、面缺陷和体缺陷。自本小节起，我们将具体讨论晶体"基因"的变异与晶体的点缺陷、面缺陷和体缺陷之间的关系。

在制备过程中,当晶体"基因"化学组成片段发生变异时,原料相的非本征粒子可进入结晶相,或者占据晶格格位,或进入间隙位置,还会造成紧邻格位的粒子缺失。这些非本征粒子(包括空位)的外层电子与紧邻格位的本征粒子外层电子相互作用,形成局域性功能团簇。在晶体从制备状态转变为常温常压状态的过程中,这类团簇可被完整地保留下来。

在晶体特性研究中,通过故意掺加非本征粒子,使晶体产生某项特性,或者使晶体某项特性得到增强,是普遍采用的方法。以物理气相输运技术系统制备的碳化硅晶体为例,如果在制备过程中故意掺加氮粒子,制得的碳化硅晶体具有相对较低的电阻率,这种晶体被称为导电型碳化硅晶体;如果故意掺加钒粒子,制得碳化硅晶体具有相对较高的电阻率,这种晶体则被称为半绝缘型碳化硅晶体。

在制备过程中,非本征粒子通常进入结晶相的结构要件中,并使原有的晶体"基因"化学组成片段发生变异。在之后的制备过程中,已发生变异的化学组成片段允许相同的非本征粒子通过生长界面的结晶反应进入等价格位,自身也在新形成的结晶相中得到遗传。

在非故意掺杂制备实验中,与原料相的本征粒子相比,非本征粒子是稀少的,分布也是随机的。如果非本征粒子向生长界面的输运中断时,本征粒子将重新占据结构要件的相应格位,此时,已发生变异的化学组成片段因再次变异(可被称为"逆变异")而得到修复。在生长界面上,可以存在这样的情况:某个区域的化学组成片段发生了变异,另一个区域已发生变异的化学组成片段却因逆变异而得到修复,结果是,非本征粒子随机分布在晶体之中。

在故意掺杂制备实验中,原料被掺加一定质量百分比的非本征粒子。经过制备前的处理,非本征粒子在原料中是均匀分布的。在制备过程中,非本征粒子可与本征粒子相互作用,形成类结构要件的团簇,这些团簇在生长界面上参与结晶反应,导致相应区域的化学组成片段发生变异。由于含有非本征粒子的团簇源源不断地输运到生长界面,已发生变异的化学组成片段持续在新形成的结晶相得以复制,使得更多的非本征粒子进入晶格格位。

但是,在故意掺杂制备实验制得的晶体中,非本征粒子的分布不可能是绝对均匀的。由于工艺技术条件的波动,在生长界面上,当化学组成片段发生变异的概率高于其发生逆变异的概率,更多的非本征粒子可进入晶格格位；反之，更多的本征粒子可进入晶格格位，结果是，在生长界面的法线方向，非本征粒子呈不均匀分布。在故意掺杂制备实验制得的晶体中，这是十分普遍的现象。

图6.5给出了两块采用故意掺钒4H型碳化硅晶体加工制作的正方形晶片的照片。图中晶片垂直向上方向与晶体c轴平行，这个方向也是制备过程中生长界面从结晶相向原料相推移的方向。晶面为碳化硅晶体的($11\bar{2}0$)面。对晶片上部和下部区域钒离子含量的检测结果显示，在图6.5（b）所示的晶片中，钒离子沿晶体c轴方向作均匀分布；而在图6.5（a）所示的晶片中，上部区域的钒离子含量比下部区域低一个数量级。钒离子占据晶格格位后，改变了4H型碳化硅晶体对白光的吸收特性[①]。对于图6.5（a）所示的晶片，用肉眼可观察到自上而下晶片呈现的黄色变得越来越"深"，这表明越接近籽晶生长面的区域，即制备过程前期形成的区域，钒离子的含量越高。

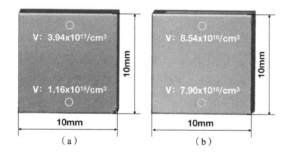

图 6.5　用故意掺钒（V）4H 型碳化硅（SiC）晶锭经切割加工制得的正方形晶片的照片，晶片尺寸为 10mm × 10mm × 1mm，晶面为（$11\bar{2}0$）面。图中绿色圆圈表示采用二次离子质谱技术（secondary ion mass spectroscopy，SIMS）检测钒离子含量时入射光斑的位置，光斑直径为 0.2mm。在图（a）所示的晶片中，钒离子在晶片上部区域的含量为 $3.94 \times 10^{17}/cm^3$，在下部区域的含量为 $1.16 \times 10^{18}/cm^3$；在图（b）所示的晶片中，钒离子在上部区域的含量为 $8.54 \times 10^{16}/cm^3$，在下部区域的含量为 $7.9 \times 10^{16}/cm^3$。该晶体是在金属钟罩型 PVT 技术系统中制得的

（照片提供者：黄维，陈建军）

---

① 对于掺钒 4H 型碳化硅晶体，钒离子可以多种价态形式占据原由硅原子占据的格位。在掺钒 4H 型碳化硅晶体的带隙（约 3.26eV）中，禁止复合跃迁（forbidden-recombination-transition）范围约为 2.1 ～ 2.29eV，与黄光的能量范围（2.07eV ～ 2.15eV，597nm ～ 577nm）一致。当用白光照射晶片时，用肉眼可观察到晶片呈黄色。晶片中钒离子的浓度越高，晶片呈现的黄色越"深"。如图 6.5(a) 所示，当钒离子浓度为 $3.94 \times 10^{17}/cm^3$ 时，被测晶片呈浅黄色；当钒离子浓度达到 $1.16 \times 10^{18}/cm^3$ 时，晶片呈深黄色。

◆ 晶体"基因"结构片段的变异：体缺陷的形成

如6.2节所述，在制备过程中，碳化硅晶体基因的结构片段控制硅-碳双原子层在与晶体c轴平行的方向上键连的顺序。然而，当工艺技术条件发生波动、结构片段发生变异的时候，硅-碳双原子层原有的周期性堆垛顺序可形成错位。如果已发生变异的结构片段在结晶相中被承续下去，而且工艺技术条件持续发生波动，结晶相的局部区域就会形成体缺陷。

在4H型碳化硅晶体中，由两个结构要件构成的硅-碳双原子层以ABCB-ABCB-…形式作周期性键连。如果工艺技术条件出现波动，控制硅-碳双原子层周期性键连的结构片段可能在局部区域发生变异。如果ABCB周期性键连顺序中的AB与CB之间插入C-A两个硅-碳双原子层，就形成了AB-CA-CB周期性键连顺序。在新形成的结晶相中，发生这样变异的结构片段被承续下去，就可在相应区域形成6H型多型共生缺陷。

图6.6给出了从一个采用石英玻璃管型PVT技术系统制备的4H型碳化硅晶锭切割加工而成的12块晶片的偏振光照片。如图所示，图中编号越小的晶片，越接近籽晶的生长面；编号越大的晶片，越接近晶锭的生长面，所有晶片的法线方向与晶体c轴平行。图中的红色圆圈勾画出各块晶片出现6H型多型共生缺陷的区域。

从图6.6可看到，在编号为No.1的晶片的边缘区域，形成了范围相对较小的6H型多型共生缺陷。经与所用籽晶进行对比，可以判断这个发生局部变异的结构片段是从籽晶遗传下来的。在制备过程中，在各个晶片对应的区域，都出现了相同的6H型多型共生缺陷，但它们的范围大小不断变化，这表明已发生变异的结构片段在结晶相中的繁衍与工艺技术条件的不稳定性密切相关。结果是，在这个4H型碳化硅晶锭中，存在着形态不规则的6H型多型共生缺陷。这种缺陷属于体缺陷的范畴。

图6.7给出了一块边缘区域存在多型共生缺陷的4H型碳化硅晶片的照片。从图可以看到，在制备过程中，由于工艺技术条件发生波动、生长界面的径向温度梯度$\mathrm{grad}T$过大等原因，边缘区域的结构片段发生了变异，导致一些区域由4H构型转变为6H构型（图中呈绿色的区域），另一些区域则由4H构型或6H构型转变为15R构型（图中呈浅黄色的区域）。

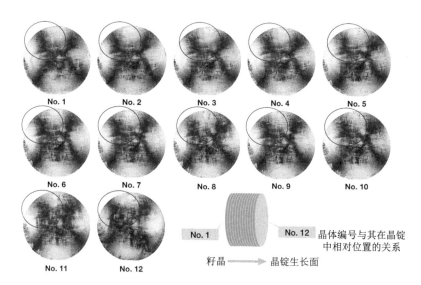

No. 1　　　　No. 2　　　　No. 3　　　　No. 4　　　　No. 5

No. 6　　　　No. 7　　　　No. 8　　　　No. 9　　　　No. 10

No. 11　　　　No. 12

No. 1　　　　No. 12　晶体编号与其在晶锭中相对位置的关系

籽晶　→　晶锭生长面

图 6.6　从一个采用石英玻璃管型 PVT 技术系统制备的 4H 碳化硅（SiC）晶锭切割加工而成晶片的偏振光照片。这 12 块晶片的直径均为 100mm，厚度为 1mm。图中给出了晶片编号与其在晶锭中位置关系：编号越小的晶片，越接近籽晶的生长面；编号越大的晶片，越接近晶锭的生长面，所有晶片的法线方向都与晶体 c 轴平行。图中的红色圆圈勾画出晶片中 6H 多型共生缺陷的截面。从图可看到，呈绿色的 6H 多型共生缺陷截面的形态和面积始终处于变化之中，这与制备过程中工艺技术条件发生波动相关

（照片提供者：陈建军）

　　15R 碳化硅晶体的周期性键连顺序为 ABCACBCABACABCB。从 4H 构型转变为 15R 构型，意味着在 4H 构型的一个 ABCB 键连顺序中插入了 C-A 两个硅-碳双原子层，形成了与 6H 构型相同的 ABCACB 周期性键连顺序；同时，在另一个 ABCB 键连顺序中，插入了 A-C-A-B 四个硅碳双原子层；这两个变异的键连顺序又由一个 C 型硅-碳双原子层连接起来。如果从 6H 构型出发，一个 ABCACB 周期性键连顺序通过一个 C 型硅-碳双原子层，与另一个分别插入 A 型和 B 型硅-碳双原子层的 ABACABCB 变异键连顺序连接起来，就可构成 15R 构型的周期性键连顺序。

图 6.7　一块边缘区域形成多型共生缺陷的 4H 型碳化硅晶片的照片。经检测，在呈绿色的区域中存在 6H 型多型共生缺陷，在呈浅黄色的区域中存在 15R 型多型共生缺陷，含有这两种多型共生缺陷区域之间以及与 4H 型本征区域之间有着明晰的界面。晶片的直径为 100mm，厚度为 1mm。晶体是在石英玻璃管型 PVT 技术系统中制得的

（照片提供者：忻隽）

在4H型碳化硅晶锭中，6H型和15R型多型共生缺陷往往是同时形成的。在制备过程中，决定硅-碳双原子层作4H型周期性键连的结构片段首先发生局部变异，使得相应区域出现6H型多型共生缺陷。在而后的制备过程中，已变异的结构片段再次发生变异，使得相应区域出现15R型多型共生缺陷。

◆ 晶体"基因"结构片段的变异：面缺陷的形成

对于采用物理气相输运技术系统制备的碳化硅晶体，如果在制备过程中，决定硅-碳双原子层周期性键连的结构片段发生变异，导致键连顺序发生局部错位，但又没有形成确定的多型共生缺陷,在晶体的局部区域,就可形成另一类有别于多型共生缺陷的结晶缺陷。

图6.8给出了一块含有这类结晶缺陷的4H型碳化硅晶片的照片。这块晶片是从一个物理气相输运技术系统制备的4H型晶锭中切取的。如图所示，在白光的照射下，整块晶体的颜色是不均匀的，但没有形成边界明晰的6H型或15R型多型共生缺陷。

以6H型碳化硅晶体为例进一步说明这类结晶缺陷的特征。在6H型晶体中，硅-碳双原子层以ABCACB-ABCACB-⋯形式作周期性键连。在制备过程中，因工艺技术条件瞬时出现波动，结构片段发生变异，导致同处一个键连周期的六个硅-碳双原子层不以-ABCACB-组合方式、而以其他的组合方式键连。此后，工艺技术条件恢复正常状态，结构片段的变异很快得到修复，硅-碳双原子层又以-ABCACB-顺序依次键连。这样，在晶体的某个区域，沿晶体c轴方向，形成了这类晶体结构要件在单个键连周期内出现键连错位的缺陷。这类结晶缺陷可被称为层错缺陷，属于面缺陷的范畴。与多型共生缺陷不同，存在层错缺陷的区域与晶体本征结构区域之间不存在确定的界面[1]322-340。

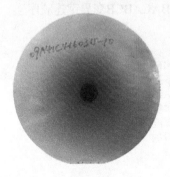

图6.8 一块存在硅-碳双原子层周期性键连顺序发生错位的4H型碳化硅晶片照片。因制备过程中工艺技术条件发生波动，硅-碳双原子层在与晶体c轴平行方向上的周期性键连顺序被破坏，但没有构成界面明晰的6H型或15R型多型共生缺陷。这种状况改变了晶片在不同区域对白光的吸收特性。在白光照射下，整个晶片呈现的颜色是不均匀的。该晶片的直径为100mm，厚度为1mm。晶体是在金属钟罩型PVT技术系统中制得的

（照片提供者：忻隽）

图6.9给出从同一个6H型碳化硅晶锭中切取的四块样品的**高分辨率电子显微晶格**照片。被测晶面均为晶体（1120）面。在图6.9（a）所示的样品中，每六个硅碳双原子层构成一个堆垛周期，以Zhdanov符号体系[②]表示，每六个硅-碳双原子层以（33）形式键连。而在图6.9（b）所示的样品中，有三个键连周期发生了错位，形成了3×SF(24)层错缺陷，即在第一个键连周期内，-ABCACB-键连顺序变异为-ABCBAC-；在第二个键连周期内，键连顺序变异为-BCACBA-；在第三个键连周期中，堆垛顺序变异为-CABACB-，而第三个发生变异的键连周期又可与正常的6H型键连周期连接起来。这意味着发生变异的结构片段经历了三个键连周期后得到了修复，相应的层错缺陷也随之消失。

在图6.9（c）所示的样品中，存在着3×SF(15)层错缺陷，即在三个相互连接的键连周期中，原有的-ABCACB-ABCACB-ABCACB-键连顺序变异为-ABACBA-CACBAC-BCBACB-。在图6.9（d）所示的样品中，存在着3×SF（3111）层错缺陷，即在三个相互连接的键连周期中，堆垛顺序由-ABCACB-ABCACB-ABCACB-变异为-ABCACA-CABCBC-BCABAB-。与3×SF(24)层错相同，上述两种层错缺陷的第三个键连周期都可与正常的6H型键连周期连接在一起。这是已发生变异的结构片段能够很快得到修复的原因。

层错缺陷被归为面缺陷是有条件的，这就是发生变异的结构片段在经历为数不多的硅-碳双原子层键连周期后就可得到修复。修复的环境因素是工艺技术条件的波动仅在瞬间出现。如果工艺技术条件在某个时间段内持续波动，无论SF(24)层错，还是SF(15)层错或SF(3111)层错，都可能在经历三个键连周期后继续在结晶相承续下去，形成可表示为$SF(24)_n$、$SF(15)_n$或$SF(3111)_n$的层错缺陷，甚至形成可表示为$SF(24)_o SF(15)_p SF(3111)_q$（$o, p, q$=0，1，2，…）的组合型体缺陷。如图6.8

[②] 在碳化硅晶体结构研究中，可用 A、B、C 三个符号表示三种不等价的硅-碳双原子层，用 AB、BC、CA 表示硅-碳双原子层之间的键连形式，也可用 Hägg 符号体系或 Zhdanov 符号体系来表示硅碳双原子层之间的键连形式。在 Hägg 符号体系中，AB、BC 和 CA 键连形式均用"+"号表示，反转的键连形式、即 BA、CB 和 AC 键连方式均用"–"号表示。这样，4H 型碳化硅晶体的 ABCB- 键连周期可表示为 (++––)；6H 型碳化硅晶体的 ABCACB- 键连周期可表示为 (+++–––)。Zhdanov 符号体系由一系列整数构成，其中第一个数字表示连续的由 Hägg 符号体定义的"+"号数目，第二个数字表示连续的由 Hägg 符号体定义的"–"号数目，第三个数字再表示由 Hägg 符号体定义的"+"号数目，依次类推。这样 4H 型碳化硅晶体的 -ABCB- 键连周期可表示为 $(22)_n$；6H 型碳化硅晶体的 -ABCACB- 键连周期可表示为 $(33)_n$。

所示，晶片在白光照射下呈现明显的色差，表明被测晶片内部许多区域存在层错缺陷和组合型体缺陷。

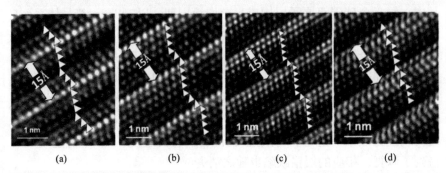

(a)　　　　　　　(b)　　　　　　　(c)　　　　　　　(d)

图 6.9　一个采用金属钟罩型 PVT 技术系统制得的 6H 型碳化硅晶体不同区域高分辨率电子显微晶格像。被测晶面均为（11$\bar{2}$0）面。对于包含结晶缺陷的样品，由于结晶缺陷改变了相应区域原子的正常排列，使该区域的原子偏离正常位置而产生畸变，这种畸变使得结晶缺陷附近的晶面与电子束的相对位相发生改变，造成有结晶缺陷区域与无结晶缺陷区域具有不同的衍射强度，从而产生衬度，根据这种衬度效应可判断样品中存在的缺陷类型。图（a）是无结晶缺陷样品的晶格像。如图所示，若干个衍射点构成了一个衍射层，对应于一个硅‑碳双原子层，两个衍射层的间距为 2.5Å，沿 [0001] 方向，每六个衍射层构成一个键连周期，高度为 15Å，与 6H 型碳化硅晶体晶胞参数 c 值相同。从衍射衬度看，在一个键连周期内，三个衍射层有着明衬度，接着的三个衍射层有着暗衬度，如此周而复始，构成了样品的晶格像。在图（b）、（c）和（d）中，虽然六个衍射层构成一个键连周期的情况没有发生变化，但根据衍射层衬度的变化，可判断周期性键连顺序发生了错位，形成了层错（stacking fault，SF）。用 Zhdanov 符号表示，在图（b）中，存在着 3 × SF(24) 层错；在图（c）中，存在着 3 × SF(15) 层错；在图（d）中，存在着 3 × SF(3111) 层错，其中第三个堆垛周期超出了检测视野 [4]103

◆　晶体"基因"化学组成片段和结构片段的变异：线缺陷的形成

　　线缺陷是一个与观测尺度密切相关的概念。在微观尺度上，线缺陷仅限于刃位错和螺型位错，但在介观乃至宏观尺度上，线缺陷就不仅仅限于刃位错和螺型位错。一些在两个维度上尺度相对较小、在另一个维度上连续延伸的缺陷都可被视为线缺陷。

　　如6.10给出了在一块6H型碳化硅晶片样片（0001）面上观测到的孔道缺陷形貌像。该晶片是从一个采用金属钟罩型PVT技术系统制备的6H型碳化硅晶锭中切取的。在观测前，样品在500℃熔融氢氧化钾（KOH）中进行了30min的腐蚀处理。从图可看到，这个孔道的直径约为10μm，沿[0001]方向贯穿整个样品；它的内侧经腐蚀处理后呈现台阶状结构，具有一个与6H型碳化硅晶体在c轴方向上的对称性相一致的六次对称轴。在碳化硅晶体中，孔道缺陷沿[0001]方向连续延伸，甚至贯穿厚度为数十毫米的整个晶体。

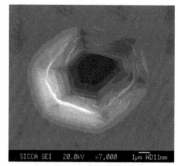

图 6.10　采用扫描电子显微镜在一块 6H 型碳化硅晶片（0001）面上观察到的微孔道形貌照片。晶体是在金属钟罩型 PVT 技术系统中制取的，样品尺寸为 12.5mm×12.5mm×1mm，在 500℃ 熔融氢氧化钾（KOH）中进行了 30min 腐蚀处理。如图所示，微孔道的直径约为 10μm，贯穿整个样品，它的内侧经腐蚀处理后呈台阶状结构，具有一个与 6H 型碳化硅晶体在 c 轴方向上的对称性相一致的六次对称轴[4]56

一般地，孔道缺陷的截面尺度在微米量级，在[0001]方向上的长度为毫米量级。从介观尺度看，这种缺陷可被视为一类沿特定方向"无限"延伸的体缺陷；从宏观尺度看，这种缺陷可被视为一类沿特定方向"有限"延伸的线缺陷。而且孔道缺陷不同于在碳化硅晶体的微管道缺陷（micropipe），后者的截面尺度通常在纳米量级。虽然孔道缺陷与微管道缺陷在形成机制上有一定的关联性，但两者不能被混淆起来。孔道缺陷是碳化硅晶体容易出现的宏观线缺陷。

大量检测分析结果表明，在碳化硅晶体中，孔道缺陷主要是从籽晶遗传的，并可在新形成的结晶相中繁衍和扩展。当籽晶的局部区域存在孔道缺陷，意味着相应区域的"基因"化学组成片段和结构片段都发生了变异。

在制备过程中，已发生变异的化学组成片段诱导原料相的Si_m结构要件和C_n结构要件形成缺位区域，缺位格点符合六方密堆积的规则，缺位区域具有与Si_m和C_n相一致的对称性；同时，控制Si_m和C_n键连的结构片段也发生了变异，使得Si_m中处于缺位区域边界的硅原子只能与C_n中缺位区域边界的碳原子键连。如果两者的缺位区域大小不同，面积小的缺位区域的一些边界原子将在Si_m和C_n键连中成为多余的原子，被"赶"出对应的结构要件，从而形成存在空洞的硅-碳双原子层，空洞的面积与缺位区域面积更大的结构要件相同。此后，已发生异变的结构片段以同样的规则控制硅-碳双原子层在c轴方向的键连。

随着制备过程的延续，已发生变异的化学组成片段和结构片段在生长界面上得以承续，这样，一个连续贯通的、具有六次对称轴的孔道缺陷就在新形成的结晶相中逐渐形成了。

孔道缺陷是一类非典型性线缺陷，主要出现在气相条件下制备的晶体中，而在高温熔体或溶液条件下制得的晶体一般不出现这类线缺陷，但会出现其他类型的线缺陷。此外，与孔道缺陷相关的变异化学组成片段和结构片段可在制备过程中发生逆变异，使得孔道缺陷在延续一段尺度之后"湮灭"。其中最重要的条件是：原料相粒子对生长界面的输运是充分的，难以形成含有缺位区域的类结构要件团簇；同时，工艺技术条件是稳定的，几乎不出现使化学组成片段和结构片段发生新变异的波动。

◆ 结晶缺陷的本质

结晶缺陷是对晶体结果完整性的背叛，它们以不同的形态，存在于采用不同技术系统制备的晶体之中。采用特定的技术系统制备的晶体，有着特有的结晶缺陷。在晶体制备封闭系统中，粒子的运动及其相互作用在微观上同样具有不连续特征，存在着各种不连续的状态，粒子从一种状态转变为另一种状态的量子跃迁是导致晶体"基因"发生变异的原因，结晶缺陷则是这个过程的结果[3]46-52。

在晶体制备封闭系统中，粒子的运动和相互作用按照自身的逻辑对大量不连续的状态做出选择。如果粒子从能量相对较低的状态转变为能量相对较高的状态，需要从外部获得能量补偿；反之，则需要通过某种形式向外部释放能量。有序度较高的状态有着相对较高的能量，有序度较低的状态有着相对较低的能量。从这个角度看，晶体制备过程只能在封闭系统中实现，在制备过程中，这个封闭系统必须不断地从外部获得能量，使得更多的粒子运动和相互作用能够从有序度低的状态向有序度高的状态转变。同时，总有一些粒子的运动和相互作用要从有序度高的状态转变为有序度低的状态，这样，某种类型的结晶缺陷就形成了。绝对完美的晶体是不存在的，人工制备的晶体总是或多或少地含有结晶缺陷，无非是某些结晶缺陷是无法被观测的、或者某些结晶缺陷的存在不会对晶体的使用产生崩溃性影响而已。

此外，晶体"基因"发生异变是一些粒子的运动和相互作用从高能量状态向低能量状态转变的结果，过程释放的能量将积聚在结晶缺陷周围的区域之中。如果晶体含有较多结晶缺陷，它的内能会更高；而结晶缺陷密集的区域成为积聚更多内能的区域。从宏观统计结果看，晶体在制备过程中积聚的内能在其内部的分布是不均匀的。在晶体从制备状态转变为"死寂""惰性"状态的过程中，结晶缺陷密集区域积聚的内能将释放出来，导致晶体出现开裂等宏观缺陷。

图6.11给出了一个采用坩埚下降技术系统制备的硼酸氧钙钇晶体的照片。如图所示，晶锭在用白线勾画的区域形成了一个范围较大、高度约为3mm的多晶区域。在晶锭从制备状态转变为常温常压状态过程中，该区域积蓄的内能向晶锭的单晶区域释放，导致晶体沿这个多晶缺陷的边界开裂。

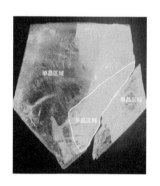

图 6.11　在一块采用坩埚下降技术系统制备的硼酸氧钙钇［$YCa_4O(BO_3)_3$，YCOB］晶体中，因表面局部区域（图中用白线勾画的区域）在制备过程中某种原因形成了一个范围较大的、高度约为 3mm 的多晶区域，在晶体从制备状态转变为常温常压状态的过程中，该区域积蓄的内能向晶体的单晶区域释放，导致晶体沿这个多晶区域的边界开裂。晶体生长方向为 [010]，晶锭沿 [010]方向的长度为 100mm，与 [010] 相垂直方向的宽度为110mm，厚度为 30mm

（照片提供者：涂小牛）

6.4　生长界面的形态

◆　不同类型晶体制备封闭系统的相界面

在以上各章节中，我们频繁使用了"生长界面"这个词，但没有具体讨论生长界面的涵义、特征、运动及其与晶体"基因"变异之间的关系。自本节起，我们将把聚焦点转移到生长界面相关的问题上来。

在晶体制备封闭系统中，生长界面与相界面是两个密切相关、但又有差别的概念。讨论生长界面的题，势必涉及相界面。因此，我们将从相界面的概念入手，给出不同晶体制备封闭系统生长界面的具体描述。

图6.12给出了在坩埚下降技术系统、水热技术系统、高温熔体提拉技术系统和物理气相输运技术系统中相界面形状与位置的示意图。坩埚

下降技术系统中液（熔体）-固（结晶体）两相界面的形状与位置如图6.12（a）所示。在制备过程中，原料相是高温下形成的熔体，结晶相是化学组成与熔体相同的结晶体，两者之间的公共界面即是相界面。相界面的横截面形状是由贵金属坩埚决定的：当贵金属坩埚是一个圆柱体的时候，相界面的横截面是一个圆形区域；当贵金属坩埚是一个柱体的时候，相界面的横截面则是一个矩形区域。

图6.12（b）给出了水热技术系统中相界面的示意图。在这个封闭系统中，存在着两个相界面，其中一个位于高压釜的结晶区，相界面的两侧分别是原料相（水热溶液）和结晶相；另一个位于高压釜的溶解区，相界面的两侧分别是水热溶液和固态原料。采用这种技术系统制备晶体时，通常将多块晶体同时悬挂在结晶区内，因此，上述原料相与结晶相之间的相界面实际上是由多个不同位置的相界面构成的，而相界面的原始形状主要是由籽晶决定的。

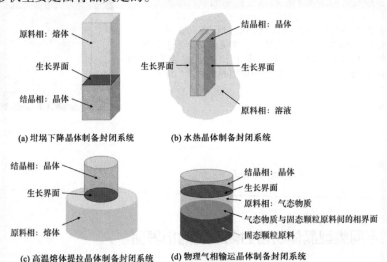

(a) 坩埚下降晶体制备封闭系统   (b) 水热晶体制备封闭系统

(c) 高温熔体提拉晶体制备封闭系统 (d) 物理气相输运晶体制备封闭系统

图 6.12　在坩埚下降、水热、高温熔体提拉和物理气相输运等技术系统中相界面的形状与位置的示意图。如图所示，在坩埚下降技术系统中，沿下降方向，原料相位于结晶相之上，相界面位于两者之间（图中用红色标注的区域），其形状是由贵金属坩埚的形状决定的；在水热技术系统中，存在着结晶相与溶液之间、固态原料与溶液之间的两个相界面，前者位于结晶区，后者位于溶解区；在高温熔体提拉技术系统中，结晶相与高温熔体之间相界面的法线与提拉方向平行；在物理气相输运技术系统中，存在着结晶相与气态物质之间、气态物质与固态原料颗粒之间的两个相界面，其中前者的形状是由石墨坩埚部件的形状决定的，位置则随着制备过程的延续自上而下推移

（绘图：施尔畏）

　　在这个体系中，结晶相被水热溶液包围着，结晶体在不同的方向上有着不同的生长速率，随着制备过程的延续，相界面逐步成为一个具有对称性的闭合多面体。与坩埚下降技术系统不同，在水热技术系统中，相界面是突变的，不存在宏观尺度的过渡区域。在制备过程中，生长速率高的晶面将逐渐在结晶体中消失，生长速率低的晶面则被保留下来。因此，相界面的形状和位置不是确定的，而是在制备过程中持续变化的。

　　如图6.12（c）所示，在高温熔体提拉技术系统中，原料相是高温下形成的熔体，结晶相是化学组分与熔体相同的结晶体，相界面是两者之间的公共界面。与坩埚下降技术系统不同，在这种技术系统中，相界面的形状不是由贵金属坩埚的形状决定的，而是与结晶体的对称性、相关晶面的生长速率等要素密切相关。在金属坩埚连同高温熔体匀速旋转的条件下，结晶体的对称性越高，各向异性越小，相界面越趋于一个圆形。

　　以图6.1所示的采用高温熔体提拉技术系统制取的硅酸镓钽钙晶体为例，在制备过程中，提拉方向与晶体 [010] 方向平行；晶体 x（010）面的生长速率最低，z（001）面的生长速度次之，这两个晶面都在结晶体中显露，其中 x（100）面的显露面积最大。此时，相界面成了一个有着对称轴的近矩形区域，随着制备过程的延续，区域面积因温度波动而持续发生变化，导致最终制得的晶体形成了横截面时大时小的结晶形态。

　　图6.1（d）是物理气相输运技术系统中相界面的示意图。在这个技术体系中，存在着两个相界面，其中一个是原料相——即占据一定空间的气态物质——与结晶相之间的相界面，这些气态物质是固态颗粒原料高温下升华的产物；另一个是气态物质与固态颗粒原料之间的相界面。前者的形状是由石墨坩埚部件强制规定的，通常是一个圆形区域，它的位置随制备过程延续沿生长界面法线方向推移；后者的形状则是由大量固态颗粒的表面决定的，它的位置也随固态颗粒形态的变化而变化。

◆　**生长界面与相界面的区别**

　　界面（interface）是一个宏观概念，通常被定义为作为两个物体或两个空间公共边界的那个面。在热力学中，相界面指在一个两相或多相共存的物质系统中，不同物相之间的公共边界。

　　生长界面是晶体制备研究的专用词语。生长界面与相界面有关系，但生长界面不简单地等同于相界面。当晶体制备封闭系统从常温常压状态转变为制备状态的时候，生长界面就出现了，位于生长界面两侧的分别是原料相和结晶相，无论原料相是气相、还是液相。此时，生长界面与相界面是一致的。当封闭系统从制备状态转变为"死寂""惰性"状态的时候，生长界面也就消失了；原料相可能转变为另一种状态，例如高温下的熔体经冷却后往往成了固态的多晶体；结晶相则成为常温常压下的晶体。此时，显现的相界面既不同于制备前的相界面，也不同于制备状态下的相界面。

需要说明的，采用物理气相输运技术系统制备晶体，制备实验前，作为原始结晶相的籽晶与固态颗粒被分置在石墨坩埚不同的部位，两者之间不存在物理接触，因此没有公共边界；制备实验结束后，晶锭与剩余的固态颗粒也相互分离，两者之间不存在公共边界。因此，只有在制备状态下，物理气相输运技术系统对应的晶体制备封闭系统才会出现结晶相与气态原料相、气态原料相与固态颗粒之间的两个相界面。

这样，我们可以认为，生长界面是仅在晶体制备过程中出现的一种物质状态，它介于结晶态物质（结晶相）和非结晶态物质（原料相）之间，在宏观尺度上与两者共有的公共界面一致。在晶体制备过程中，生长界面的位置和几何形态处于变化之中。

◆ 生长界面与温度标量场等温面

我们可以把理想的生长界面想象为宏观尺度上的一个平坦面，这意味着在这个平坦面上，各点的温度都是相同的，原料相粒子及粒子团簇在这里取得处处相同的结晶反应机会，而且，在制备过程中，结晶相始终以平坦面形式向原料相推移。

定义生长界面的几何形态与相应区域温度标量场的等温面一致。然而，在真实的晶体制备封闭系统中，与结晶相向原料相推移方向相垂直的等温面不可能都是绝对的平坦面，从这个角度看，理想的生长界面是不存在的。选定一个有限的区域，如果把温度相同的点连接起来，通常得到的是一个曲面，因此，生长界面具有曲面状的几何形态。

图6.13给出了采用有限元方法对石墨坩埚内温度标量场进行模拟的结果。在物理气相输运技术系统中，保温组件是由石墨坩埚和多种保温材料构成的，温度标量场是由保温组件的结构及材料特性决定的。从图

可以看到，在可发生结晶反应的区域内，由于图中所注的A点处过冷，形成了较大的径向温度梯度gradT_r，等温面是由一系列曲率不同的轴对称曲面组成的，曲面凸起的方向与制备过程中结晶相向原料相推移的方向平行。在此情况下，生长界面不再是平坦面，而且随着制备过程的延续，曲面的曲率持续发生变化。

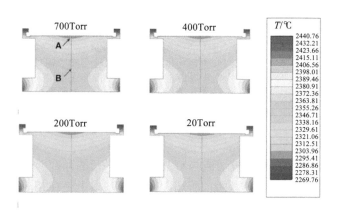

图6.13 采用有限元方法对物理气相输运技术系统制备碳化硅（SiC）晶体时石墨坩埚内气态物质输运和结晶区域温度标量场的模拟结果。图中显示了石墨坩埚上部部件内的等温线，气相压力分别为700Torr、400Torr、200Torr和20Torr，自上而下的方向是制备过程中结晶相向原料相推移的方向。如图所示，在这个区域里，等温面是一系列曲率不同的轴对称曲面；曲面的形态和曲率与气相压力没有关系；A点与B点的温度差为68.40℃

（资料提供者：刘熙）

在制得的晶体中，生长界面的几何空间在制备过程中的变化会留下足迹。因此，我们可以根据对晶体结晶形态的观察分析，逆向推测生长界面几何形态的变化情况。图6.14（a）给出了一个在金属钟罩型PVT技术系统中制备的6H型碳化硅晶体的照片。如图所示，该晶体的总高度约为49mm，具有完整柱面部分的高度为28mm，生长面呈现显著外凸结晶形态，外凸部分的高度占晶体总高度的比例达到了42.8%。

图6.14（b）给出了根据晶体结晶形态对生长界面空间形态的变化进行反演的结果。从图可看到，在晶体制备过程中，由于籽晶中心区域（对应于图6.13中的A点）严重过冷，形成了很大的径向温度梯度gradT_r，导致生长界面成为轴对称的曲面，曲面在结晶相向原料相推移的方向上显著凸起。曲面的曲率是其位置的函数，生长界面与籽晶生长面的距离越小，其曲率亦越小。这个结论与图6.13所示的有限元模拟结果是一致的。

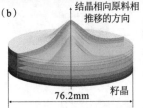

结晶相向原料相推移的方向

76.2mm 籽晶

图 6.14 一个采用金属钟罩型 PVT 技术系统制备的 6H 型碳化硅（SiC）晶锭的照片（a）和根据晶体结晶形态对生长界面几何形态进行反演的结果（b）。在制备过程中，由于籽晶中心区域严重过冷，形成了很大的径向温度梯度 $\text{grad}T_r$，生长界面成为在结晶相向原料相推移方向上显著凸起的轴对称曲面，曲面的曲率随结晶相向原料相推移逐渐增大，使得制得的晶锭呈显著外凸的结晶形态，外凸部分的高度占晶体总高度的 42.8%

（绘图：王乐星）

　　通常，制得的晶锭被切成与籽晶生长面平行的晶片。如果制备过程中生长界面始终保持平坦面，所切取的晶片基本上是在相同时间内形成的；反之，如果生长界面在结晶相向原料相推移的方向上有着"外凸"或"内凹"的几何形态，所切取的晶片不是在同一时间内形成的。

　　图6.15给出了五块从同一个4H型碳化硅晶锭中切取的晶片叠合在一起拍摄的偏振光照片。从图可看到，在编号为No.7至No.11的五块晶片中，都存在着一个圆形多型共生区域。编号越大的晶片，即越接近籽晶生长面的晶片，圆形区域的直径越大。将这五块晶片叠合在一起，就可从c轴方向观察到由五个同心圆构成的多型共生缺陷区域。

图 6.15 将五块直径为 76.2mm、厚度为 1mm 的 4H 型碳化硅（SiC）晶片叠合在一起拍摄的偏振光照片（a）和这五块晶片在晶体中的位置示意图（b）。这些晶片从一个采用金属钟罩型 PVT 技术系统制备的碳化硅晶锭中切取，晶片进行了粗磨加工，有很好的透明度，编号越大的晶片越接近于籽晶生长面。在编号为 No.11 晶片对应的位置，因工艺技术条件发生波动，结晶相内形成了多型共生缺陷，但不久后消失。由于生长界面在结晶相向原料相推移的方向上显著凸起，这个多型共生缺陷区域不是与籽晶平行的平面，而是具有与生长界面几何形态相同的曲面，使得 No.11 至 No.7 的晶片都只切取了这个缺陷的一个圆形区域，将这五块晶片叠合在一起，可观察到由五个同心圆构成的缺陷区域

（资料提供者：忻隽，高攀）

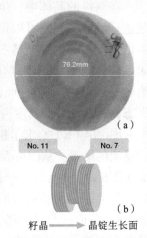

76.2mm

（a）

No. 11　　　No. 7

（b）

籽晶　→　晶锭生长面

上述结果表明，在这个晶锭的制备过程中，生长界面在结晶相向原料相推移方向上显著"外凸"，从这个晶锭切取的晶片是由不同时间内形成的结晶区域构成的。沿着晶片半径从外至里的方向，越接近晶片中心的区域是在相对更前的时间内形成的；越接近晶片边缘的区域，是在相对更后的时间内形成的。反之，如果生长界面在结晶相向原料相推移方向上显著"内凹"，越接近晶片边缘的区域是在相对更前的时间内形成的；越接近晶片中心的区域是在相对更后的时间内形成的。

对于碳化硅晶锭来说，生长界面的非平坦面性将给晶片的质量带来严重的影响。例如，因不同时间内形成的结晶区域之间存在内能（应力）差，由不同时间内结晶而成的晶片在切割或研磨加工中很容易开裂，而且晶片中很可能出现富集于不同时间内结晶而成区域交界处的孔道缺陷。

生长界面的几何形态通常都具有轴对称的特征，因此可用柱坐标系进行描述，其中 Z 轴与生长界面的法线方向平行。取一个与 Z 轴垂直的面，当轴向温度梯度 $\mathrm{grad}T_a$ 一定时，在边缘区域至 Z 轴的方向上，该面各点的温度差是由径向温度梯度 $\mathrm{grad}T_r$ 决定的：$\mathrm{grad}T_r$ 越小，各点的温度差越小，生长界面越趋于一个平坦面；反之，$\mathrm{grad}T_r$ 越大，各点的温度差越大，生长界面的曲率越大。当中心区域的温度低于边缘区域温度的时候，生长界面将沿 Z 轴"外凸"；反之，当中心区域的温度高于边缘区域温度的时候，生长界面将沿 Z 轴"内凹"。

当结晶体径向尺度较小的时候，径向温度梯度 $\mathrm{grad}T_r$ 对其结晶质量的影响常被忽略不计，此时，与结晶体结晶质量的参数只是轴向温度梯度 $\mathrm{grad}T_a$；但当结晶体径向尺度较大的时候，径向温度梯度 $\mathrm{grad}T_r$ 的影响就不可被忽略，因此需要通过封闭系统结构的设计与优化，在建立适宜的 $\mathrm{grad}T_a$ 前提下，最大程度压缩 $\mathrm{grad}T_r$ 的绝对值，使得生长界面尽可能趋于一个平坦面。这个规则在物理气相输运技术系统中是适用的，在坩埚下降技术系统和高温熔体提拉技术系统中也是适用的。

图6.16给出了从一个硅酸镓钽钙晶锭中切取的晶块的照片，这个晶锭是采用高温熔体提拉技术系统制备的。图中左下区域显示了晶锭在制备实验结束后从熔体脱离时形成的底面。从该底面的平坦性，可以判断制备过程中生长界面呈平坦面。同时，在晶锭显露的 x（110）面上，出现了若干条与晶锭底面平行的生长条纹，也说明了在制备过程中生长界面具有平坦面几何形态。这个晶锭具有很高的结晶质量。

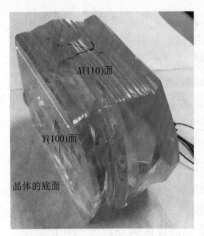

X(110)面

Y(100)面

晶体的底面

图 6.16 从一个采用高温熔体提拉技术系统制备的硅酸镓钽钙（Ca₃TaGa₃Si₂O₁₄，CTGS）晶锭下部切取的晶块照片。图中左下区域显示了该晶锭具有十分平坦的底面，x（110）面出现了若干与底面平行的生长条纹，表明在制备过程中，生长界面始终以平坦面形式向熔体方向推移，使得该晶锭具有很高的结晶质量。该晶锭的底面尺寸为 90mm×110mm，质量为 3278.79g

（照片提供者：熊开南）

◆ **生长界面的微区形态**

如上小节所述，生长界面的几何形态与温度标量场等温面一致，主要由径向温度梯度gradT_r决定。在宏观尺度上，生长界面是光滑的，它的厚度——即介于结晶态物质和非结晶态物质之间的过渡物质状态——可忽略不计，此时，生长界面与热力学的相界面是一致的。

另外，生长界面是原料相粒子及粒子团簇在源自籽晶的晶体"基因"控制下进行结晶反应的"场所"。在不同的技术系统里，原料相粒子及粒子团簇的特性及运动状态有很大差异，因此，在介观和微观尺度上，生长界面不会是光滑的，不同的区域有着不同的微区形态。虽然生长界面是观测之外的客体，我们也可从短时间形成的结晶体形貌来推测制备过程中生长界面微区形态的演变轨迹。

图6.17给出了一块碳化硅晶片的偏振光面扫描像和局部区域的白光干涉仪照片，该块晶片经过双面精细加工处理。从图可看到，该晶片存在着一根裂纹［见图6.17（a）］；在晶片表面的某些区域，存在着具有六方对称轴或呈平行四边形的凹坑［见图6.17（b）和（c）］；另一些区域则富集着孔道缺陷［见图6.17（c）和（d）］。这些缺陷是源自籽晶的晶体"基因"化学组成片段和结构组成片段存在局部变异的具体表现。

将这块晶片作为籽晶，首先在金属钟罩型PVT技术系统中进行氩气（Ar）压力为700Torr的条件下的加热处理，在2h内温度从室温升至2000℃并恒温1h。此时，虽然固态原料颗粒没有充分升华，但仍有一些固态原料颗粒转变为气体粒子及其粒子团簇，进而在籽晶生长面上形成一层碳化硅结晶层。

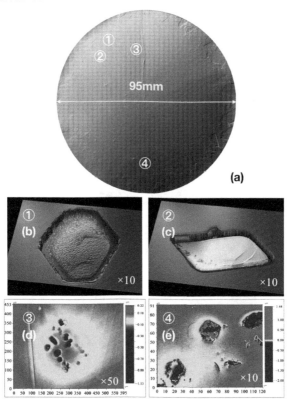

图 6.17 一块碳化硅（SiC）晶片偏振光面扫描像（a）和使用白光干涉仪在分别标注①、②、③和④区域拍摄的局部形貌照片（b～e）。晶片经双面精细加工处理，直径为95mm，厚度为1mm。晶片存在一根沿半径方向自边缘向中心延伸的裂纹，长度与晶片的半径相当。在标注为①的区域内，观察到具有六方轴对称形的凹坑（b）；在标注为②的区域内，可观察到呈平行四边形的凹坑；在标注为③和④的区域内，观察到有孔道缺陷密集区

（资料提供者：黄维）

图6.18给出经上述加热程序后碳化硅结晶层的偏振光面扫描像和局部白光干涉仪照片。从图可知，碳化硅结晶层的大部分区域形成了规整的层状台阶结构形貌，两个台阶之间的间距为数个微米；区域内间有柱状生长丘［见图6.18（b）和（e）］；位于裂纹两侧的区域存在着两组以裂纹为界、有着不同曲率的层状台阶结构［见图6.18（d）］。临近籽晶裂纹的孔道密集区域的形态也发生了变化，孔道缺陷露头点周边区域形成了具有六方轴对称的台面［见图6.18（b）］。

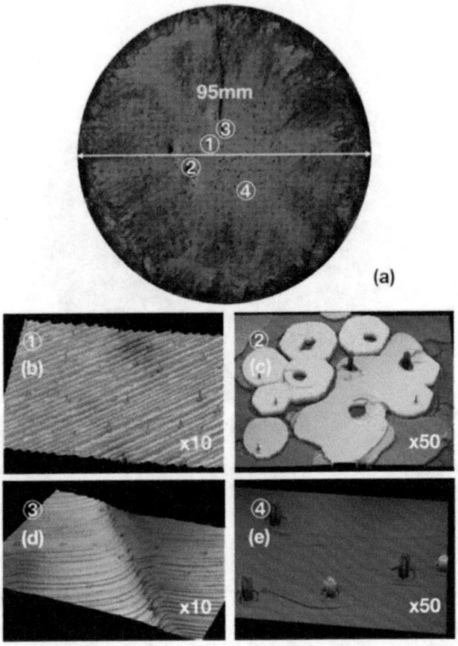

图 6.18   以图 6.17 所示的碳化硅（SiC）晶片作为籽晶经加热处理后得到的结晶层偏振光面扫描像（a）和使用白光干涉仪在分别标注为①、②、③和④的区域拍摄的局部形貌照片（b～d）。加热处理时通入氩气（Ar），气相压力为 700Torr，加热时间总计 3h，在 2000℃下的恒温时间为 1h。在标注为①的区域，存在规整的层状台阶结构（b）；在标注为②的区域存在孔道缺陷密集区（c）；在标注为③的区域观察到裂纹两侧区域存在两组曲率不等的层状台阶结构（d）；在标注为④的区域，规则层状台阶内出现了较多的柱状生长丘（e）

（资料提供者：黄维、忻隽）

　　图6.19给出了以图6.18所示的碳化硅结晶层作为籽晶进行两次加热处理后的表面偏振光面扫描像和局部白光干涉仪照片。加热时通入氩气（Ar），气相压力为700Torr；第一次加热处理的时间为5h，其中在2090℃温度下恒温时间为3h，结晶层质量增加398.2mg；第二次加热处理的时间为7h，其中在2090℃温度下恒温时间为5h，结晶层质量增加262.7mg。从图可以看到，经历两次加热处理后，籽晶表面仍出现大面积规整的层状台阶结构形貌。一些台阶结构发生了交叠，还有一些台阶结构发生了分裂；籽晶裂纹两边的台阶结构相互交叠，形成了120°的夹角；紧邻孔道缺陷露头点区域的对称性台面消失，形成了台阶结构围绕孔道缺陷露头点发生有序扇形转向的形貌。

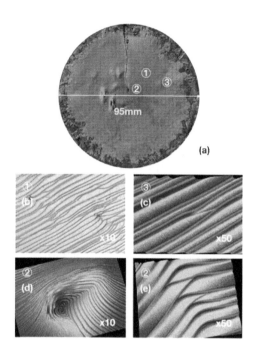

图 6.19 以图 6.18 所示的形成碳化硅（SiC）结晶层的晶片作为籽晶进行两次加热处理后得到的结晶层偏振光面扫描像（a）和使用白光干涉仪在分别标注为①、②和③的区域拍摄的局部形貌照片（b～d）。加热时通入氩气（Ar），气相压力为700Torr；第一次加热处理的时间为5h，其中在2090℃温度下恒温时间为3h，结晶层质量增加398.2mg；第二次加热处理的时间为7h，其中在2090℃温度下恒温时间为5h，结晶层质量增加262.7mg。在标注为①和③的区域，仍存在大面积的规整层状台阶结构［（b）和（c）］，但一些台阶结构相互交叠，还有一些台阶结构发生分裂；在标注为②的区域，形成了台阶结构围绕孔道缺陷露头点发生有序扇形转向的形貌（d），裂纹两侧区域台阶结构相互交叠后形成了约120°的夹角（e）

（资料提供者：黄维、忻隽）

图6.17、图6.18和图6.19是对极端条件下形成的碳化硅结晶层介观微区形貌进行观测的结果。根据图6.13所示的有限元方法计算模拟结果，在物理气相输运技术系统中，温度标量场等温面的几何形态、即生长界面几何形态与气相压力没有关系。此处所指的极端条件，指加热处理过程中技术系统内注入了氩气，气相压力均保持在700Torr，此时，固态原料颗粒的升华受到了严格的遏制，在籽晶生长面上沉积与结晶的气态粒子及粒子团簇的数量是有限的。

在此条件下，气态粒子及粒子团簇在籽晶生长面各个区域沉积与结晶的概率是均等的，生长界面可被视为平坦面。沉积的气态粒子及粒子团簇在生长界面上有充分时间进行迁移，寻找适宜位置进行结晶反应，从而形成规整的层状台阶结构。同时，在已发生变异的晶体"基因"化学组成片段和结构片段中，有的通过生长界面在新形成的结晶层中繁衍，有的则在新结晶层的形成过程中得到部分修复。

一般地，当生长界面具有平坦面或近平坦面的几何形态，它的微区形态更为规整，从而减少化学组成片段和结构片段在生长界面上发生新变异的可能性，相应的结晶层有更好的结晶质量。如果在整个制备过程中，生长界面能够保持平坦面或近平坦面的几何形态，制得的晶体通常有更好的结晶质量。

然而，这是晶体制备过程的理想状况。实际上，无论采用何种技术系统，都不可能在结晶速率被控制在如此之低的情况下制备晶体。就物理气相输运技术系统而言，以在145h内制得厚度为18mm的4H型碳化硅晶锭为例，在直径为100mm的范围内，结晶层的高度平均每秒增加约33nm，相当于三个4H型晶胞的高度，在每平方微米区域内，每秒约有10^9个气态粒子及粒子团簇进入结晶相。在这样的情况下，生长界面不同区域的微区形态非常容易出现奇异，发生变异的微区形态又可在而后形成的结晶层被继承下去。

图6.20给出了采用**动力学蒙特卡罗方法**对物理气相输运技术系统中气态粒子及粒子团簇在生长界面上沉积与结晶过程进行计算模拟的结果。在计算模拟中，加置周期性边界条件的区域是50nm×30nm的长方体，约有近$2.0nm×10^5$个粒子参与结晶反应，因此，所得到的结果可被认为是关于生长界面微观区域形态的图像。在1ms模拟时间内，气态粒子及粒子团簇基本上均匀地沉积在生长界面上，此时，生长界面的微区形态是规整的［见图6.20（a）］；随着时间的延长，例如将模拟时间延长至4ms、7ms和10ms时，生长界面上出现了因更多气态粒子及粒子基团聚集而成的"生长岛"，此时，生长界面变得越来越"粗糙"，不同区域的微区形态呈现更大的差异［见图6.20（b）～（d）］。

需要指出的是，图6.20所示的蒙特卡罗计算模拟结果还不能完整代表真实制备条件下生长界面微区形态的演变过程。同时，在计算模拟中，没有引入紧邻生长界面的结晶层已发生的化学组成片段和结构片段变异对生长界面微区形态的影响。然而，如果将图6.20所示的虚拟实验结果与图6.17、图6.18和图6.19所示的实物实验结果连续在一起，我们可以得到关于生长界面微区形态变化的更为全面图像，进而形成以下基本规则：

——为制备结晶质量高的晶体，实现要在晶体制备封闭系统中建立适宜的温度标量场与温度梯度矢量场，使得原料相粒子及粒子团簇对生长界面的供应是充分的，这是生长界面可以平坦面或近平坦面的形式向原料相推移的必要条件；

——在满足这个条件的前提下，要综合平衡晶体结晶质量与制备过程的经济性，使用不存在或较少存在局部结构或化学组成变异的籽晶，控制结晶层沿生长界面法线方向的结晶速率，使得生长界面的微区形态趋于规整，减小不同区域微区形态发生差异，这是提高晶体结晶质量的重要途径。

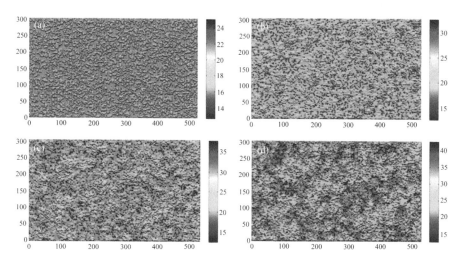

图 6.20　采用动力学蒙特卡罗方法对物理气相输运技术系统制备碳化硅（SiC）晶体中粒子、粒子团簇在生长界面上沉积结晶进行计算模拟的结果。模拟在一个加设周期性边界条件的 500Å × 300Å 长方体"盒子"内进行，模拟温度为 2500K，在整个计算模拟中，参与生长界面沉积的粒子总数近 20 万个。在本次计算模拟中，采用无台阶的 4H 型碳化硅晶片作为籽晶，设置格点振动因子 v=5ms^{-1}，比界面结晶速率 ACRSIA=6000ms^{-1}·mm^{-2}，蒙特卡罗时间分别为：（a）t=1ms；（b）t=4ms；（c）t=7ms；（d）t=10ms。与振动因子相同的条件下，比界面结晶速率 ACRSIA 分别为 2000ms^{-1}·mm^{-2}、4000ms^{-1}·mm^{-2} 和 6000ms^{-1}·mm^{-2} 的计算模拟结果相比较，可以发现，ACRSIA 值越大，生长界面吸附的粒子数越多，随着时间的推移，生长界面上岛状成核点越多，这说明大的 ACRSIA 值不利于制取高结晶质量的晶体 [5]

参考文献

[1] 施尔畏. 碳化硅晶体生长与缺陷 [M]. 北京：科学出版社，2012.

[2] 李汶军. 纳米晶粒水热制备过程中的粒度与形态调控 [D]. 上海：中国科学院上海硅酸盐研究所，2002：83

[3] 薛定谔. 生命是什么？：活细胞的物理观 [M]. 张卜天，译. 北京：商务印书馆，2016.

[4] 陈博源. 碳化硅晶体结晶缺陷的表征技术与形成机理研究 [D]. 上海：中国科学院上海硅酸盐研究所，2010：103.

[5] 郭慧君. PVT 法 SiC 晶体生长界面的动力学研究 [D]. 上海：中国科学院上海硅酸盐研究所，2017：67.

第 七 章

未来的晶体研究实验室

7.1　晶体研究在科技格局中的位置

◆　现代科学技术发展的特征

事物总是不断发展的，事物的发展又是渐进的，新的事物总是孕育于旧的事物之中。与过去相比，今天的晶体研究室已发生了很大的变化，面向未来，晶体实验室必然在此基础上取得新的发展，无论这些实验室是在什么样的组织架构下运行。我们不是先验论者，也不是预言家，但用更前瞻的眼光，思考未来晶体研究领域的发展，设想未来晶体研究实验室的模样，以为未来做出更多的思想准备，是一件有意义的事情。在本章中，我们将把讨论的重点转移到未来的晶体研究实验室上来。

在2017年上映的美国电影《天才少女》[①]中，有这样一个情节：极具数学天赋的七岁女孩Mary被身为数学家的外祖母Evelyn带到了美国克

---

① 该部电影的英文原名为 *Grifted*。

雷数学研究所②，望着墙上那六块空白的"千禧年（数学）问题"解答者的镜框，凝视着其中的"纳维-斯托克斯方程存在性与光滑性（Navier-Stokes Existence and Smoothness）"问题铭牌，轻轻地说了一句令人深感震撼的话："也许有一天，我的照片会挂到上面。"

这幅场景给出了这样一个事实：许多年来，人们在观察客观事物变化的过程中，努力理解事物运动的本质，给出事物发展规律的完整描述，扩大和充实知识体系，这是所称的"科学（science）"的本源与基本内涵。

同时，我们不能否认这样一个事实：在人类追求知识的永无止境的"长河"之中，"让人类进步的伟大发现，往往出自极少数人"（影片中Evelyn的一句台词）。人们总是急迫地希望出现绝顶聪明、极具科学天赋的人才，愿意向他们提供更充分的条件，以使他们能够取得更多的发现，创造更多的知识，从而推动社会的发展。纵观世界，那些具有悠久研究传统的科学社团，一直在坚定地捍卫着这个信念，并以此作为传统研究模式存在的理由。时至今日，大多数社会公众对科学的认识仍然停留在"天才创造科学"的层面，也根深蒂固地从这个信念出发来认识当今科学技术的发展，看待已变得极为丰富和多元的科学研究活动。

回眸历史，近代欧洲工业革命彻底打破了传统的科学概念范畴，社会生产力的快速发展既为科学研究提供了无比广阔的舞台，又使科学在推动社会生产力发展中发挥出巨大的能量，从而带来了科学研究前所未有的繁荣。在此滚滚向前的历史大潮中，传统的科学概念无法包容科学研究急剧膨胀的内涵，长期被认为仅属于工匠技艺范畴的"技术"站到了与"科学"平起平坐的位置。这样，在中文中，人们在"科学"之后加上了"技术"两个字。今天，"科学技术"，或者简称为"科技"，成为一个不开拆分的专用词汇、表述相关社会活动领域的标准称谓。

20世纪是人类历史上科学技术空前繁荣的时代。今天，人们普遍认为，核能利用、半导体、激光、计算机与互联网是20世纪四项伟大发明，彻底改变了人类社会的生产与生活方式。今天，生活在这个星球上的人，

---

② 克雷数学研究所（Clay Mathematics Institute，CMI）位于美国新罕布什尔州彼得伯勒，属非营利私营机构，它是1998年由企业家L. T. Clay和哈佛大学数学家A.Jaffe共同创立的。2000年5月24日，克雷数学研究所公布了七个"千禧年（数学）问题（Millennium Problems）"。其中第三个问题是"庞加莱猜想（Poincaré conjecture）"，已由俄罗斯数学家G. Perelman做出令人信服的完整解答，这样，目前还有六个数学问题尚未有人做出得到国际数学界确认的完整解答。在克雷数学研究所建筑物的一面墙上，安置了这七个数学问题和相应解答者的镜框，其中六个镜框还是空白的。

无论他生活在发达国家、还是生活在发展中国家甚至贫穷国家，或多或少都享用着这四大发明创造的成果。恐怕没有人能够从传统的"科学"或"技术"的概念出发，说清楚其中的哪项发明是"科学"的成就，哪项发明是"技术"的成果。现代的科学离不开技术，现代的技术离不开科学，两者浑然一体。因此，用统一的科学技术发展观来观察这个社会活动领域运动规律和发展趋势是合理的选择。

◆　当代科学技术活动的分类

当代科学技术体系非常庞大，内涵极其丰富，与其他社会活动相互作用的形式日趋多样，驱动自身发展的动力更呈多元。为了更好地观察与分析当代科学技术的运动规律与发展趋势，需要对它进行某种形式的分类。本书第四章提及的基础研究、应用研究和开发研究是对科学技术作出的一种形式分类。然而，这种诞生于20世纪40年代后期的线性分类，在现代科学技术发展的大格局中运用时，无论做出怎样的修正、外延或细分，仍无法掩盖其过于简单、刻板的缺陷。

一方面，在当代科学技术领域中，深入认识客观事物的本质，完整理解事物运动与发展的规律，不断扩大与充实知识体系，继续发展以科学为基础的物质观和世界观，依然是它的重要组成部分。例如，人们希望完整解答千禧年难题；人们希望深入解析宇宙与粒子的奥秘；人们希望准确验证暗物质、暗能量的真实存在。我们把这类活动称为**认知世界的科技**。认知世界的科技有着特有的运动规律和发展驱动力，它更多地依赖于特殊的人才，依赖于全球范围内科技界的合作，更需要全社会的包容和各国政府的支持。

另一方面，作为近现代工业革命的直接产物，现代制造业不断产生人类社会生存与发展的物质基础。没有科学技术，就没有现代制造业；现代制造业的发展，需要科学技术的支撑。经历20世纪的快速发展，与现代制造业直接相关的研究活动已成为当代科学技术的另一个重要组成部分。在经济学分类维度上，现代制造业被归入实体经济的范畴，因此，我们把与现代制造业直接关联的研究活动称为**实体科技**。本书涉及的晶体制备研究、晶体研究乃至材料研究，无疑属于实体科技的范畴。

20世纪末期至今，计算机及网络的普及和无处不在的应用，催生了新的经济门类——现代服务业。目前被社会公众热捧的"支付宝""物联网""大数据""云平台"乃至各种形式的"互联网+"行业，无一不是现代服务业的具体表达。在现代服务业的背后，有着强大的科学技术支撑，同样地，没有科学技术，就没有现代服务业。与实体科技相比，与现代服务业直接关联的研究活动无论在形式上、还是在内涵上都有很大的差别。由于许多现代服务行业被归入虚拟经济的范畴，因此，我们把与此直接关联的研究活动称为**虚拟科技**。

此外，近些年来，科学技术也成了资本狂热追逐的对象。名目繁多的机构投资者、私募基金及各路经纪人，在科技领域精心选择对象，进行有限的投资。然而，他们并不真心想支持实体科技或虚拟科技的发展，而是希望快速把被投资的对象包装起来，给它们套上靓丽的科技"马甲"，吹成个大的"泡泡"，继而花气力在股市或其他交易平台上将它们脱手。这样，资本的原始投入就可换来可观的利润，但同时给科技及产业领域留下"一地的鸡毛"。在经济学领域中，由大量投机活动支撑的无限制抬高资产价值的经济形态被称为泡沫经济，因此，我们把与此相关联的研究活动称为**泡沫科技**。

值得关注的是，还有一种"科技"形态正浮出水面。它既与实体经济没有联系，也与虚拟经济没有联系，而是一些人利用互联网平台，热衷于建些"联盟""学会"，互相推送些平庸的信息，轮番举行些集市式的学术大会、讲堂或论坛，出版些诸如"战略咨询报告""领域前沿分析预测"的空泛文献，让那些价值有限的东西产生无法想象的蝴蝶效应。经济界司空见惯的圈子文化随之向科技界渗透，科技界本身也被烙上了利益化的印记。由于这类活动无论对科技的进步、还是对社会生产力发展都不会带来真实的贡献，我们把这类"研究活动"称为**空头科技**。

回顾一百多年来全球科学技术发展的历程，我们大致可以梳理出以下脉络：

——19世纪末至20世纪初，传统概念的科学演变为近代的科学技术，形成了认知世界的科技和实体科技两大活动板块；前者主要集中在大学，后者则主要集中在大型制造企业；

——20世纪40年代，惨烈的战争极大地刺激了实体科技的发展；在战后经济高度繁荣时期，分属东西方两个阵营的国家都把科学技术作为竞争实力的基础和政治制度优越性的体现；在此过程中，许多大学的研究力量转入实体科技，专业型研究机构应运而生，成为实体科技的生力军，大型制造企业及创新型企业依然是实体科技的主力军，从而形成了认知世界的科技和实体科技并存、实体科技占据主体地位的科技活动格局；

——20世纪末至21世纪初，发达国家为突破发展乏力的困境，兴起了经济全球化的浪潮；在此过程中，传统的制造业大量转移到发展中国家，虚拟经济如雨后春笋首先在发达国家中崛起，虚拟科技从实体科技中分离出来，构成了"三足鼎立、各领风骚"的科技活动格局；泡沫科技和空头科技只是附生于这个过程的两个毒蘑菇；大学的研究力量被进一步分解，实体科技的专业研究机构遇到了很大挑战，新型研发组织和创新型企业异军突起，成为带动虚拟科技发展的主要力量。

面向未来，全球的科学技术将取得新的发展，科技活动的格局也将发生新的变化。我们无法预言新生的科技形态是什么，但可以确定，认知世界的科技和实体科技的地位无法撼动，在未来科技活动的格局中，两者始终是基本的板块。作为实体科技的一部分，晶体制备研究乃至晶体研究和材料研究，有着长期存在的理由，并将焕发新的生机与活力。

7.2 晶体研究的现实挑战

◆ 科技活动格局的演进给晶体研究带来的挑战

这些年来，虚拟经济成为吸纳公共财政的科技投入、社会投资及各类资源的"大水池"。在社会经济总量和科技活动规模增长有限的情况下，虚拟科技这个"水池"的急速膨胀，无疑会抽吸实体科技原有的"水量"。

在虚拟科技快速发展的过程中，晶体研究面临着很大挑战。在现实生活中，我们能够感受到，在编制科技规划、设置重大项目、配置公共资源等层面，管理者对晶体研究的长期性和艰巨性的理解与认识出现了偏移，对晶体研究的短期产出和直接贡献表现出更多的焦虑，常常用虚拟科技的成功案例来教育晶体研究者；在研究组织及研究团队的层面，晶体制备研究活动获得项目资助的机会正在减少，未来预期的不确定性正在增加。结果是，愿意长期从事晶体制备研究的人逐渐减少，选择虚拟科技的人逐渐增多。与20世纪下半叶的繁荣时期相比，晶体制备研究整体上进入了"初冬的季节"。

纵观世界各国，十年前爆发的金融危机影响依然存在，实体经济复苏乏力带来了实体科技的萎靡。曾经的晶体制备研究乃至晶体研究强国，都遭遇了严峻的挑战。

例如，苏联曾是晶体制备研究和晶体研究的超级大国之一，但随着苏维埃社会主义共和国联盟的解体、经济大幅度萎缩，苏联科技遗产的主要继承国俄罗斯和乌克兰都失去了完全由公共财政来维持国家战略科技力量的能力，导致原有的研究格局崩溃，人才大量流失，科研装备与基础设施严重老化，一些著名的晶体研究机构失去了昔日的辉煌，有的则被空洞化，几近名存实亡。

图7.1给出了**乌克兰国家科学研究机构**（State Scientific Institute）**晶体研究所**（"Institute for Single Crystals"）部分晶体制备设备和制备的晶体及器件的照片。基辅曾是苏联科学院材料领域研究机构高度集聚的城市，但是近二十多年来，这些研究机构原有的综合实力和竞争优势丧失殆尽，令人颇感痛惜。

图 7.1 乌克兰国家科学研究机构晶体研究所的晶体制备设备（a）、制备的氧化物晶体和硫化物晶体（b）以及以晶体为核心材料的探测器（c）照片。乌克兰国家科学研究机构设有五个材料科学研究所，其中包括 V. N. Bakul 超硬材料研究所、晶体研究所、I. M. Frantsevich 材料科学问题研究所、金属与合金物理技术研究所和 Z. I. Nekrasov 钢铁研究所。其中，晶体研究所的主要研究领域包括：创造用于光学、激光技术、电子、辐射检测和其他应用领域的晶体材料；关于晶体、薄膜和纳米材料的结构、物理化学特性的基础研究；各种应用领域的高技术设备的研发等，被视为这些领域的领跑者之一。该研究所现有员工 229 人，设有七个研发部门，其中包括：非线性和电光晶体、光学薄膜和涂层研发部；结晶态材料和复杂化合物研发部；氧化铝晶体研发部；光学半导体晶体研发部；凝聚态物理理论研究部；铁电和激光晶体研发部；高熔点氧化物晶体研发部 [1]

又如，迄今，日本依然是实体科技的世界强国，但受十年前全球金融危机及而后全球经济持续低迷的猛烈冲击，加之与人口老龄化密切相关的理工科毕业生总量持续减少、新生代择业倾向更趋多元等因素的影响，实体科技研究队伍显现出来源匮乏的倾向，引起了政府和社会公众的关注。晶体制备研究几乎从大学和研究机构中退出，几乎完全由大型企业自主部署与实施，更多的大学研究人员转向与教学更加紧密联系的晶体特性研究和晶体应用研究领域。

◆ 高等教育格局演进给晶体研究带来的挑战

保持实体科技具有旺盛生命力的最重要基础是：大学相关系科及专业能够集聚大量优秀的青年学生，给予他们高水准的专业教育与训练，同时，全社会形成激励青年学生立志长期从事实体科技的舆论氛围和政策环境，使得实体科技可源源不断地补充高素质青年人才。

这些年来，随着经济格局和科技活动格局的演进，国内大学的学科格局正发生很大的变化。2017年9月，教育部、财政部、国家发展和改革委公布了"世界一流大学和一流学科"的建设高校和建设学科的名单（以下简称《名单》）。这份《名单》或许会成为未来很长一段时间里国内大学学科建设、教学与科研发展的纲领，也是中央和地方政府高等教育投入重点的清单，还是高中毕业生考学及其选择大学、学科及专业的指南。

《名单》确定了140所高校承担国家"建设世界一流学科"的任务，确定了456个将要"建设成为世界一流"的**重点学科**。经统计,在《名单》所列的重点学科中，其中为实体经济和虚拟经济发展提供人才培养和支撑的工科学科共计181个，占重点学科总数的38.9%［图7.2（a）］；在这些工科学科中，材料科学与工程学科共计30个，占重点学科总数的6.5%，这意味着在这140所重点建设的高校中，有21.4%的大学承担了建设"世界一流"的材料科学与工程学科的任务[2]。

根据现行的学科分类规则，材料科学与工程被分为"材料物理与化学""材料学"和"材料加工工程"[3]。根据《中华人民共和国学科分类与代码国家标准（GB/T 13745—2009）》，"材料科学"是一级学科，下设11个二级学科，"无机非金属材料"是其中的一个二级学科（学科代码为430.45）。"无机非金属材料"又分为六个三级学科，"人工晶体"是其中的一个三级学科（学科代码为430.4530）[4]。

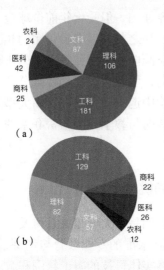

（a）

（b）

图 7.2　根据 2017 年 9 月 20 日教育部、财政部、国家发展改革委公布的"世界一流大学和一流学科建设高校及建设学科名单"得出的世界一流建设学科结构分布图[2]。（a）在 140 所大学的 465 个世界一流建设学科中，文科有 87 个，占 18.7%；理科 106 个，占 22.8%；工科 181 个，占 38.9%；商科 25 个，占 5.4%；医科 42 个，占 9.0%；农科 24 个，占 5.2%；（b）在 48 所世界一流建设大学的 328 个世界一流建设学科中，文科有 57 个，占 17.4%；理科 82 个，占 25.0%；工科 129 个，占 39.3%；商科 22 个，占 6.7%；医科 26 个，占 7.9%；农科 12 个，占 3.7%（资料提供者：陈建军）

　　由此可见，建设世界一流的材料科学与工程学科是一个十分庞杂的体系，"人工晶体"只是一个很"小众"的专业。这个专业每年招收与培养学生的数量十分有限，甚至低于受媒体追捧、令许多人趋之若鹜的影视表演类专业的招生人数。在任何时候，我们都不会看到有人会在亲属的陪护下排成长龙、接受"材料科学与工程"学科的"材料学"二级学科的"人工晶体"专业面试的景象。

　　《名单》还确定了 48 所同时承担建设世界一流大学任务的学校。无论在学生与师资质量方面，还是在办学条件、教学水平和综合实力方面，这些学校都走在全国高等院校发展的前列，其中有的学校在国际上已闻名遐迩，代表着中国大陆地区高等教育的水准，并将成为未来国家重点投入、重点扶持的对象。这些学校共设置了 328 个世界一流建设学科，其中工科学科有 129 个，占 39.3%［图 7.2（b）］，这个比例与工科学科在全部建设世界一流学科中的比例基本是一致的。

　　在这 48 所大学中，22 所大学把材料科学与工程学科列为本校要建设的世界一流学科，它们是目前高等院校材料科学与工程学科教学与科研的骨干和代表。然而，在这些大学中，设置"无机非金属材料"二级学科的不多，设置"人工晶体"专业的更少。即使有的学校设立了晶体专业教研室，这些专业教研室也主要开展晶体特性研究及晶体应用研究，在晶体制备研究方面少有部署与作为。

　　总体上看，在社会经济格局与科技活动格局不断演进的浪潮中，大学向全社会提供的、而不是仅仅满足其自身发展需要的晶体研究专业的毕业生数量相对很少，完成优质课程学习与必要实践训练的、能够在研究活动中长期坚守的青年人更为短缺。

对于从事晶体制备研究乃至晶体研究的专业研究机构而言，自我教育、自我培养的研究生几乎成为它们新生代研究人员的唯一来源，这使得它们的人力资源管理"回归"到陈旧的"师傅带徒弟"模式，构成了新的封闭性，进一步加剧了晶体制备研究乃至晶体研究的"小众"化。在短时期内，这些负面效应不会表现得十分强烈，但久而久之，必然严重遏制晶体制备研究乃至晶体研究持续和健康的发展。

7.3　未来晶体研究的发展趋势

◆　晶体研究的价值观

在讨论未来晶体研究发展趋势时，我们需要梳理当代晶体研究的价值观。所谓的晶体研究价值观，指在人们的一定的思维活动基础上形成的对晶体研究内在运动规律的认知、理解、判断或抉择，是人们共同拥有并在相关研究活动中共同坚持的思维取向，是相应研究范式的核心。晶体研究的价值观需要回答的问题是：晶体研究是怎样的研究活动；它与其他研究活动有什么区别；它又遵循怎样的基本准则。归结起来，晶体研究的价值观是由以下要素构成的：

——晶体研究的对象是可触摸、可观测的真实物体，在这类物体中，有的可在自然界找到对应的矿物，很多则是人的创造；全部的晶体研究活动是人的意愿、知识、智慧与各种形态物质有机结合的过程，因此，它是具体的，而不是抽象的，是唯物的，而不是形而上学的。

——在不同的组织里，具体的晶体研究活动常常因来源不同的项目而存在，追求着各自的科学目标和技术指标；然而，从总体上看，晶体研究最根本的驱动力来自应用，它的价值最终体现在应用。"料要成材，材要成器，器要致用"，精辟地描绘了晶体研究的本质特征。

——确定具有某种特性的晶体，将原料转化为该种晶体，将制得的晶体加工成晶体元件，将晶体元件制成器件，将器件转变为部件，将部件集成至系统之中，是晶体实现应用的必由路径；这决定了晶体研究需要专业分工，需要开放合作，需要协同攻关；在晶体研究范畴内，晶体应用研究牵引晶体特性研究，晶体特性研究推进晶体应用研究，两者相互耦合，整体带动晶体制备研究；"系统带部件，部件带器件，器件带材料"，"一代材料，一代器件，一代应用"，从两个方向上完整地描述了晶体研究的运动规律。

——晶体研究属于实体科技的范畴，符合图4.1所示的"在数十年的时间尺度内与制造业密切关联科技活动的阶段模型"；实践证明，晶体从想象变为现实，从实验室的成果转变为企业的产品，最终成为市场中的商品，需要走完很长的路程，其中存在许多障碍、坎坷和风险；某些晶体可能无法从想象变为现实，某些晶体可能永远是实验室的成果，某些晶体即使转变为企业的产品，也无法成为市场中的商品，能够全部走完上述模型的九个阶段的晶体也许不会很多；因此，晶体研究充满着希望、艰辛以及失败带来的痛苦，需要研究人员的坚守、忍耐和甘于寂寞，也需要组织及社会的理解、包容和具有战略眼光的支持。这是晶体研究健康存在与持续发展的必要条件。

◆ 晶体研究的发展观

在讨论未来晶体研究发展趋势的时候，我们还需要梳理面向未来的晶体研究发展观。所谓发展观，指人们对事物是否发展和怎样发展的基本见解。围绕着事物是否发展和怎样发展的问题，人们会产生不同的见解。在本小节里，我们着重在未来科学技术与产业技术发展趋势的大格局中，讨论晶体研究怎样发展的问题。

晶体研究起源于人们对晶体的形貌、结构、化学组成和对称性的研究。它成为一个独立的研究领域，是近代地质学、物理学、化学等基础性科学的理论与方法学实现会聚（convergence）的结果。

自20世纪中叶起，晶体研究快速拓展到人工制备晶体和创制新型结晶态材料的范畴。这个时期，各类晶体制备技术系统先后问世——压电晶体材料，激光晶体材料，以锗单晶、硅单晶为代表的半导体晶体材料，各种氧化物、硼化物或硅酸盐结构功能晶体材料，闪烁晶体材料接踵而至，并得到规模应用，成为这一时期晶体研究空前繁荣的重要标志。这个繁荣时期正是晶体研究与产业技术发展实现多层次、全方位会聚的结果。

晶体研究的诞生是自然科学领域相关基础学科会聚的产物，晶体研究又在与产业技术发展的会聚中获得发展、创造辉煌。面向未来，晶体研究不但要与基础性科学的领域前沿和最新成果实现新的会聚，而且要与产业技术的发展实现新的会聚，唯有这样，它才会迸发新的活力，取得新的发展，创造新的辉煌。

在上节中，我们谈到，晶体研究正面临着来自社会经济、科技及高等教育等领域变革带来的巨大挑战。究其原因，它在20世纪与基础性科学领域前沿和产业技术发展实现会聚的效应已经衰退，新的会聚尚未全面形成，因此，它所面临的现实困境有着历史的必然性。

新的会聚将给晶体研究带来新的机会，也使它对现有的"遗产"做出选择，对现有的组织模式及研究范式进行调整。在此过程中，一些研究方向可能被留存下来，还有一些研究方向可能被舍弃；一些研发组织可能在寻求新的会聚中脱胎换骨，还有一些研究组织则可能彻底转型，彻底告别晶体研究领域。

◆　会聚科学时代的晶体研究

在科学技术和经济社会发展的领域中不断寻求新的会聚，是晶体研究发展观的核心。因此，讨论未来晶体研究的发展趋势，本质上是思考未来晶体研究可能发生何种会聚、如何实现会聚的问题。

俄罗斯依然是全球晶体研究的强国。**俄罗斯科学院Shubnikov结晶学研究所**源于罗蒙诺索夫莫斯科国立大学的一个小型压电晶体实验室，20世纪40年代至80年代期间，发展成为全球闻名的结晶学和晶体研究中心。然而，20世纪90年代，苏联的解体、俄罗斯政局的动荡和社会经济活动的大幅缩水，对这个研究所的生存与发展构成了毁灭性的打击。进入新世纪后，该研究所确定了新的发展目标，经历了凤凰涅槃般的变革[③]。

俄罗斯科学院Shubnikov结晶学研究所推进变革的基本出发点是：世

[③] 2013年，Shubnikov结晶学研究所庆祝了建所70周年。该所所长M. V. Kovalchuk撰文，描述了近些年该研究所发生的重大变化。他写道，经历最近15年的变革，新的结晶学研究所具有以下主要的特性：（1）与21世纪技术突破相对应的系列研究，这些研究以生物有机材料合成与研究、原子尺度的物体观察和对这些物体实现控制的技术开发作为基础；（2）全新的研究方法学，这个方法学以最重要研究方向的交叉（会聚）作为基础；（3）不断扩大特种大型科学装置的应用，主要包括高能量同步辐射X射线装置、中子源、X射线自由电子激光装置等，为确定原子在空间的排列、研究原子运动的飞秒分辨率动力学提供了可能性。研究所在诸多研究领域中选择了三个高优先级研究方向，它们以新的科学发展趋势为导向，具体是：①纳米材料和生物有机材料；②关于结晶材料与纳米体系的形成、真实结构和特性的基础性研究；③新型的结晶材料和功能材料。引自：文献[5]。

纪之交，俄罗斯的国家发展和社会文明进程跨过了以科学技术为基础的后工业时代，目前，文明进程的现实危机主要与俄罗斯科学与教育领域的彻底变革联系在一起。这些变革归因于两个转变，即科学发展的范式从分析向合成转变，科学方法学从狭隘的专业化分工向跨学科融合转变。这两个转变带来了全新的NBIC[④] 会聚科学学科和技术的形成。上述这些因素显著提高了结晶学的地位与作用，使得结晶学成为21世纪科学方法学的基础。

图7.3是俄罗斯科学院Shubnikov结晶学研究所近十多年来重大变革的示意图。如图所示，它进行变革的大背景是适应"21世纪的科学"（即会聚科学）发展的要求；它的科学工具将集中在"'原子设计'技术"和"结构与特性的适当诊断"；它的科学方法学建立在"跨学科"融合和"用于跨学科（研究）的大型（科学）系统"之上；它的发展目标是成为"具有确定特性的有机材料和无机材料的定向合成"和使结晶学成为"跨学科科学的方法学基础"。

图 7.3 俄罗斯科学院 Shubnikov 结晶学研究所经历发生在世纪之交的彻底变革后的发展框架。该研究所把科学目标确定为使"结晶学成为跨学科科学方法学的基础"；把研究重点聚焦在"具有确定特性的有机材料和无机材料的定向合成"；把技术发展重点集中在"原子设计"技术和结晶态物质的"结构与特性的适当诊断"；把科学方法学调整到"跨学科"和"用于跨学科（研究）的大型（科学）系统"。经历这次彻底的变革，该研究所从一个以经典结晶学研究作为基础、以晶体材料制备和相关器件制造为研究重点的传统晶体研究机构转型成为聚焦 21 世纪会聚科学发展的全新研究机构[5]

---

④ NBIC 是"Nano-Bio-Info-Cogno"的首字母缩写，中文译为"纳米 - 生物 - 信息 - 认知"。

　　在第三章中，我们曾谈到近两百多年来物质科学发展的历程，引用了德国科学家对这个领域划分发展阶段的结论。概括地说，19世纪，物质科学经历了观察的时代，与此相对应，连续科学在这个时期得到了充分发展；20世纪，物质科学经历了理解的时代，与此相对应，离散体系成为科学研究的重点；21世纪，物质科学将进入调控的时代，在这个时代，人类有望实现对物质和能量的量子调控。自1998年起担任俄罗斯Shubnikov结晶学研究所所长的M. V. Kovalchuk，在更大的尺度内论述了人类知识体系的演进历程，提出了21世纪世界科学技术的总体走向，并将这些认识作为该研究所变革的哲学依据。

　　M. V. Kovalchuk写道，"回想牛顿之前的时代，人们实际上仅有单一的科学学科来研究和解释周围的世界，这个科学学科就是自然哲学（natural philosophy）。此后，自然科学与人文知识的扩展、实验技术的进步，推动了有着特定针对性的科学学科的诞生。尤其是，把周围世界描绘成一个统一和不可分割实体的自然哲学被划分成自然科学和哲学两大分支，哲学则提供独立的人文知识。在此后的阶段中，一系列狭隘的科学学科在自然科学与人文知识的基础上诞生了，作为结果，至20世纪末，得到良好组织和高度专业化的科学与教育体系，连同以大量消费能源为基础的经济体系，建立起来了"。

　　M. V. Kovalchuk认为，"现代文明与自然资源和能源的显著稀缺性是联系在一起的，现代文明的总危机需要人类与生物圈之间的联系范式发生变革，需要在一个全新的层次上回归自然"；"这个转变只能通过现有科学学科与能源产生和使用相关技术发展的会聚来实现"。

　　根据M. V. Kovalchuk的观点，21世纪，科学技术将跨入**会聚时代**。在这个时代，自然科学的各个学科将进一步会聚，自然科学将实现与社会科学、人文科学的会聚。在此过程中，新的科学领域不断诞生，传统的科学领域行将消亡。结晶学的研究对象将从无生命物质向有生命物质转变，从无机材料向生物有机材料转变，从而有力地推动"N-B-I-C"会聚与社会科学、人文知识的结合，实现全新的"N-B-I-C-S"会聚，稳固地覆盖所有的科学研究领域（见图7.4）。在俄罗斯的科学共同体内，结晶学被认为是一门跨学科的科学，将为新兴科学领域的诞生提供科学方法学，在21世纪科学与教育发展中始终保持一个特殊的地位。

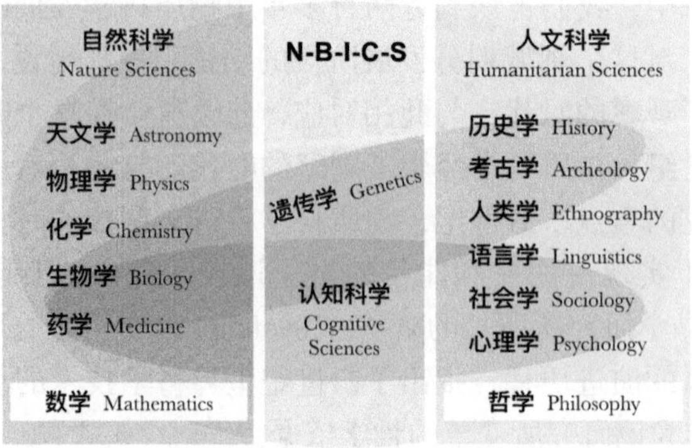

自然科学 Nature Sciences	N-B-I-C-S	人文科学 Humanitarian Sciences
天文学 Astronomy		历史学 History
物理学 Physics	遗传学 Genetics	考古学 Archeology
化学 Chemistry		人类学 Ethnography
生物学 Biology	认知科学	语言学 Linguistics
药学 Medicine	Cognitive Sciences	社会学 Sociology
		心理学 Psychology
数学 Mathematics		哲学 Philosophy

图 7.4　迄今，无论在科学研究、还是在教育领域中，自然科学与人文科学有着坚硬的学科壁垒。自然科学的基础是数学，人文科学的基础则是哲学。M. V. Kovalchuk 等俄罗斯科学家认为，21 世纪，自然科学与人文科学将实现会聚，纳米科技 - 生物科技 - 信息科技 - 认知科学 - 社会科学的会聚（即 N-B-I-C-S 会聚）是两者会聚的主要体现，而遗传学和认知科学是实现两者会聚的重要途径 [5]

　　Shubnikov 结晶学研究所的变革反映了俄罗斯的科学共同体和政府对未来结晶学发展趋势的判断，也是这个研究所对发展议程做出的全新安排。虽然晶体研究与结晶学并不能简单地等同起来，但这次变革为我们思考未来晶体研究的发展趋势提供了极具价值的模版。俄罗斯具有悠久的科学传统和深厚的科学文化，Shubnikov 结晶学研究所从 20 世纪既与自然科学的发展前沿会聚、又与产业技术的发展前沿会聚的状态调整到 21 世纪仅在自然科学与人文科学的历史性会聚中寻求发展机会，是符合俄罗斯国家科学、教育及经济社会发展逻辑的选择。

　　会聚的概念不只是俄罗斯科学家们的专利。2014 年，美国国家科学院的国家研究委员会（National Research Council）发表了题为《会聚：促进生命科学、物质科学、工程学等跨学科整合》的报告⑤，赋予了会聚这个概念更丰富的内涵。会聚不但是事物发展的一种形态、一个结果，更是事物发展的一种方法、一条路径。

　　该报告认为：会聚是解决跨越学科边界问题的一种方法。它整合知识、工具和为解决科学与社会挑战形成一个综合性框架的思维方式，这些挑战存在于不同领域的界面。它通过在一个合作网络内融合不同领域的专业知识，激发从基础性科学研究到转化应用的创新。它不仅为来自

---

⑤ 该报告的英文题目是 "Convergence: Facilitating Transdisciplinary Integration of Life Sciences, Physical Sciences, Engineering, and Beyond" [6]。

学术界的利益相关者和合作者提供新的合作平台，而且为国家实验室、企业和投资者提供合作的沃土。

该报告指出：许多研究机构对它们如何能够更好地推进会聚研究感兴趣，然而，文化和制度的障碍仍会减缓自我维持的会聚生态系统的创造。研究机构通常在如何建立有效的研究计划、判断自身可能面临怎样的挑战、了解其他组织为解决出现的问题曾采用怎样的战略等方面缺乏构想。因此，报告提出了实现会聚的四个要素：

——人（People）的要素，即实现会聚的关键是致力支持会聚的领导者群体和研究人员的广泛参与；推进会聚的个体特征是建立在深厚专业知识基础之上的进行大跨度领域交流的能力。

——组织（Organization）的要素，这个要素包括包容性的治理系统，目标为导向的愿景，有效率的研究计划管理，对核心设施的稳定支持，灵活的或具有催化功能的资金来源，对于寻求建立可持续会聚生态系统的组织来说，上述内涵无疑是至关重要的；同时，组织必须愿意承担风险，接受失败或者在知识前沿进行重新定位带来的不可避免的伤害。

——文化（Culture）要素，即支撑会聚及其他合作研究需要的文化是包容的，能够支持不同学科的相互尊重，鼓励知识的分享，培养研究人员理解跨学科的能力；同时，认识和专业知识的多样性是会聚的一个基本方面，跨越知识和文化的相互交流可以获得重要的经验教训。

——生态系统（Ecosystem）要素，即整个会聚生态系统涉及研究机构内部和跨机构各种合作者的动态相互作用，因此，这种生态系统需要解决技术性和保障性合作协议相关问题的战略。

俄罗斯科学家和美国科学家对会聚的认识，向我们提供了21世纪世界科学技术发展进入会聚时代的基本图景。俄罗斯科学家提出会聚概念的认知基础是：目前俄罗斯的国家发展和文明进程已跨越了以科学技术发展为支撑的后工业时代，俄罗斯文明进程的现实危机主要与科学与教育领域的彻底变革联系在一起；而美国科学家提出会聚概念的认知基础是，人类依然面临着许多重大的挑战，这些挑战主要存在于不同领域的界面，建立在广泛合作网络基础之上的会聚将激发从基础性科学研究到科技成果转化应用的创新，并且为解决重大挑战提供新的机会与可能。俄罗斯科学家和美国科学家关于会聚的认知基础是有本质区别的。

对于中国的晶体研究者来说，思考未来晶体研究的发展趋势，要以全面认识本国经济社会发展的状况作为前提。在今天的中国，一些发达地区走完了工业化进程、进入后工业时期，许多地区仍处于工业化时期，还有不少地区的首要任务是让贫困人群致富、普及义务教育和基本医疗制度。总体上说，中国的经济社会发展处于多种状态共存叠加的时期。作为一个十亿人口量级的经济体，中国的经济社会发展当然要以充分且均衡发展的实体经济作为基础，而中国的实体经济发展又面临着技术来源、资源及市场的瓶颈，中国的文明进程更要跨过能源、资源、环境、人口与健康等领域的障碍。这些问题的复杂性和解决这些问题的艰巨性是其他任何一个亿级人口量级的经济体无法比拟的。

为解决经济社会发展重大问题提供科学技术支撑，是这个时期中国科学共同体的核心使命。因此，我们应当在一个理性的框架内思考晶体研究的未来发展，这个框架大致有以下的特征：

——实体科技在中国科学技术发展中将长期占据主体的地位，实体科技是实体经济健康发展的基础、实现持续繁荣的基础，晶体研究将始终是实体科技的一部分，它的核心任务是为高端制造业的发展不断创制更多的新型晶体材料。

——晶体研究将在与高端制造业技术发展不断实现会聚的条件下取得发展，从整体看，中国的晶体研究由应用牵引的格局不会改变，它将在与高端制造业技术发展实现会聚中获得新的动能，拓展创新的空间。

——晶体研究将在与其他科学学科不断实现会聚的条件下取得发展，晶体研究需要加快完成自身的知识基础从连续科学为主向离散科学为主转变，拥抱21世纪科学技术的会聚时代，同时，它自身将在会聚中汲取新的营养，展现新的形态。

——晶体研究还将在自我革新的条件下取得发展，在新的会聚中，晶体研究将完成自身研究范式与组织模式的转型，激发从分领域研究到在应用中实现价值的各类创新，成为政府-学术界-产业界合作的平台和来自研究机构、大学和企业的研究者协同的平台。

◆ 对未来晶体研究研究室的一些想象

我们从21世纪将是科学技术会聚时代的概念出发，对未来晶体研究实验室做些想象：

——通过会聚,晶体研究的对象将从"周期性晶体"向"非周期性晶体"延伸，创制的晶体材料几何形态从块体材料为主向块体材料、薄膜材料和纤维材料三者并重的方向拓展；晶体研究的知识体系将从物理学、化学、计算科学、生物学等学科的发展中获取新的营养，形成新的体系架构，实现更新换代。

——通过会聚，晶体特性研究将与现代计算/模拟技术、大数据技术和机器学习技术紧密结合在一起，突破经典方法学的束缚，形成贯穿"化学组分调制-结构设计-特性预测-粒子调控-虚拟制备实验"链条的全新能力，形成新的研究对象谱系。

——通过会聚，晶体制备研究将获得人工智能技术创造的力量，形成以"自动控制+人工智能（AC+AI）"为特征的制备技术平台和精细加工平台；形成贯穿"实验设计—虚拟运行—结果预测—过程控制—基础数据库"链条的全新能力，实现从试错型模式向数据密集型模式的转变。

——通过会聚，晶体应用研究将与以现代半导体工业制程为代表的元件精细加工技术和器件精密制造技术有效衔接起来，形成贯穿"物理设计—虚拟验证—材料加工—结构组装—器件制备—集成封装—特性表征"的综合能力，研究活动与高端制造业的接口更加通畅，晶体材料实现应用的周期大为缩短。

英国哲学家B. Russell曾经说过："哲学之应当学习并不在于它能对于所提出的问题提供任何确定的答案，因为通常不可能知道有什么确定的答案是真确的，而是在于这些问题本身；原因是，这些问题可以扩充我们对于一切可能事物的概念，丰富我们心灵方面的想象力，并且降低教条式的自信，这些都可能禁锢心灵的思考作用。此外，尤其在于通过哲学冥想中的宇宙之大，心灵就会变得伟大起来，因而就能够和那成其为至善的宇宙结合在一起。"[7]

B. Russell这段论述，也许给我们在本小节中对晶体研究未来发展的讨论做出了很好的诠释。同样地，对于晶体研究未来发展这个命题，不同教育背景的人、处于不同研究组织的人、从事不同类型研究工作的人会有不同的答案。我们不要期望用某个概念、某项认识、某种想象来统一所有人的思想，况且任何的概念、认识和想象都或多或少带有个体或群体的认知局限性。对晶体研究未来发展的讨论，不是要给出确切的答案，而是希望引起研究者更多的思考。

沿着学科的"枝杈"向细部延伸是过去百年间科学技术发展的基本过程；而科学技术的会聚时代又将使长期繁育而成的学科"树冠"重叠融合。这是科学技术的大循环。

7.4 晶体研究的人工智能

◆ 技术或范式发展的 S 型曲线

一个新的技术体系在社会领域中实现应用，或者一种新的生产范式或生活范式在社会领域中取得普及，通常都是沿着由三个阶段组成的S型曲线轨迹发展的。这个S型曲线可在以"时间"为横坐标、以"成熟度"为纵坐标构成的平面加以表示。第一个阶段可被称为"第一个缓慢发展阶段"，也即S型曲线的下部平滑线段。在这个阶段，该项技术体系处于研究和培养时期，它的成熟速率与社会投入的强度正相关。

第二个阶段可被称为"指数式爆发增长阶段"，也即S型曲线的中部弯曲线段。这个阶段的延续时间较短，但该项技术体系的成熟速率急剧增大，应用"代理者（agents）"的领域与范围迅速扩大，整个活动成为社会公众关注的重点，由市场机制配置的资源成为取得高成熟速率的主要动力。

第三个阶段也可被称为"第二个缓慢发展阶段"，也即S型曲线的上部平滑线段。在这个阶段，该项技术体系或已成为公共物品，或已成为经济物品，或已成为共享物品，并在广泛的应用中持续与平稳地得到改进，直至新的技术体系、新的范式的出现。

◆ 人工智能技术的发展现状

近年来，人工智能（artificial intelligence，AI）取得了快速发展。在民用领域，工业机器人、无人驾驶汽车、无人飞行器等"AI代理者"成了企业乃至社会公众热捧的物品；世界围棋顶级高手先后在与AlphaGo（阿尔法围棋）人工智能系统的对弈中败下阵来，成了抢眼的新闻；诸如苹果公司"Siri"自然语音处理系统和内容分发网络使得更多的人享受到由此带来的便利；各类展示会、研讨会和专题报道更是形成了强大的社会舆论氛围。按照S型发展模型，很多人认为人工智能技术体系将很快结束慢速发展的阶段，进入指数式爆发增长阶段。

人工智能是一个涵义非常丰富的概念，有着极为广阔的发展空间。

人工智能可被分为人的"传统智能（traditional intelligence）"和人的"常规智能（general intelligence）"两个层级。与传统智能相对应的"AI代理者"一般都拥有"推理"、"扩展知识"、"学习"与"计划"、"自然语言处理"以及"移动与操作物体"的能力；目前流行的那些"AI代理者"仅部分拥有了人的"传统智能"。与常规智能相对应的"AI代理者"将拥有"集体行为"、"协同工作"、"进化与适应"、形成"模式"、建立"系统"、"非线性思维"和"博弈与决策"的能力。

　　人工智能的诞生与发展同样是多学科、多领域会聚的结果。例如，就"常规智能"领域而言，"集体行为"研究不但需要自然科学的不同学科的会聚，而且需要自然科学与人文科学的会聚。它的研究重点包括"社会动力学""集体智慧""自组织的紧迫性""阶段转变""从众心理""代理者为基础的建模""同时性""蚁群优化算法""粒子群优化算法""群体行为"等10个方面。

　　使特定的"AI代理者"拥有"常规智能"的七种能力，应被认为是人工智能技术体系长远发展的一个目标，甚至是一个只能趋近但无法实现的目标。今天，我们还没有能力去想象当"AI代理者"具有"常规智能"时晶体研究实验室是什么模样。

　　一方面，如果人工智能技术整体上进入了指数式爆发增长阶段，它必然会快速向科学研究领域——包括晶体制备研究乃至晶体研究——渗透。另一方面，与传统制造业技术相对称的晶体制备研究和晶体研究需要吸纳人工智能技术的最新成果，以此改造自身的实验路径和技术条件，给"AI代理者"赋予更多的逻辑思维责任，承担更多的程序性行动，否则，它将会与制造技术智能化发展的大潮渐行渐远，与先端制造技术实现会聚的"壁垒"也会越堆越高。对于晶体制备研究乃至晶体研究来说，这将是一次灾难。

◆　人工智能技术在晶体研究领域的应用场景

　　今天，人工智能技术在晶体研究领域的应用还是件新鲜事情，非常有限的应用结果还能以学术论文的形式被诸如《自然》（Nature）等刊物刊出。目前，可在晶体研究领域应用的人工智能技术还都属于"传统智能"的范畴。由此，我们可对未来智能化晶体研究实验室有以下的设想。

　　在晶体特性研究中，不但建有覆盖程度高的关于晶体化学组成、结构、制备方法、物理特性四者关系的数据库，而且引入人工智能技术的"学习""扩展知识"和"推理"的功能；相应的"AI代理者"拥有在研究者的设置下自我进行新型晶体材料的组装、设计、特性预测、制备方法筛选的能力，向研究者提出关于新型晶体材料的化学组成、结构及其制备方法的建议。

在晶体制备研究中，各类制备技术系统首先被植入了人工智能的"移动与操作物体"功能，这些技术系统拥有按照研究者确定的工作规程，自动装配、移动、拆卸、安置各种部件或组件的能力；同时，这些技术系统也被植入了对运行数据群进行"学习"和"推理"的功能，成为一类"AI代理者"。它们拥有主动判断技术系统适应性和制备实验有效性的能力，向研究者提出调整技术系统结构及组件的建议，或者提出制备实验具有高概率失败风险的警告；它们还能够自动识别运行隐患，并在出现故障时，及时做出响应，并采取应对措施，杜绝安全事故的发生。

在晶体应用研究中，不但建有关于晶体元件和器件的结构、制程、组装、物理特性四者关系的数据库，而且引入人工智能的"学习""扩展知识"和"推理"的功能，相应的"AI代理者"拥有在研究者的设置下对晶体元件和器件的结构进行设计和组装、对材料体系进行筛选与完善、对制备技术途径进行可行性判断的能力，向研究者提出相关的技术建议，还向晶体制备研究者反馈调整与优化晶体化学组成和结构的信息。

◆ 人工智能的学习、扩展知识和推理功能在晶体特性研究中应用的案例

图1.8给出了人工智能技术在晶体制备研究中应用的一个案例。在这个案例中，研究者采用机器学习算法，充分挖掘未曾被报道的失败的制备实验数据，并据此学习、推理和预测成功概率更高的制备实验。

在晶体特性研究中，人工智能的"学习""扩展知识"和"推理"功能也取得了应用。例如，2017年，美国北卡罗来纳大学（University of North Carolina）的O. Isayev和杜克大学（Duke University）的C. Oses等在《自然通讯》（*Nature Communication*）发表研究论文，报道了他们在建立用于预测无机晶体材料性能的"通用片段描述系统（universal fragment descriptors）"方面取得的进展[8]。

　　O. Isayev和C. Oses等写道，"从历史上看，（新）材料的发现一直是由艰难的试错过程驱动的。材料数据库的发展和新兴的信息学方法最终将提供把这类实践活动转变为数据与知识驱动的理性设计的机会"。

　　O. Isayev和C. Oses等使用来自高通量从头计算并行数据库的数据，建立了"晶体（材料）结构与性能关系定量模型（Quantitative Materials Structure-Property Relationship（QMSPR）Model）"，以根据这个模型预测无机晶体的八项关键电子特性和热力学性能。如图7.5所示，O. Isayev和C. Oses等在晶体电子特性预测的流程中，首先使用分类模型，将晶体分为导电型晶体和绝缘型晶体两类，然后使用回归模型，对绝缘型晶体的带隙能量（E_{BG}）进行预测；在晶体热力学性能预测流程中，他们则使用回归模型，对晶体的体积模量（B_{VRH}）进行预测，进而得出对晶体剪切模量（G_{VRH}）、德拜温度（θ_D）、等压热容量（C_p）、等体积热容量（C_V）和热膨胀系数（α_V）的预测结果。

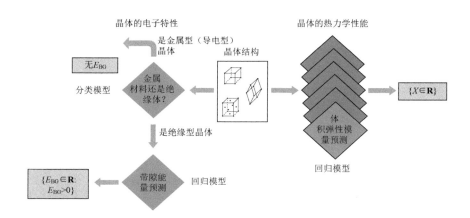

图 7.5　O. Isayev 和 C. Oses 等建立的"晶体（材料）结构与性能关系定量（Quantitative Materials Structure-Property Relationship，QMSPR）模型"以及根据这个模型预测晶体电子特性和热力学性能的流程示意图。在晶体电子特性预测流程中，首先使用分类模型，将晶体分为导电型晶体与绝缘型晶体两类，然后使用回归模型，对绝缘型晶体的带隙能量（E_{BG}）进行预测；在晶体热力学特性预测流程中，使用回归模型，对晶体的体积模量（B_{VRH}）进行预测，进而得出对晶体剪切模量（G_{VRH}）、德拜温度（θ_D）、等压热容量（C_p）、等体积热容量（C_V）和热膨胀系数（α_V）的预测结果[8]

　　O. Isayev和C. Oses等认为，采用这个模型得出的晶体性能预测精度几乎接近于所有化学计量比无机晶体的实验数据。模型的成功预测及其通用性归因于被称为"性能标识材料片段（property-labeled materials fragments，PLMF）"的新型晶体材料特性描述系统。图7.6给出了这个描述系统的构造示意图。如图所示，对于任意一种晶体结构，首先根据泰森多边形晶格对晶体中格位粒子的邻位状况进行分析，然后进行性能标识，得出周期性图形；在此基础上，将这个根据晶体性能为特征抽象的周期性图形分解成若干种简单的次级图形，其中包括节点粒子图形、化学键图形、"长度路径片段"图形、"图形片段"图形等。这样，使用这个描述系统来表示任何一种无机晶体的特性时，只需输入极为有限的结构信息，就可得到相应的结果，并以此简单的启发式规则的方式，为理性设计新型晶体材料提供科学依据和模型解释。

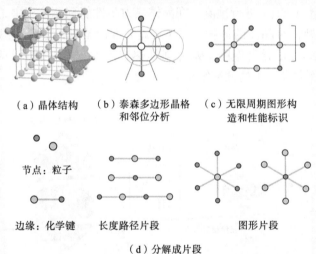

（a）晶体结构　　（b）泰森多边形晶格　（c）无限周期图形构
　　　　　　　　　　　　和邻位分析　　　　　造和性能标识

节点：粒子

边缘：化学键　　长度路径片段　　　　图形片段

（d）分解成片段

图 7.6　原图的图注：性能标识材料片段（property-labeled materials fragments，PLMF）的构造示意图，（a）晶体结构；（b）根据泰森多边形晶格对原子邻位状况的分析；（c）进行性能标识后得到的周期性图形；（d）周期性图形被分解成简单的次级图形 [8]

在科学思想上，上述被称为"通用性能标识材料片段"的晶体材料特性描述系统与本书第一章谈及的"负离子配位多面体生长基元模型"也许有某种相似之处。两者都是通过找到晶体结构中某个特征单元、片段图形来表示晶体结构与其某项特性或某种表观现象（如晶体的结晶形态）之间的对应关系。然而，前者是以数据库、大数据技术和人工智能的"学习""扩展知识"和"推理"功能作为基础的，属于人工智能技术的范畴；后者则以经典的结晶学概念和法则作为基础，只是从概念出发的简单演绎与推断。更为重要的是，前者拥有自己的"AI代理者"，所有的运行与操作都可由代理者来完成，这是后者根本无法与之比拟的地方。

目前，在晶体研究实验室中，研究者在晶体特性研究中，总体上以元素周期表所列的元素化学性质和经典矿物学创立的结构分类法作为两条主要的研究脉络。例如，人们根据构成元素的化学性质，把晶体分为单质晶体、卤素化合物晶体、氧化物晶体、硫化物晶体和III-V族晶体加以研究；或者依据结构的特征把晶体分为硼酸盐晶体、碳酸盐晶体、硝酸盐晶体、硫酸盐晶体、钨酸盐晶体、硅酸盐晶体和钙钛矿型晶体加以研究。根据粗略的估计，目前，被列为研究对象的晶体不过千余种。然而，O. Isayev和C. Oses等还认为："目前已通过实验或计算表征的晶体数量，与预测可能存在的晶体数量相比是微不足道的。仅仅考虑自然界存在的化学元素、9000种晶体结构原型和化学计量组分，可能存在约3×10^{11}种潜在的四元化合物和10^{13}种潜在的五元组合。在理论上，（晶体）材料的数量可能达到10^{100}。"如此之多的潜在晶体，如果仍然使用试错法进行研究，真不知道要到什么时候才会有初步的眉目。在此背景下，在晶体特性研究乃至晶体研究中引入人工智能技术，将变得更加重要，也显得更为急迫。

人工智能技术的发展与应用历程表明，人难以做到或做好的事情，例如，收集数据、储存数据、分析数据、归纳逻辑、做出推理等，对于"AI代理者"来说，是很容易做到并且能够做得非常出色的事情；然而，人容易做到或做得非常好的事情，例如直觉、感悟、情感响应、移动等，对于"AI代理者"来说，则是很难做到或做好的事情。在科学研究活动中，人的智慧劳动和人工智能各自的长处与短处恰好成为二者分工的依据。

人工智能技术在晶体研究领域的应用尚处于起步阶段，需要更多的研究者去实践，去开拓。图7.7是作者想象的全面应用人工智能技术的晶体制备实验室的模样。如图所示，借用生物学的名词概念，未来的晶体制备实验室将拥有完整的晶体"基因组"库、"蛋白质"库和"功能细胞"库；"AI代理者"将成为实验室最主要的"晶体设计专家""晶体生长专家""晶体制备专家"和"晶体加工专家"以及"器件制造专家"；而任何一名研究者都将成为管理十余台乃至更多的"AI代理者"的"领袖"。

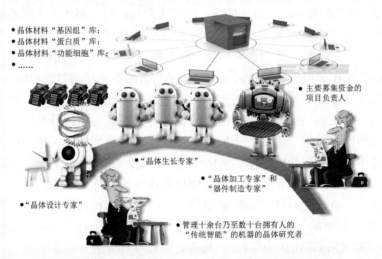

- 晶体材料"基因组"库；
- 晶体材料"蛋白质"库；
- 晶体材料"功能细胞"库；
- ……

- 主要募集资金的
  项目负责人

- "晶体生长专家"

- "晶体加工专家"和
  "器件制造专家"

- "晶体设计专家"

- 管理十余台乃至数十台拥有人的
  "传统智能"的机器的晶体研究者

图 7.7　未来，因人工智能技术的全面应用而脱胎换骨的晶体制备研究室会是这个模样吗？
（绘图：施尔畏）

目前，不少人喊出了"晶体研究实现智能化"的口号。所谓"化"者，彻头彻尾彻里彻外之谓也。但是，如果连"少许"还没有实行，那何来"化"呢！因此，先办"少许"，再去办"化"，这是加快人工智能技术在晶体研究领域中应用的正确做法。

参考文献

[1]　State Scientific Institution "Institute for Single Crystals" of National Academy of Sciences of Ukraine. Exhibition [EB/OL]. [2017-10-19]. http://www.isc.kharkov.com/uk/galery.

[2]　教育部发布"双一流"高校及学科名单 [EB/OL]. （2017-09-21）[2017-09-22]. http://news.sina.com.cn/o/2017-09-21/doc-ifymesii4627360.shtml.

[3]　教育部学位管理与研究生教育司. 授予博士、硕士学位和培养研究生的学科、专业 目 录（EB/OL）. （2005-12-23）. [2017-12-11]. http://old.moe.gov.cn//publicfiles/business/htmlfiles/moe/moe_834/201005/xxgk_88437.html.

[4]　中华人民共和国国家质量监督检验检疫总局，中国国家标准化管理委员会. 学科分类与代码：GB/T 13745—2009[S]. 北京：中国标准出版社，2009.

[5]　Kovalchuk M V. On the 70th Anniversary of the Shubnikov Institute of Crystallography of the Russian Academy of Sciences[J]. Crystallography Reports, 2014, 3: 297.

[6]　Committee on Key Challenge Areas for Convergence and Health, Board on Life Sciences, Division on Earth and Life Studies, National Research Council of The National Academies. Convergence: Facilitating Transdisciplinary Integration of Life Sciences, Physical Sciences, Engineering, and Beyond. Washington, DC: National Academies Press, 2014. [2017-12-20]. DOI: https://doi.org/10.17226/18722.

[7]　罗素. 哲学问题 [M]. 何兆武，译. 北京：商务印书馆，2015：133.

[8]　Isayev O, Oses C, Toher C, et al. Universal Fragment Descriptors for Predicting Properties of Inorganic Crystals [J]. Nature Communication, 2017, 8: 815679.

INDEX

索引

EPILOGUE

后　记

　　2015年11月，我离开了中国科学院院部机关的管理岗位，重新回到了中国科学院上海硅酸盐研究所晶体制备研究的队伍之中。

　　我在以阶级斗争为纲的动荡年代中度过了青少年时期。那个时候的我，不了解晶体，不了解晶体制备研究，缺乏起码的科学技术知识。此后，我有机会在改革开放的激情岁月中补上了学业。在此过程中，我接触到晶体，学习了晶体研究的基础知识，并把自己对科学研究的追求"定格"在晶体制备研究。从这个时候起，我对晶体制备研究的热情没有衰退，对这个研究方向的坚持没有因外部的诱导发生动摇，随着时光的推移，对晶体的认识、对晶体制备研究的理解变得更加丰富和完整。

　　在种类繁多的材料世界中，晶体是一类非常精致与完美的物质，而且它的物理形态正在从原来单一的三维块状向二维膜状、一维纤维状延展；在材料的现实应用中，晶体材料虽不能与大宗材料相提并论，但在许多场合有着不可取代的地位；在人工制备的材料家族中，晶体制备的规模虽未占鳌头，但在难度、复杂与精细程度上却是名列前茅；在科学内涵上，晶体研究既是多学科会聚的产物，又与高端制造技术的发展不断实现会聚，同时，晶体研究的概念、思想及方法学正向其他研究领域扩散，有可能成为未来物质科学领域的重要基础。因此，对于我来说，选择晶体制备研究作为事业和追求，无疑是有意义的，也是有价值的。

　　处在中国科学院上海硅酸盐研究所人工晶体研究的群体里，我觉得周围的人、物、事发生了、或者正在发生重要的变化。我在学生时期崇敬的、引我踏入晶体研究大门的老师们，许多人已是耄耋之年，也有不少人已与世长辞；与我同期完成学业、曾经共同开展晶体制备研究的同学们，许多人留居海外，不少人在职业选择上也是"移情别恋"，坚守在国内晶体制备研究领域的人更少，彼此都已两鬓白发。

在"文革"期间出生的中年人群中，接受完整学位教育的比例不高，由于经济社会的快速发展向他们提供了更精彩的职业选择，选择晶体研究作为终身职业的人很少。目前活跃在晶体研究领域的人，绝大多数是生于改革开放年代、在扩招大潮中跨入大学校门、在网络技术应用"指数式爆发增长"时期成长的年轻人。他们充满想象，富有活力，渴望实践，敢于创造，是今天中国晶体研究的主力军。毫无疑问，他们代表着晶体研究的未来，承担着使中国的晶体研究从模仿、跟踪为主的时代、从追求数量规模、突出"量化"表现的时代向拥有全球卓越的创造创新能力、具有大国强国特质的时代跨越的历史重任。

从时代发展的要求看，中国的晶体研究不缺乏与其他科学研究领域和高端制造业发展实现会聚的机会，虽然经费投入、技术装备条件和物理环境将长期是制约中国晶体研究发展的主要因素，但"隐藏"在所有研究活动背后的基本逻辑、思想基础和生态环境将扮演越来越重要的角色。

另外，目前以应试教育为灵魂的中等教育和沿树权式路径追求单一专业发展的学位教育体系，在一定程度上带来了受教育者知识面过于狭窄的弊端。通常，自然科学领域的学生不太了解人文科学的发展；人文科学领域的学生又缺乏必要和基本的自然科学知识；自然科学的学科之间、自然科学与人文科学之间可谓壁垒森严；数学和哲学逐渐成了孤立的学科，追求自我发展和自我完善，没有与其他科学研究领域建立新的会聚支撑点，更不是研究者共同的认知基础和思想武器。总体上看，迎接21世纪科学技术会聚时代的到来，所有的研究者，包括晶体研究者，需要共同做好充分的准备，付出更大的努力。否则，当会聚时代真的来临的时候，我们就会感到不知所措，届时，我们又会被世界科学技术发展的大潮甩在后面。

根据这样的思考，我和上海硅酸盐研究所人工晶体中心的同志们商定，以促进来自不同研究组织、不同领域及专业的研究者、管理者会聚为核心，不设刚性的内涵边界，不规定报告的主题，举办一个柔性的、不追求表面光鲜的、朴实的学术交流平台。

在2016年1月至2018年8月两年多时间里，我们共举办了27期讲坛，先后邀请了57位专家来这里作报告。在这些专家中，既有上海硅酸盐研究所人工晶体中心不同研究方向的研究者，又有来自国内著名研究机构和大学的研究者和管理者；既有年长的院士、新任的院士、资深的研究者或者研究所所长，又有意气风发的中青年研究人员；既有长期耕耘在晶体研究领域的研究人员，又有在地质学、地理学、生态学、生物物理学、生物化学、基础化学、催化化学和化工工程、半导体物理学、金属材料学、光学精密机械工程、空间科学技术、海洋科学技术等领域取得突出成就的科学家。2017年11月，我们将这个讲坛正式定名为"会聚时代的人工晶体讲坛"。

随着时间的推移，这个讲坛越来越受到上海硅酸盐研究所及其他研究机构青年研究人员的关注和欢迎。我聆听了每一位专家的报告，每一场报告都给我带来新的知识和启迪，使我萌发了写作本书的想法。在写作过程中，报告人的许多观点、科学思想常使我"顿悟"在已完成的文字段落里存在着瑕疵、缺陷乃至错误，需要加以修正，甚至要推倒重来。交流，对话，思考、争辩，在思想上实现会聚，在行动上相互尊重、相互欣赏，这是促进科学研究活动的生态环境的重要元素，也是对以获取资源为导向、以个人名利为目标的价值观的一个反叛。

我谨将本书献给上海硅酸盐研究所"会聚时代的人工晶体讲坛"，献给在这两年期间为向这个讲坛奉献一场场精彩报告而付出辛勤劳动的专家们*，他们分别是：

李儒新（中国科学院上海光学精密机械研究所所长，院士）

王建宇（中国科学院上海分院院长，院士）

杨　锐（中国科学院金属研究所所长，研究员）

谭若兵（中国科学院金属研究所副所长，研究员）

陶绪堂（山东大学晶体材料研究所所长，教授）

吴以成（中国科学院理化技术研究所，院士）

冯志海（中国航天科技集团一院七〇三所，研究员）

葛全胜（中国科学院地理科学与资源研究所所长，研究员）

朱日祥（中国科学院地质与地球物理研究所原所长，院士）

黄伟光（中国科学院上海高等研究院副院长，研究员）

孙宇罕（中国科学院上海高等研究院原党委书记，研究员）

欧阳竹（中国科学院地理科学与资源研究所，研究员）

贾　平（中国科学院长春光学精密机械与物理研究所所长，研究员）

---

* 括号中为各位专家作报告时的信息。

徐　涛（中国科学院生物物理研究所所长，院士）

李　林（中国科学院上海生命科学研究院院长，院士）

张　龙（中国科学院上海光学精密机械研究所副所长，研究员）

陈　曦（中国科学院新疆分院副院长，研究员）

张德清（中国科学院化学研究所所长，研究员）

王笃金（中国科学院化学研究所党委书记，研究员）

陈志凌（中国科学院上海应用物理研究所，研究员）

徐　科（中国科学院苏州纳米技术与纳米仿生研究所，研究员）

潘世烈（中国科学院新疆理化技术研究所副所长，研究员）

王占山（同济大学，教授）

胡丽丽（中国科学院上海光学精密机械研究所，研究员）

赵振堂（中国科学院上海应用物理研究所所长，研究员）

张小明（中国工程物理研究院，研究员）

居尔藩（GE中国研究开发中心，研究员）

王小民（中国科学院声学研究所所长，研究员）

吴一戎（中国科学院电子学研究所所长，院士）

李树深（中国科学院半导体研究所所长，院士）

陈弘达（中国科学院半导体研究所原副所长，研究员）

王献红（中国科学院长春应用化学研究所，研究员）

蔡　榕（中国科学院光电研究院党委书记，研究员）

唐　勇（中国科学院上海有机化学研究所副所长，院士）

杨德仁（浙江大学，院士）

介万奇（西北工业大学，教授）

潘　峰（清华大学，教授）

刘　志（上海科技大学，教授）

邵建达（中国科学院上海光学精密机械研究所党委书记，研究员）

何　力（中国科学院上海技术物理研究所原所长，研究员）

陆　卫（中国科学院上海技术物理研究所所长，研究员）

丁奎岭（中国科学院上海有机化学研究所所长，院士）

马大为（中国科学院上海有机化学研究所副所长，研究员）

叶　宁（中国科学院福建物质结构研究所，研究员）

祝世宁（南京大学，院士）

隋　展（中国工程物理研究院，研究员）

胡章贵（天津理工大学，教授）
薛冬峰（中国科学院长春应用化学研究所副所长，研究员）
郑万国（中国工程物理研究院专项副总工程师，研究员）

王绍华（中国科学院上海硅酸盐研究所，研究员）
罗豪甦（中国科学院上海硅酸盐研究所，研究员）
苏良碧（中国科学院上海硅酸盐研究所，研究员）
丁栋舟（中国科学院上海硅酸盐研究所，正高级工程师）
袁　辉（中国科学院上海硅酸盐研究所，研究员）
任国浩（中国科学院上海硅酸盐研究所，研究员）
金蔚青（中国科学院上海硅酸盐研究所，研究员）
陈立东（中国科学院上海硅酸盐研究所原副所长，研究员）